Orientierungshilfen
Reitanlagen- & Stallbau

Gerlinde Hoffmann | Deutsche Reiterliche Vereinigung e.V. (FN)

Planung • Ställe • Hallen • Plätze • Auslauf • Koppel • Reitwege

FNverlag
der Deutschen
Reiterlichen Vereinigung GmbH
Warendorf

Impressum

Bibliographische Information der deutschen Bibliothek
Die Deutsche Bibliothek verzeichnet diese Publikation in der Deutschen Nationalbibliografie; detaillierte bibliografische Daten sind im Internet über http://dnb.ddb.de abrufbar.

© 2009 FN*verlag* der Deutschen Reiterlichen Vereinigung GmbH, Warendorf. Alle Rechte vorbehalten.
Das Werk ist urheberrechtlich geschützt. Die dadurch begründeten Rechte, insbesondere die der Übersetzung, des Nachdrucks, der Entnahme von Abbildungen, der Funksendung, der Wiedergabe auf fotomechanischem oder ähnlichem Wege und der Speicherung in Datenverarbeitungsanlagen bleiben, auch bei nur auszugsweiser Verwertung, vorbehalten. Die Vergütungsansprüche des § 54, Abs. 2, UrhG, werden durch die Verwertungsgesellschaft Wort wahrgenommen.

Herausgeber
Deutsche Reiterliche Vereinigung e.V.
– Bundesverband für Pferdesport und Pferdezucht –
Fédération Equestre Nationale (FN), Warendorf

Texte
Gerlinde Hoffmann, Warendorf
Prof. Dr. Erich Klug, Hannover (Kapitel 3.11)

Lektorat
Georg W. Fink, Aufkirchen
Diana Koch, Greven

Korrektorat
Korrekturbüro G. und W. Kirchhoff, Büren-Brenken

Umschlagfotos
Adelheid Borchardt, Warendorf (2)
Gerlinde Hoffmann, Warendorf (2)
Christiane Slawik, Würzburg (3)

Fotos Inhalt
siehe Seite 180

Gesamtgestaltung & Illustrationen
media team, Duisburg

Druck und Verarbeitung
Druckhaus Cramer, Greven

ISBN 978-3-88542-740-7

Das Papier dieses Buches stammt von Holz aus nachhaltig bewirtschafteten Wäldern und kontrollierten Quellen

Danke!

- Für die engagierte Mitarbeit in Gesprächsrunden, die akribische Durchsicht und auch kontroverse Diskussionen sowie für die vielen fachlichen Hinweise danken wir Dr. Hanno Dohn (Landwirtschaftsdirektor, langjähriger Geschäftsführer des Pferdesportverbandes Rheinland), Georg W. Fink (Dipl.-Ing. agr., Planung von Pferdesportanlagen), Manfred Fischer (Berater, Amt für Landwirtschaft und Forsten Fürstenfeldbrück, Arbeitsgemeinschaft Landtechnik und landwirtschaftliches Bauen, Bayern), Diana Koch (Dipl.-Ing. agr., FN-Abteilung Umwelt und Pferdehaltung), Ahmad al Samarraie (Architekt, Vorsitzender des Zuchtverbandes von Pferden arabischer Abstammung) und Prof. Dr. Ulrich Schnitzer (Architekt, Autor von vielfältigen Grundlagen zur Pferdehaltung).

- Ebenfalls sehr herzlich danken wir allen weiteren Personen und Institutionen für die gedanklichen Anregungen zur Neuauflage. Sie alle haben wesentlich zum Gelingen der Überarbeitung der „Orientierungshilfen Reitanlagen- und Stallbau" beigetragen!

Inhaltsverzeichnis

Vorwort 6

1. Anforderungen an die moderne Reitanlage 7
   1.1   Im Mittelpunkt steht das Pferd 7
        ▸ Bewegung 7
        ▸ Sozialkontakte 8
        ▸ Klimaansprüche: Temperatur, Luft, Licht 9
        ▸ Futter und Futteraufnahme 11
   1.2   Erwartungen der Kunden 12

2. Planung, Recht und Bauunterhaltung 14
   2.1   Entwicklung im Pferdesport und Konsequenzen 14
        ▸ Statistische Eckdaten 14
        ▸ Angebot und Zielgruppenorientierung sind verbesserungswürdig 20
   2.2   Bedarfsermittlung, Schwerpunkte und Kostenübersicht 22
        ▸ Bedarfsermittlung 22
        ▸ Schwerpunkte 23
        ▸ Kostenrechnung 24
   2.3   Baurechtliche Voraussetzungen 29
        ▸ Bauplanerische Zulässigkeit 29
        ▸ Bauordnungsrechtliche Zulässigkeit 30
        ▸ Nachbarrechtliche Beziehungen 31
        ▸ Ausgleichs- und Ersatzmaßnahmen 31
        ▸ Vorplanung, Bauvoranfrage, Bauantrag 31
   2.4   Standortwahl 34
        ▸ Ausreitgelände, Verkehrslage 34
        ▸ Berücksichtigung der Klima- und Geländeverhältnisse 35
        ▸ Flächensparend bauen 36
   2.5   Planungsgrundsätze, Betriebsgröße und Anordnung von Gebäuden 38
        ▸ Planung der Gesamtanlage 38
        ▸ Betriebsgröße 39
        ▸ Anordnung der Gebäude 40
        ▸ Decken- und erdlastige Lagerung 42
        ▸ Wohnungen für Betriebsleiter und Mitarbeiter 42
        ▸ Stör- und Reizzonen 42
   2.6   Barrierefrei bauen 43
   2.7   Brandschutz, Vorkehrungen für Brandfälle 46
   2.8   Diebstahlsicherung, Alarmanlagen 50
   2.9   Moderne Techniken, erneuerbare Energien 51
        ▸ Solarenergie 51
        ▸ Wärmepumpe 54
        ▸ Blockheizkraftwerk 54
        ▸ Regenwassernutzung 55
   2.10 Gebäude- und Anlagenmanagement, Kosten sparen und Klimaschutz 56
   2.11 Gebäudesicherheit 59

3. Ställe 60
- 3.1 Haltungsformen – Übersicht 60
- 3.2 Offene oder geschlossener Ställe 63
- 3.3 Anforderungen an gesundes Klima im Stall 64
  - ▶ Faktoren des Stallklimas 64
  - ▶ Wärmeschutz und Lüftung 67
- 3.4 Gruppenauslaufhaltung, Bewegungsställe 76
  - ▶ Liegeflächen, Auslauf, Einzäunung 79
  - ▶ Fütterungseinrichtungen 80
- 3.5 Laufstall 86
- 3.6 Boxenställe 87
  - ▶ Boxen, Zwischenwände, Türen 87
  - ▶ Tröge und Tränken 91
  - ▶ Automatische Fütterung 93
  - ▶ Boxenboden 94
  - ▶ Stallgasse, Außentüren 95
  - ▶ Außenflächen vor der Box: Türen, Belag und Einzäunung 96
- 3.7 Futter- und Einstreulagerung 97
- 3.8 Entmistung, Dunglagerung und -verwertung 99
  - ▶ Entmistung 99
  - ▶ Dunglagerung (Mistplatz) 100
  - ▶ Mistverwertung 101
- 3.9 Nebenräume, Service-Bereiche 107
  - ▶ Sattelkammer 107
  - ▶ Nebenräume für Pferdepflege 108
  - ▶ Sozialräume 110
- 3.10 Behandlungsstand, Isolierbox, Krankenstall 110
- 3.11 Konzipierung und Ausgestaltung eines Deckraums im Pferdezuchtbetrieb 111
- 3.12 Elektrische Anlage, Beleuchtung 113

4. Reit- und Longierhallen 114
- 4.1 Größe und Konstruktion 114
- 4.2 Belichtung, Beleuchtung 118
- 4.3 Bande, Aufsitzhilfen, Reitbahneingänge, Spiegel 120
- 4.4 Boden, Belag 122
- 4.5 Beregnung, Pflege 123
- 4.6 Nebenräume 125
  - ▶ Warte- und Aufsitzräume 125
  - ▶ Hindernismaterial 125
  - ▶ Zuschauerplätze 126
  - ▶ Weitere Nebenräume 126

5. Reitplätze 128
- 5.1 Größe und Lage 128
- 5.2 Einzäunung, Abgrenzung, Richterkabine 132
- 5.3 Beleuchtung 133

Inhaltsverzeichnis

- 5.4 Anlage von Reitplätzen im Freien 134
  - ▶ Bauweisen, Schichtenfolge und Aufgaben 134
  - ▶ Baugrund 136
  - ▶ Gefälle und Entwässerung 139
  - ▶ Anstausystem 140
  - ▶ Rasenplätze 140
- 5.5 Pflege, Beregnung 141
- 5.6 Sanierung von Reitplätzen 144

6. Gestaltung der Außenanlage 146
- 6.1 Gliederung und Bepflanzung 147
  - ▶ Geeignete Gehölzarten 147
  - ▶ Pflanzstreifen und Abstände 148
  - ▶ Pflanzzeit/Pflege 148
- 6.2 Naturhindernisse und Geschicklichkeitsaufgaben 149
  - ▶ Allgemeine Grundsätze 149
  - ▶ Bauweisen, Baumaterialien 151
  - ▶ Galoppierbahn 153
  - ▶ Fahrhindernisse 154
- 6.3 Kommunikations- und Ausweichflächen 155

7. Auslauf, Führanlage, Koppel 156
- 7.1 Freifläche vor der Box, Auslauf 156
- 7.2 Führanlage, Laufband 157
- 7.3 Koppel 159
  - ▶ Allgemeine Hinweise 159
  - ▶ Trinkwasserversorgung 161
  - ▶ Einzäunung 161
  - ▶ Witterungsschutz, Schutzhütten 164

8. Reitwege 166
- 8.1 Allgemeine Hinweise 166
- 8.2 Bedarfsermittlung, Anforderungen 167
- 8.3 Anlage von Reitwegen 169
- 8.4 Hindernisstrecke 172
- 8.5 Beschilderung 172

Anhang
- ▶▶ Literaturverzeichnis 174
- ▶▶ Verzeichnis der Fotos 180
- ▶▶ Verzeichnis der Abbildungen 180
- ▶▶ Verzeichnis der Übersichten 182
- ▶▶ FN-geprüfte Pferdehaltung – Antrag auf Anerkennung 184
- ▶▶ Stichwortverzeichnis 194
- ▶▶ Haftungsausschluss 198

Pferde sind mehr!
Zur neuen Auflage der Orientierungshilfen Reitanlagen- und Stallbau

Pferde bedeuten für viele Menschen Lebensart und Lebensinhalt. Pferde sichern Existenzen, bieten Grundlage für berufliche Orientierung, gestalten Freizeit, liefern sportliche Höhepunkte, helfen heilen. Pferde haben sich trotz aller Mechanisierung und Technisierung in unserem Lebensumfeld behauptet. Das gilt gleichermaßen, ob ein oder zwei Pferde zur Familie gehören, ob Pferdesportvereine ihr Angebot organisieren, ob Pferde in der Landwirtschaft oder im gewerblichen Umfeld Geld verdienen. Die Schwerpunkte sind faszinierend vielfältig. Neben klassischen Zielen und dem deutschen Reitpferd gehören längst Fjord und Friese, Ponys oder Kaltblüter, Islandfreunde, Westernstile und vieles andere mehr zum Pferdesport in Deutschland.

In allen Bereichen wurde Pferdehaltung in den letzten Jahrzehnten wesentlich weiterentwickelt. Ein Leben mit Pferden lässt Unterschiede zwischen Rassen oder Schwerpunkten verschwinden. Alle Pferdefreunde müssen und wollen sich um ihre Pferde kümmern und sie angemessen betreuen. In diesem Sinne legt die deutsche Reiterliche Vereinigung nun eine komplett aktualisierte Version des Standardwerks der *„Orientierungshilfen Reitanlagen- und Stallbau"* vor.

Wir wollen nicht vorschreiben, was oder wie gebaut werden soll, aber wir wollen Erfahrungen bündeln und verfügbar machen, Anregungen geben, Alternativen aufzeigen und so die Entwicklung der eigenen Vorhaben erleichtern. Die *Orientierungshilfen* sollen kein Handbuch für Fehlersucher sein, sondern eine Hilfe für Pferdehalter und Bauherren.

Wir wünschen viel Spaß und interessante Überlegungen bei der Lektüre und freuen uns auf Ihre Rückmeldungen.

Breido Graf zu Rantzau
Präsident der Deutschen Reiterlichen Vereinigung e. V. (FN)

1 Anforderungen an die moderne Reitanlage

1.1 Im Mittelpunkt steht das Pferd

Pferde sind faszinierende Lebewesen mit ganz eigenen Ansprüchen, die aus ihrer Entwicklungsgeschichte erklärt werden können. Die Artenvielfalt unserer Erde ergibt sich aus Anpassung an bestimmte Lebensräume in Konkurrenz mit anderen Lebewesen über sehr lange Zeiträume hinweg. So sind Pferde in der geradezu unvorstellbar langen Zeit von 60 Millionen Jahren zu einem hoch spezialisierten Fernwander-, Flucht- und Herdentier geworden, bestens angepasst an den Lebensraum Steppe.

Faszinierende Rassenvielfalt

Etwa 7.000 Jahre menschlicher Einfluss reichten zwar, vielerlei Rassen und Schläge hervorzubringen, das Verhalten und die Ansprüche konnte er jedoch nicht wesentlich ändern.

Heute lassen die Häufigkeit von Erkrankungen und Dauerschäden bei Pferden darauf schließen, dass den Ansprüchen nicht immer ausreichend entsprochen wird und die tiergerechte Haltung und Nutzung verbesserungsbedürftig sind. Dazu sind folgende Grundsätze zu beachten.

Bewegung

Unter naturnahen Verhältnissen bewegen sich Pferde im Herdenverband fressend – langsam schreitend – bis zu 16 Stunden am Tag und legen dabei vier bis sechs Kilometer zurück.

Mangelnde Bewegung bedingt Steifheit: Sehnen, Bänder und Gelenke verlieren ihre Elastizität und sind vermehrt anfällig. Bewegungsmangel behindert zudem die Selbstreinigungsmechanismen der Atemwege und beeinträchtigt den gesamten Stoffwechsel. Je stärker das Haltungssystem die Bewegungsfreiheit einschränkt, umso wichtiger ist ein Ausgleich durch tägliches der Kondition angepasstes Bewegen der Tiere, das physiologisch sinnvoll aufgebaut sein muss (Aufwärmphase usw.) und das jeweilige Pferd nicht überfordert. Unvermittelte, zu hohe und zu lang anhaltende Belastungen sind schädlich. Viele Pferde werden nur eine Stunde am Tag bewegt. Das ist zu wenig. Daher werden Flächen für Koppeln oder zumindest eine genügende Anzahl von Auslaufflächen benötigt. Für die Einzelhaltung gilt, dass selbst ein kleiner Auslauf besser ist als gar keiner. Ausläufe sollen ganzjährig benutzbar sein.

Hinsichtlich der Bewegungsmöglichkeit und der Anregung zur Bewegung ist die Auslaufhaltung in Gruppen die am ehesten artgerechte Stallhaltungsform, allerdings ist auch hier regelmäßiger Weidegang wünschenswert.

Pferde sind Bewegungstiere

Sozialkontakte

Pferde sind gesellige Tiere und finden als Fluchttiere Sicherheit in der Herde, denn nicht jeder kann immer gleichmäßig aufmerksam sein. So besteht bei Pferden eine ausgeprägte „Arbeitsteilung": Auch wenn die meisten dösen oder weiden, ist einer oder genauer oft eine Stute wachsam und behält die Umgebung im Auge.

Werden die Bedürfnisse der Pferde als soziale Lebewesen nicht berücksichtigt, können Probleme im Umgang mit ihnen und sogar Verhaltensstörungen entstehen. Die Haltung eines einzelnen Pferdes ohne soziale Partner ist nicht pferdegemäß!

Je geringer die Kontaktmöglichkeiten zu Artgenossen oder anderen Tieren, umso stärker ist das Pferd auf den Menschen als sozialen Partner angewiesen.

Nicht nur bei Haltung in Gruppen, sondern auch bei Einzelaufstallung muss auf das soziale Gefüge zwischen den Pferden Rücksicht genommen werden. Die Neueingliederung von Pferden in eine Gruppe muss schrittweise unter Beachtung der Rangordnung erfolgen.

Die Kontaktmöglichkeiten zwischen den Artgenossen sind so frei zu gestalten, wie es der

Haltungszweck, aber auch die Qualifikation des Betreuers erlauben. Bei Einzelaufstallung sind mindestens Sicht-, Hör- und Geruchskontakt zwischen den Tieren unverzichtbar.

Darüber hinaus sollen Pferde, die als Fluchttiere nur durch stetige Wachsamkeit und Kontrolle der Umgebung überleben konnten, am Geschehen in ihrer Umgebung angemessen teilhaben können. Zusätzlich ist die Möglichkeit zum gemeinsamen Auslauf zu schaffen.

Die Aufzucht junger Pferde muss in Gruppen erfolgen, denn nur hier sind die Entwicklungsreize gegeben, die das normale Sozialverhalten fördern und zu ausreichender Futteraufnahme und Bewegung anregen.

Unter naturnahen Bedingungen bestehen ständig soziale Interaktionen

Anforderungen an die moderne Reitanlage

Klimaansprüche:
Temperatur, Luft, Licht
Die Anpassung an den Lebensraum Steppe erforderte auch eine hohe Verträglichkeit gegenüber sowohl hohen als auch tiefen Temperaturen. Daher verfügen Pferde über die im Vergleich zu anderen Haustieren besonders ausgeprägte Fähigkeit zur Thermoregulation und sind somit auch gegenüber großen Temperaturschwankungen unempfindlich.

Die Fähigkeit zur Thermoregulation ist trainierbar, daher sind in kalten oder offenen Ställen gehaltene Tiere unempfindlicher als Tiere, die in warmen Ställen gehalten werden. Die Stalltemperatur soll also der Außentemperatur folgen. Je kleiner der Aufenthaltsbereich ist, zum Beispiel weil nur die Box zur Verfügung steht, desto mehr sind Extreme an Hitze, Kälte oder Wind zu begrenzen, da die Pferde nicht durch Veränderung ihres Standorts ausweichen können.

Abb. 1: Pferde sind im Vergleich zu anderen Haustieren besonders angewiesen auf Licht, Luft und Bewegung

Tierart	Pferd	Rind	Schwein
Futterbasis	Blütenbereich	Blattbereich	Wurzelbereich
Vorwiegender Lebensraum	Steppe	Waldrand	Wald
Temperaturverträglichkeit	Kälte und Hitze	keine Hitze	eng begrenzt
Windverträglichkeit und Windbedarf	groß	mittel	klein
Lichtverträglichkeit und Lichtbedarf	groß	mittel	klein

Das Pferd kann lange Strecken ausdauernd zurücklegen und enorme Leistungen vollbringen. Eine Voraussetzung ist der hoch spezialisierte Atmungsapparat, der allerdings zugleich besonders empfindlich gegen Staub und Schadgase ist. Daher müssen Staub- und Keimgehalt, relative Luftfeuchte und Gaskonzentration im Stall in einem gesundheitlich unbedenklichen Bereich gehalten werden, dafür sind die ausreichende Frischluftversorgung und Luftzirkulation besonders wichtig.

Auf der Weide suchen Pferde zum Lagern stets Flächen auf, die besonders dem Wind ausgesetzt sind, auch im Winter. Ihre Vorliebe für Wind liegt daran, dass sie – immer auf der Hut vor Unbekanntem – ihre Umgebung instinktiv im Blick und „in der Nase" behalten wollen. Pferdehalter sind dagegen mitunter aus falscher Angst vor Zugluft bemüht, alle Fenster und Tore dicht zu machen. Das schadet jedoch mehr, als es nützt, denn Zugluft ist ein nur auf Teile des Körpers auftreffender kühlerer Luftstrom, der bei Berücksichtigung der Anforderungen an eine moderne Stallgestaltung nicht auftreten sollte.

Staub entsteht in Pferdeställen vor allem durch offenen Abwurf oder das Aufschütteln von Heu und Stroh. Die Staubteilchen reizen die Schleimhäute und können Träger von Krankheitserregern sein. Also sollen offene Abwurfschächte und das Aufschütteln von Heu und Stroh im Stall vermieden werden, ebenso ist es sinnvoll, die Pferde außerhalb des Stalles zu putzen.

Durch Ausscheidung oder Zersetzungsvorgänge entstehen Schadgase wie Ammoniak (NH_3). Schon relativ geringe Konzentrationen können die Gesundheit der Pferde beeinträchtigen und das Infektionsrisiko erhöhen.

Neben anderen Faktoren sind also schlechte und zu warme Stallluft sowie hohe Staubbelastung für Erkrankungen der Atemwege verantwortlich. Detailangaben und Grenzwerte finden sich im Kapitel Stallklima.

Das natürliche Spektrum des Sonnenlichtes hat starken Einfluss auf den gesamten Stoffwechsel und beeinflusst Widerstandskraft, Leistungsfähigkeit und Fruchtbarkeit positiv. Deshalb ist es wichtig, Ställe ausreichend mit Licht entsprechender spektraler Qualität zu versorgen. So wird bei Pferden durch ultraviolettes Licht in der Haut Vitamin D aus Vorstufen aufgebaut, welches für viele Stoffwechselvorgänge wichtig ist.

Dem Tages- und Jahresrhythmus kommt außerdem eine wesentliche biologische Funktion unter anderem für die Steuerung der Fortpflanzung oder des Fellwechsels zu. Pferdeställe müssen daher genügend große Fensterflächen aufweisen, und auch die Forderung, dass Pferde sich täglich im Freien aufhalten sollen, findet hierin eine weitere Begründung.

Pferde schauen sich gerne an, was um sie herum geschieht

Anforderungen an die moderne Reitanlage

Futter und Futteraufnahme

Der Verdauungsapparat des Pferdes ist auf kontinuierliche, mindestens aber täglich mehrmalige Futterzufuhr angewiesen. Die Futterration des Pferdes muss stets einen ausreichenden Anteil an strukturiertem Futter enthalten.

In heutiger Pferdehaltung dient die Futteraufnahme nicht nur der Ernährung, sondern auch der Beschäftigung. Das Futter muss in Ruhe in entspannter Haltung aufgenommen werden können. Selbstverständlich brauchen Pferde ständig oder zumindest mehrmals täglich hygienisch einwandfreies Trinkwasser.

In Zusammensetzung und Menge muss das Futter dem Erhaltungs- und Leistungsbedarf des Einzeltieres entsprechen. Wichtig ist auch die gesundheitlich einwandfreie Qualität. Diese Qualität des Futters lässt sich nur bei einer sachgemäßen Lagerung der Futtermittel und Einsatz und Pflege entsprechender Fütterungs- und Tränketechnik erhalten.

Übersicht 1: Zusammenfassung: Pferde sind Steppen-, Flucht- und Herdentiere

	Steppentier	Fluchttier	Herdentier
Lebensraum Steppe	▸ Anpassungsfähigkeit an hohe und tiefe Temperaturen ▸ Verdauungsapparat, der auf ständige Aufnahme kleiner Mengen eingestellt ist	▸ leistungsfähige Sinnesorgane, um Feinde rechtzeitig wahrzunehmen ▸ einen auf Schnelligkeit und Spurtstärke ausgerichteten Bewegungsapparat ▸ ein ausdauerstarkes Herz-Kreislaufsystem	▸ klar festgelegte Bindungen ▸ einer „muss immer aufpassen"
Pferde sind daher weitgehend unverändert ...	angewiesen auf ▸ viel Luft und Licht ▸ häufiges Füttern ▸ strukturreiches Futter Pferde vertragen und brauchen Temperaturschwankungen und Licht	▸ aufmerksam ▸ stets fluchtbereit ▸ leistungsfähig Pferde wollen sich jeder Gefahr und allem Unbekannten durch Flucht entziehen	angewiesen auf Artgenossen Pferde brauchen soziale Kontakte mit Artgenossen
Daraus folgt	täglicher Auslauf im Freien	Training der Sinne durch Haltung „mit Ausblick"	gemeinsamer Auslauf und Koppel

1.2 Erwartungen der Kunden

In einer Reitanlage oder ganz allgemein rund um das Pferd finden sich ganz unterschiedliche Bevölkerungs- und Altersgruppen. Allen ist die Begeisterung für Pferde gemeinsam, ihre Wünsche, Vorstellungen, Erwartungen und Kenntnisse sind jedoch enorm unterschiedlich und können sich im Laufe der Zeit auch verändern.

Ein Betrieb, der Pferde in Pension nimmt und/oder Reitunterricht anbietet, ist ein Dienstleistungsbetrieb und muss bei der Planung einer Modernisierung oder eines Neubaus immer wieder prüfen, ob die Interessen und Erwartungen seiner Mitglieder oder Kunden tatsächlich berücksichtigt werden. Beispiele finden sich nebenstehend.

Pferde faszinieren Jung und Alt

Anforderungen an die moderne Reitanlage

- Reitschulen brauchen ein qualifiziertes Angebot von Lehrpferden, für das Heranführen von Kindern werden geeignete Ponys benötigt.
- Kinder und Jugendliche brauchen Freiräume, wo sie spielen oder toben können, ohne andere zu stören.
- Erwachsene Reiter möchten nach dem Reiten gemütlich zusammensitzen und ihre Erlebnisse, Erfahrungen oder Probleme austauschen, hierfür wird ein geeigneter Aufenthaltsraum oder ein Kasino möglichst mit Blick in die Reithalle und zu den Reitplätzen benötigt, auch Eltern, die ihre Kinder zum Reiten oder Voltigieren bringen, schätzen ein solches Angebot.
- Pferdesportler wollen dazulernen, für theoretischen Unterricht und die Vorbereitung von Sonderprüfungen, zum Beispiel Reitabzeichen, ist ein Unterrichtsraum sinnvoll.
- Turnierreiter müssen ihre Pferde auf funktionsfähigen Dressur- und Springplätzen im Freien vorbereiten, ebenso legt der Breitensportler Wert auf attraktive Reitmöglichkeiten außerhalb der Halle.
- Feste Hindernisse wie Wälle, Aufsprünge sind Bestandteil der Grundausbildung des Reiters. Sie dienen der Ausbildung der Pferde ebenso wie der Vorbereitung auf den Ausritt oder dem Training für Vielseitigkeitsprüfungen.
- Schöne Sommerabende verbringt man gerne im Freien, für den Zusammenhalt ist ein gemeinsamer Abend am Grillplatz sehr förderlich.
- Berufstätige, die nach der Arbeit direkt zu ihrem Pferd oder zum Unterricht kommen, schätzen einen Umkleideraum und abschließbare Schränke.
- Fahrsportinteressierte benötigen einen Fahrplatz sowie Unterstellmöglichkeiten für Kutschen und eine Geschirrkammer.
- Der barrierefreie Zugang zu allen Einrichtungen nutzt Reitern mit Behinderungen ebenso wie Müttern mit Kindern oder älteren Besuchern.
- Zu einer modernen Unterrichtsgestaltung gehören ausgearbeitete Konzepte für unterschiedliche Zielgruppen mit festgelegten Zwischenzielen – das beeinflusst Schwerpunkte und Ausstattung der Reitanlage.
- Aufstiegshilfen entlasten das Pferd und machen es zugleich dem Reiter leichter.

Die vorstehende Aufstellung ließe sich fast beliebig erweitern, der persönlichen Kreativität sind also kaum Grenzen gesetzt. Allerdings werden nur große Betriebe alle Schwerpunkte und Erwartungen abdecken können, daher ist immer notwendig, die eigenen Stärken und Schwächen kritisch zu durchleuchten und darauf aufbauend konsequent Schwerpunkte zu setzen und diese in der eigenen Darstellung deutlich zu machen.

2. Planung, Recht und Bauunterhaltung

2.1 Entwicklung im Pferdesport und Konsequenzen

Statistische Eckdaten

Bis in die fünfziger Jahre gab es in Deutschland noch etwa 2,5 Millionen Pferde, die zu einem größeren Teil in der Landwirtschaft eingesetzt wurden. Mit zunehmender Technisierung folgte der dramatische Rückgang mit dem Tiefpunkt Ende der sechziger Jahre auf nur noch etwa 300.000 Pferde.

Dann entwickelten sich Wohlstand und Freizeit der Bevölkerung, das führte in den siebziger Jahren zu einem rasanten Aufschwung, sodass heute schätzungsweise wieder etwa eine Million Pferde in Deutschland leben.

Nach Angaben der Marktanalyse „Pferdesportler in Deutschland" reiten hierzulande 1,24 Millionen Menschen ab 14 Jahre – siehe Abbildung 2.

Übersicht 2: Marktanalyse Pferdesportler

Pferdesportler ab 14 Jahren in Deutschland		
Mitglieder in Reitsportvereinen	0,56 Mio	0,9 %
nicht-organisierte Pferdesportler	0,68 Mio	1,1 %
Reiter gesamt	1,24 Mio	1,9 %
ehemalige Pferdesportler	1,47 Mio	2,3 %
potenzielle Pferdesportler	0,87 Mio	1,4 %
gesamt am Pferdesport Interessierte	8,74 Mio	13,7 %
Gesamtbevölkerung ab 14 Jahren	63,83 Mio	100 %

Einschließlich der Jugendlichen unter 14 Jahren ergibt das die Gesamtzahl von 1,6 Millionen aktiven Reitern. In der Untersuchung wird auch festgestellt, dass über eine Million Menschen aller Altersgruppen gerne reiten würden, wenn sie denn die Gelegenheit dazu hätten, in der Abbildung „potentielle Reiter" genannt. Insgesamt interessieren sich sogar 10 Millionen Menschen für den Pferdesport.

So erfreulich die genannten Zahlen sind, dürfen sie nicht den Blick darauf verstellen, dass wir uns inmitten tief greifender gesellschaftlicher Veränderungen befinden. Das statistische Bundesamt schätzt, dass die Bevölkerung in Deutschland bis 2050 um fast zehn Prozent abnehmen wird (mittlere Prognose).

Außerdem verschiebt sich die Zusammensetzung der Bevölkerung immer weiter zugunsten älterer Menschen. Das veranschaulicht die Gegenüberstellung der sogenannten Alterspyramiden, in denen der prozentuale Anteil unterschiedlicher Altersgruppen an der Gesamtzahl der Bevölkerung grafisch dargestellt ist: Vor hundert Jahren ergab sich tatsächlich noch eine Pyramide mit einerseits vielen Kindern und Jugendlichen und andererseits wenig Alten.

Dieses Verhältnis stellt sich heute vollkommen anders dar, indem in unserer Gesellschaft wesentlich mehr Erwachsene leben. Die Veränderung wird sich weiter fortsetzen.

So schätzt das Statistische Bundesamt, dass im Jahre 2050 die Jahrgänge der 60-Jährigen am stärksten vertreten und die Zahl der 80-Jährigen höher als die Zahl der Neugeborenen sein wird. Das Durchschnittsalter wird von 42 im Jahre 2007 auf voraussichtlich 50 Jahre bis 2050 steigen.

Planung, Recht und Bauunterhaltung

Abb. 2: Altersaufbau der Bevökerung in Deutschland

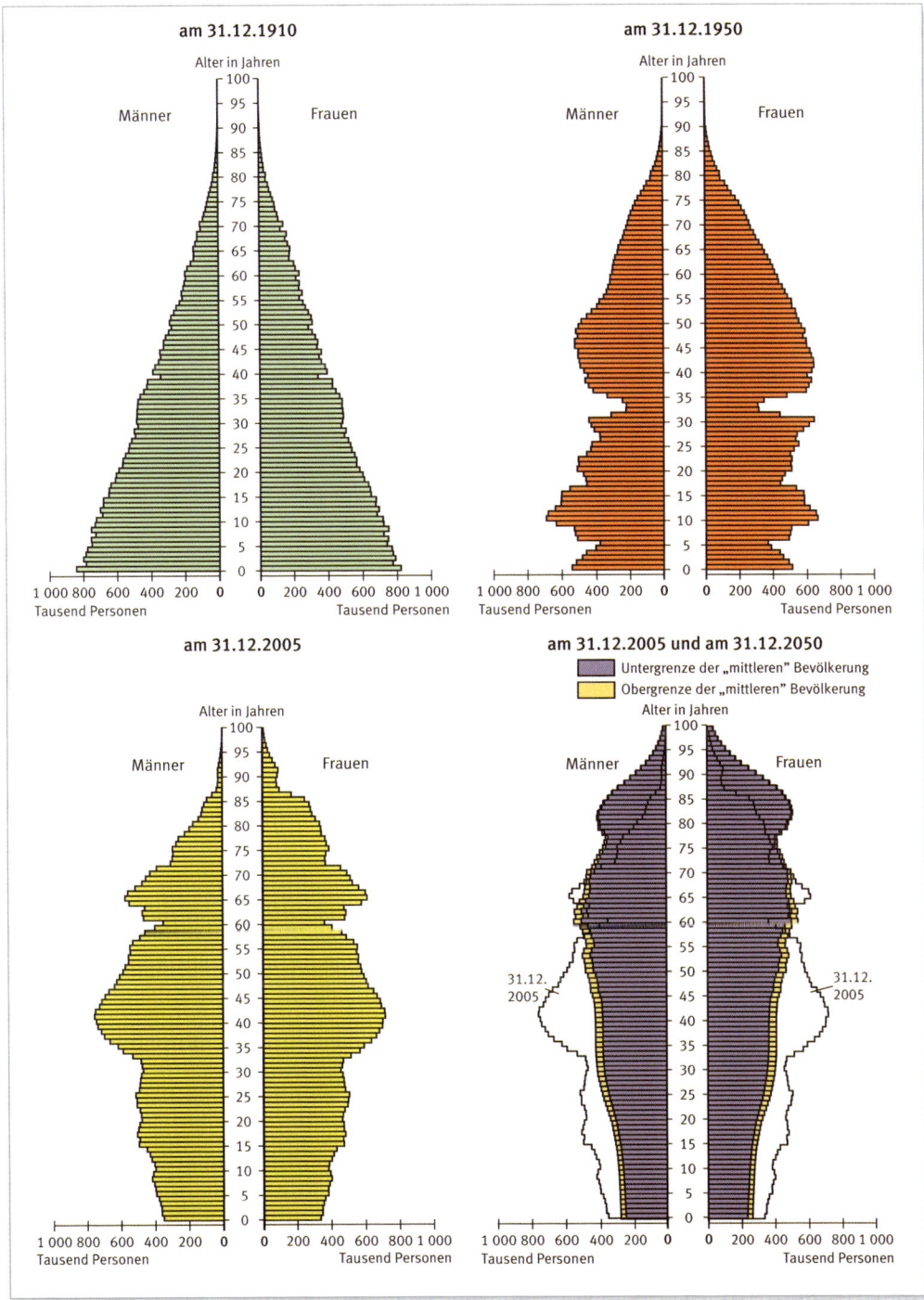

Die oben kurz angerissenen Auswirkungen werden in verschiedenen Regionen unseres Landes recht unterschiedlich aussehen: Während die südlichen Flächenländer ihre Bevölkerung weitgehend halten können, wird sie in den östlichen Bundesländern weiter zurückgehen.
In einigen Gegenden werden Wachstum und Schrumpfung allerdings recht dicht beieinanderliegen, das veranschaulicht zum Beispiel die regionalisierte Bevölkerungsprognose des Bundesamtes für Bauwesen und Raumordnung in Abbildung 2.

Eine zusammengefasste Darstellung bezogen auf Bundesländer kann der Abbildung 3 entnommen werden.

Abb. 3: Künftige Bevölkerungsdynamik

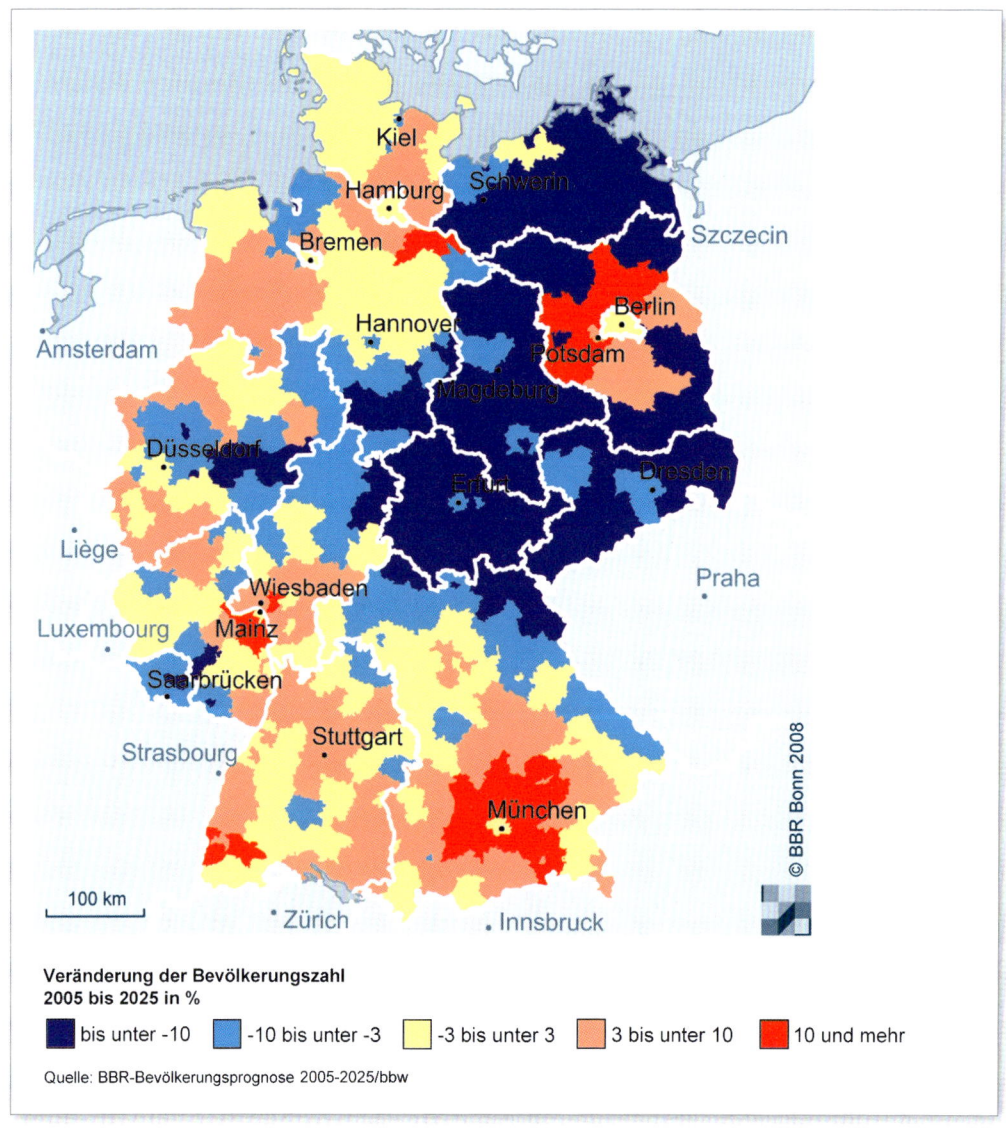

Veränderung der Bevölkerungszahl 2005 bis 2025 in %

bis unter -10 | -10 bis unter -3 | -3 bis unter 3 | 3 bis unter 10 | 10 und mehr

Quelle: BBR-Bevölkerungsprognose 2005-2025/bbw

Planung, Recht und Bauunterhaltung

Vor diesem Hintergrund werden sich alle künftig verstärkt und vor allem genauer an den Bedürfnissen der Zielgruppen ausrichten müssen. Dazu gehört, dass Kinder im Vorschulalter, Kinder ab sechs Jahren, Jugendliche ab 12 Jahren, die Gruppe der 26- bis 50-Jährigen, die der 51- bis 65-Jährigen, die älteren Senioren über 65 Jahre und die Gruppe der Zuwanderer gesondert ins Visier genommen werden müssen.

Das gilt natürlich auch für den Pferdesport, wenn er sich qualitativ und quantitativ weiterentwickeln will und ein Neubau, eine Modernisierung oder Erweiterung des Pferdebetriebes Sinn machen soll.

Betrachtet man die Entwicklung der Reitvereinsmitglieder – die im Übrigen nicht ganz die Hälfte der aktiven Pferdesportler ausmachen –, so stellt man ebenfalls fest, dass die Zeiten hoher Zuwachsraten vorbei sind und dass beachtliche Unterschiede im Bereich der Landesverbände des Pferdesports bestehen.

Die Abbildungen 4 und 5 zeigen die Altersverteilung der Reitvereinsmitglieder. Bis in die frühen achtziger Jahre nahm der Anteil der Kinder und Jugendlichen stetig auf etwa 40 Prozent zu. Seitdem geht der Anteil wieder zurück, sodass heute gut ein Drittel der Mitglieder unter 18 Jahre alt sind und knapp zwei Drittel im Erwachsenenalter. In der Abbildung 5 sind die absoluten Zahlen innerhalb der Altersgruppen wie auch ihr relativer Anteil am Gesamtmitgliederbestand aufgeführt.

Hier zeigen sich zwar noch in allen Altersgruppen Zuwachsraten, allerdings belegt die relative Betrachtung, dass die Steigerung bei den Kindern und Jugendlichen nur sehr gering ist oder stagniert. Im Widerspruch zu der Bevölkerungsentwicklung nimmt der Anteil der Erwachsenen am Gesamtmitgliederbestand stetig ab, was vermutlich an gesellschaftlichen Rahmenbedingungen ebenso liegt wie an einem mangelnden Angebot für diese Pferdefreunde, ganz besonders dann, wenn sie über kein eigenes Pferd verfügen.

Abb. 4: Gliederung des Mitgliederbestandes nach Alter

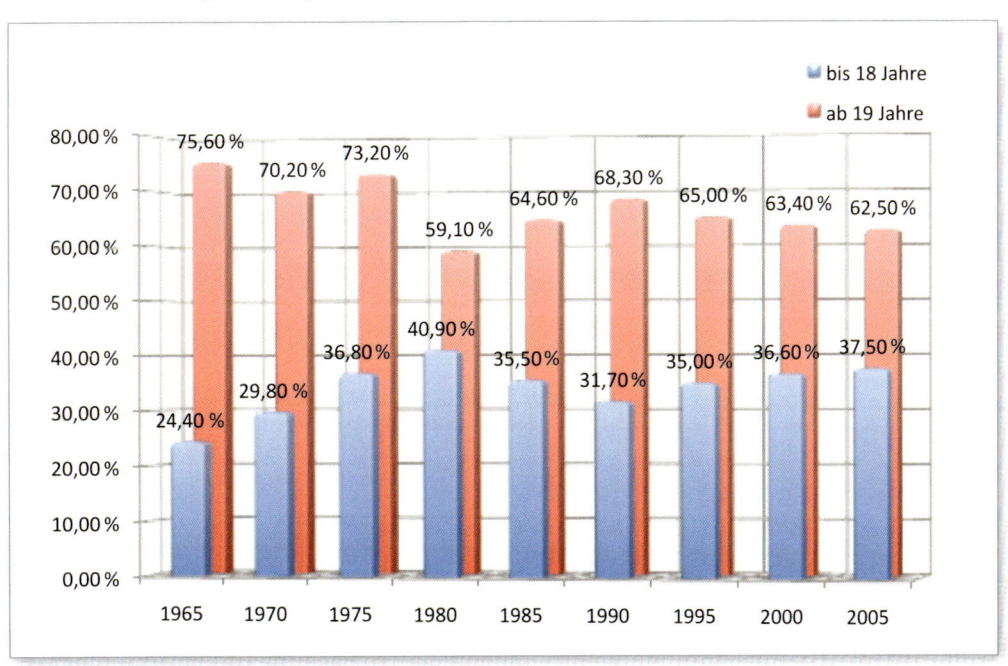

Abb. 5: Gliederung des Mitgliederbestandes nach Altersgruppen

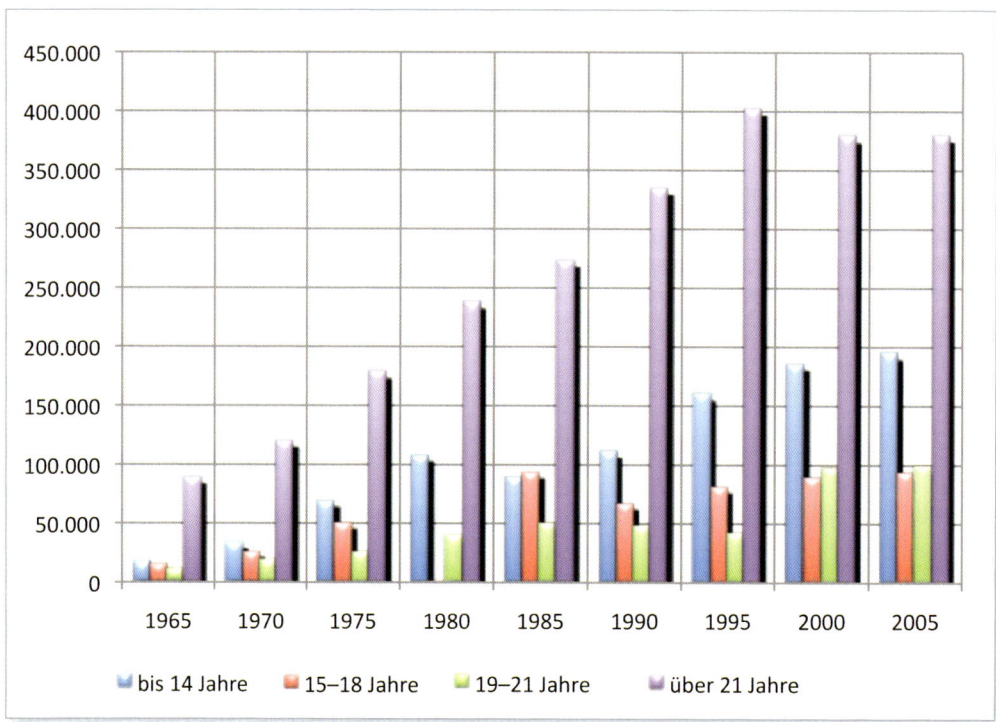

Abb. 6: Mitgliederbestand nach Geschlecht innerhalb der Altersgruppe

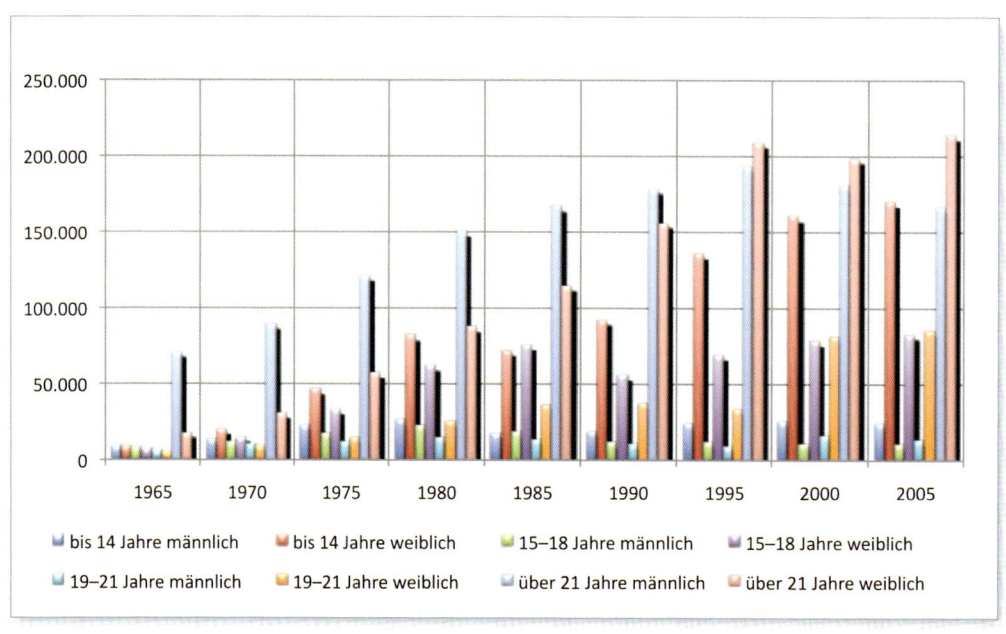

Planung, Recht und Bauunterhaltung

Abb. 7: Interessen der Reiter

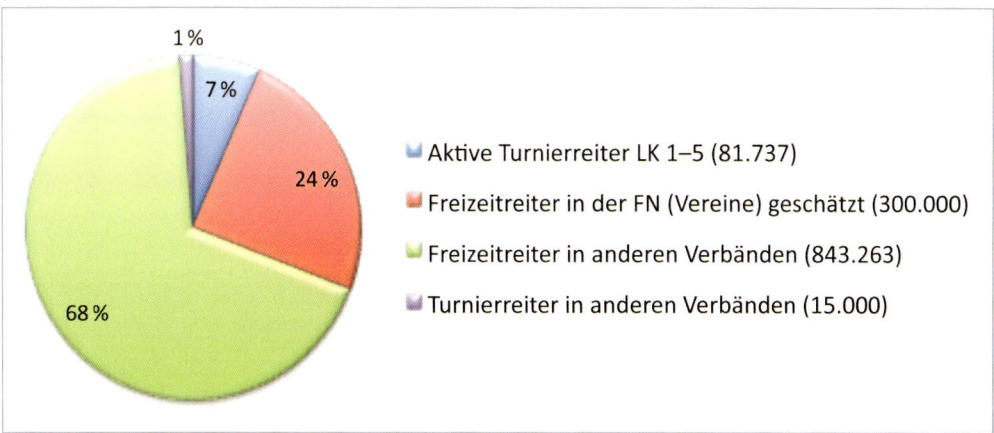

Ein Blick auf die Geschlechterverteilung innerhalb der Altersgruppen zeigt, dass der Pferdesport immer weiblicher wird (Abbildung 6). Im Jahre 1965 ritten in den Altersgruppen „bis 14 Jahre" und „15 bis 18 Jahre" noch etwa gleich viele Jungen wie Mädchen (51,8 zu 48,2 beziehungsweise 52,3 zu 47,7 Prozent). Seitdem nimmt der Anteil der Mädchen laufend zu: Heute reiten über achtmal so viele Mädchen wie Jungen unter 18 Jahren!

Dieses ungünstige Verhältnis ist zwar bei den Erwachsenen bei Weitem noch nicht erreicht, aber auch hier zeigt sich, dass der prozentuale Anteil der Herren leider stetig abnimmt. Die vorgenannten Zahlen beziehen sich auf Reitvereinsmitglieder, da über diese Gruppe ständig aktualisierte Zahlen vorliegen. Möchte man einen Überblick über alle Reiter bekommen, ist man auf Umfragen oder empirische Erkenntnisse angewiesen.

Unter Berücksichtigung der schon erwähnten Umfrage „Pferdesportler in Deutschland" ergibt sich heute etwa folgendes Bild: Nur etwa zehn Prozent der aktiven Reiter starten auf Turnieren, sei es im Regelungsbereich der Leistungs-Prüfungs-Ordnung (LPO) und der Wettbewerbsordnung für den Breitensport (WBO) der Deutschen Reiterlichen Vereinigung oder in anderen Verbänden.

Die beeindruckende Zahl von etwa 90 Prozent der aktiven Reiter sind dagegen sogenannte Freizeitreiter, Pferdefreunde, die nicht selbst an Wettbewerben teilnehmen. Der größere Teil dieser Gruppe (etwa 65 Prozent) ist keinem Pferdesportverein angeschlossen. Mindestens 850.000 Menschen würden gerne reiten, wenn sie ein passendes Angebot finden könnten.

Spaß und Entspannung: zu Pferd in der Natur

Angebot und Zielgruppenorientierung sind verbesserungswürdig

Die angeführten Zahlen belegen eindrucksvoll, dass die Bedürfnisse unterschiedlicher Altersgruppen und Interessen nach wie vor nicht annähernd ausreichend berücksichtigt werden und das Angebot nicht nur sehr deutliche Mängel hat, sondern teilweise geradezu kunden- und mitgliederfeindlich genannt werden kann.

Diese Erkenntnisse sind im Übrigen nicht neu. Schon anlässlich des Kongresses „Reitsport 2000" im Jahre 1987, bei der Neubearbeitung dieses Buches im Jahre 1992 oder zum Beispiel in der oben erwähnten Marktanalyse 2001 wurde festgestellt, dass es besonders zwei Gruppen in unseren Vereinen und Betrieben schwer haben, und zwar der junge Nachwuchs im Vor- und Grundschulalter, daraus folgend die männliche Jugend ab zehn Jahre sowie die große Gruppe der erwachsenen Neu- und Wiedereinsteiger.

Kinder können in den meisten Reitervereinen oder Reitschulen erst Reiten lernen, wenn sie älter als zehn Jahre sind. Viele sind dann jedoch bereits durch andere Sport- oder Freizeitaktivitäten ausgelastet. Für die Heranführung der ganz jungen Pferdesportler bis zehn Jahre werden geeignete Ponys benötigt, die vor allem ausgeglichen sein müssen und natürlich wesentlich weniger aufwendig gehalten werden können als Großpferde. Außerdem sollten von vorneherein Freiräume zum Spielen und Toben, für das Abenteuer in der Anlage geschaffen werden, was auch für kleinere oder nicht reitende Geschwister wichtig ist. Starre Reitstunden, wie sie für die Wettkampfvorbereitung üblich sind, eignen sich für die Hinführung und Motivation von Kindern – gerade Jungen – nicht.

Auch für die Erwachsenen werden klare und angepasste Konzepte benötigt, wie zum Beispiel Kurssysteme, Einteilung des Jahres in Trimester oder Semester und eindeutiges Anpeilen von Zielen und Zwischenzielen. Dazu kann die Absolvierung des Reit- oder Fahrpasses oder der Besuch von Veranstaltungen ebenso gehören wie der gemeinschaftliche Wanderritt in schöner Umgebung, auch über mehrere Stunden oder ein verlängertes Wochenende hinweg.

Gute Kinderponys sind Gold wert

Planung, Recht und Bauunterhaltung

Gerade Anfänger sollen mindestens zweimal in der Woche reiten oder Blockkurse besuchen können, da sich sonst Fortschritte oft frustrierend langsam einstellen. Es ist keine ernst zu nehmende Alternative zu anderen Freizeitangeboten, erwachsene Einsteiger nach ein paar Longestunden mehr oder weniger zufällig in bestehende Gruppen mit ausschließlich fortgeschrittenen Jugendlichen einzureihen. Wichtig sind vielmehr vor allem Reitvereine, Pferdebetriebe und Ausbilder, die sich für die Wünsche und Bedürfnisse von Erwachsenen interessieren und das nach außen hin deutlich machen.

Die Stärken des Pferdesportes für Fitness, aktive Entspannung, Gesundheit und Wohlbefinden können weit besser genutzt werden, als das vielerorts heute der Fall ist. Das gilt gleichermaßen für Urlaubsangebote: Grundzüge zum Segeln, Tennis, Tauchen und vielen anderen technisch anspruchsvollen Sportarten kann man im Urlaub problemlos in einer Gemeinschaft Gleichgesinnter erlernen, beim Reiten ist das kaum möglich, da spezialisierte und qualitativ hochwertige Angebote für Neu- und Wiedereinsteiger sowie für erfahrene Reiter hierzulande ausgesprochen selten sind.

Für alle Altersgruppen gilt, dass die Ausbildung im Gelände, der geführte Ausritt, der Spaß und Sicherheit selbstverständlich verbindet, vielerorts sträflich vernachlässigt wird. Nicht annähernd flächendeckend bestehen geführte Ritte mit qualifizierter Begleitung. Und das, obwohl das Naturerlebnis zu Pferd ganz oben auf der Skala der Beliebtheit bei Pferdefreunden und solchen, die es werden wollen, liegt. Das belegte auch die Marktanalyse, in der auf die Frage „Was sind für Sie die schönen Seiten am Pferdesport" die Antwort „Mit dem Pferd in der Natur sein" gleich an zweiter Stelle rangierte, siehe Abbildung 8.

Abb. 8: Einstellung zum Reiten

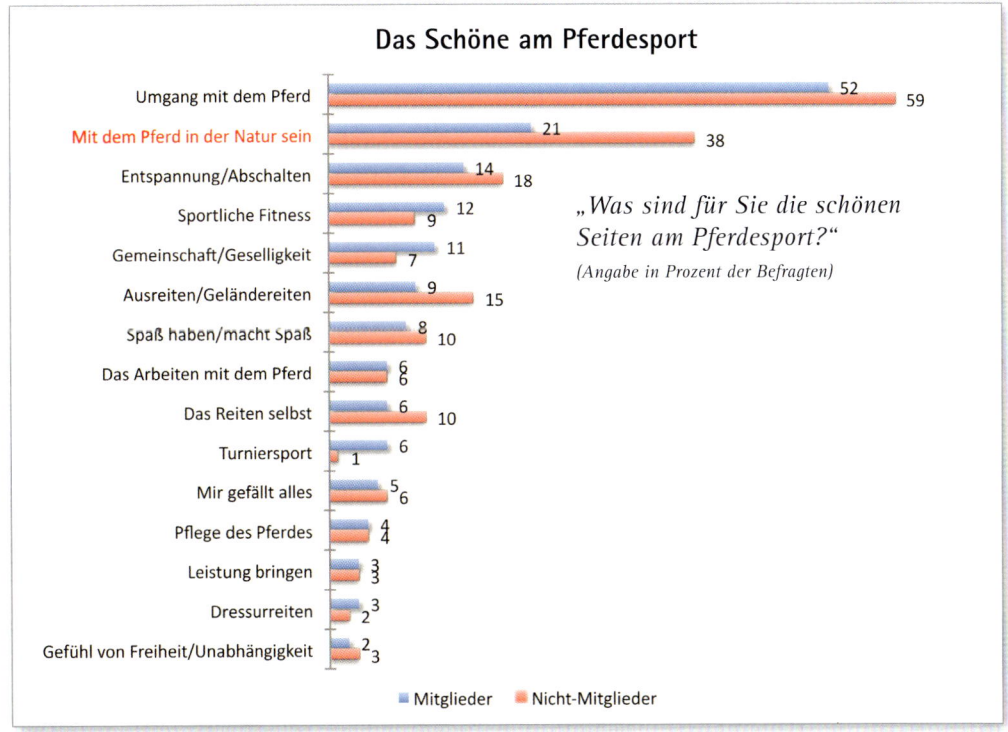

2.2 Bedarfsermittlung, Schwerpunkte und Kostenübersicht

Bedarfsermittlung

Das Interesse am Pferdesport wird zunehmend regional unterschiedlich sein, nicht nur wie bisher in Bezug auf den ländlichen Raum oder Ballungsgebiete. Um beurteilen zu können, ob im Einzugsbereich eines bestehenden Pferdebetriebes Bedarf für Erweiterung oder Neubau besteht oder ob die Einführung eines neuen Angebotes Sinn macht, müssen die nachstehenden Faktoren berücksichtigt werden:
- Lage des Betriebes, Eignung des Grundstücks
- Größe des Einzugsgebietes
- Einwohnerzahl, Altersstruktur, Eckdaten der Bevölkerungsentwicklung
- Anzahl der Pferde und Reiter im Einzugsgebiet
- Attraktivität des Ausreitgeländes
- Anbindung an öffentliches Verkehrsnetz
- Art, Anzahl, Größe und Ausstattung der bereits vorhandenen Pferdebetriebe (Mitbewerber)
- Angebotspalette und -lücken dieser Betriebe
- Besondere Merkmale des eigenen Vorhabens gegenüber anderen Angeboten im Einzugsbereich
- Betriebliche Möglichkeiten, Gebäude, Flächen, Arbeitskräfte, Alternativen
- Wünsche der Mitglieder/Kunden
- Sonstige Sport- und Freizeitangebote im Einzugsgebiet

etc.

Allen Pferdebetrieben ist gemeinsam, dass Dienstleistungen angeboten werden. Dazu gehören neben der Pferdehaltung und -versorgung die Ausbildung und Freizeitgestaltung der Reiter. Damit treten diese Betriebe nicht nur in Konkurrenz zu anderen Pferdebetrieben des Einzugsgebietes, sondern sehr entscheidend zusätzlich zu anderen Anbietern von Sport- oder Freizeitangeboten. Der Betriebsleiter wird also bestrebt sein müssen, sein Angebot modern, konkurrenzfähig und zumindest kostendeckend (Reitervereine) oder sogar gewinnbringend (Gewerbebetriebe, Landwirte) zu gestalten.

Die Entscheidung, einen Pferdebetrieb aufbauen zu wollen, wird häufig voller Enthusiasmus und mit vielen Emotionen in Angriff genommen. Das sind sehr wichtige Voraussetzungen für die erfolgreiche Leitung eines Betriebes, sie reichen aber nicht aus und in vielen speziellen Fragen ist der Laie überfordert. Daher gilt es sehr genau zu überlegen, welche Punkte tatsächlich selbst gelöst werden können und auf welchen Gebieten Fachleute hinzugezogen werden müssen.

Personalkosten machen stets einen beachtlichen Anteil der festen Kosten aus, also müssen bei jeder Planung gute arbeitswirtschaftliche Voraussetzungen, kurze Wege, sinnvolle Zuordnung der Arbeitsbereiche beachtet – zum Beispiel Futter- und Einstreulagerung in unmittelbarer Stallnähe – und eine möglichst hohe Mechanisierung vorgesehen werden. Der durchschnittliche Arbeitsaufwand von 80 bis 120 Stunden pro Pferd im Jahr für die Versorgungsarbeiten (ohne Pflege) bei Handarbeit lässt sich durch sinnvolle Zuordnung und den Einsatz entsprechender Technik (zum Beispiel Transportmittel, Entmistungsanlage) wesentlich reduzieren, bei Ausnutzung aller Möglichkeiten sogar bis auf weniger als die Hälfte. Alle Rationalisierungsmaßnahmen müssen allerdings dort enden, wo das Wohl der Pferde wegen fehlender Beobachtungsmöglichkeit beeinträchtigt werden könnte: Der morgendliche Blick in die Krippe und auf das Pferd ist durch nichts zu ersetzen.

Arbeitswirtschaftliche Fragen müssen bereits in einer frühen Phase der Planung überlegt werden, da eine Nachrüstung, wenn überhaupt machbar, doch wesentlich aufwendiger ist. Auch eventuelle spätere Erweiterungen sollen schon früh berücksichtigt werden, damit auch die in einem nachfolgenden Bauabschnitt zu verwirklichenden Maßnahmen harmonisch in das Gesamtkonzept hineinpassen und kostengünstig möglich sind.

Planung, Recht und Bauunterhaltung

Schwerpunkte

Für jedes Vorhaben ist eine differenzierte Detailplanung empfehlenswert, und zwar bevor Baumaßnahmen in Angriff genommen werden. Die Konzeption soll alle Absichten, die Schwerpunkte und resultierenden Anforderungen des Betriebes beinhalten und eine abschnittsweise Durchführung ermöglichen.

Das gilt nicht nur für Neubauten, sondern für jede Sanierung oder Modernisierung, denn meist lässt sich nicht alles auf einmal bewerkstelligen.

Vielmehr müssen Prioritäten unter Berücksichtigung des technisch und finanziell Machbaren gesetzt und zeitlich sinnvoll rangiert werden.

Übersicht 3: Angebote und Alternativen – Schwerpunkte von A bis Z

Angebote und Alternativen – Schwerpunkte von A bis Z		
Abenteuer	Gesundheitssport	Reisen
Anfänger	Grundschulkinder	Reitabzeichen
Angebote 50+, 60+	**H**eilpädagogisches Reiten	Reiten und Radfahren
Arbeitspferde	Hippotherapie	Reitpferde
Auslaufhaltung	**I**slandpferde	**S**chulbetrieb
Ausritte	**J**agdreiten	Schullandheim
Barockpferde	Jugendfarm	Schulsport
Basisausbildung	Jugendliche	Selbsterfahrung
Blockkurse	Junge Pferde	Seminare
Camping mit Pferd	Jungen	Senioren
Distanzritte	Jungpferdeaufzucht	Seniorenpferde
Dressur	**K**inder	Showreiten
Entspannung	Kommunikation	Sportpferde
Erlebnis	**L**ehrgänge	Sprachkurs
Familiensport	Lehrpferde	Springen
Fanclubs	Leistungssport	**T**urniersport
Ferienkurs	**M**ädchen und Frauen	**V**eranstaltungen
Ferienwohnung	Männer	Vielseitigkeit
Fortgeschrittene	Migranten	Voltigieren
Freizeitreiten	**N**aturerlebnis	**W**anderreiten
Friesen	**P**ensionspferde	Wellness
Gangpferde	Physiotherapie	Western
Geländereiten	**Q**uadrillenreiten	Wiedereinsteiger
Gemeinschaft	**R**ancherfahrung	**Z**irzensische Lektionen
Gespannfahren	Rehabilitation für Pferde	Zucht

Kostenrechnung

Am Anfang jeder Betriebsgründung oder -übernahme und jeder Bauplanung steht eine Leistungs- und Kosten- beziehungsweise Aufwands- und Ertragsrechnung. Das gilt unabhängig davon, ob es sich um die Übernahme eines bestehenden Objektes, einen Umbau, eine Erweiterung oder einen Neubau handelt: Stets muss das Vorhaben am Ende finanzierbar sein.

Daher finden sich nachstehend einige wichtige betriebswirtschaftliche Aspekte.
Die **Erträge** eines Pferdebetriebes setzen sich zum Beispiel aus folgenden Einnahmen zusammen:
- Unterbringung von Pensionspferden,
- Dienstleistungen wie zum Beispiel Bewegung der Pferde, Weidegang,
- Reitunterricht,
- Vermietung von Pferden,
- Verkauf von Pferden,
- Ausbildung von Pferden,
- Zucht, Aufzucht, Deckbetrieb,
- Verzehr im Aufenthaltsraum.

Zu den **Aufwendungen** gehören:
- Wertminderung der Wirtschaftsgebäude inklusive Reithalle und Maschinen (Abschreibungen),
- Reparaturen, Unterhaltung,
- Modernisierungsmaßnahmen,
- Versicherungen, Beiträge,
- Strom, Wasser, Heizung,
- Löhne, Sozialabgaben,
- Pferdeankäufe,
- Futter, Einstreu,
- Pacht-, Zinszahlungen

etc.

Die Differenz – Erträge abzüglich Aufwendungen – entscheidet über Gewinn oder Verlust. Die sogenannte Gewinn- und Verlustrechnung bezieht sich dabei immer auf das gesamte Unternehmen. Im laufenden Betrieb wird das Kalenderjahr als Bezugsgröße genommen, bei größeren Investitionen muss natürlich ein längerer Zeitraum betrachtet werden.
Neben dem Gesamtergebnis ist zur Beurteilung der Stärken und Schwächen eines Betriebes eine Untergliederung in Betriebszweige sinnvoll, zum Beispiel Flächen, Pferde.

Übersicht 4: Betriebszweige eines landwirtschaftlichen Betriebes

Fläche	Tiere	Sonstige Betriebszweige
Marktfrucht ▸ Weizen ▸ Zuckerrüben ▸ Hafer	Betriebsfremde Pferde ▸ Pensionspferde ▸ Ausbildungspferde	Reiterstube
Futterbau auf dem Acker ▸ Feldgras ▸ Mais	Betriebseigene Pferde für Dienstleistungen ▸ Verleihpferde ▸ Schulpferde	Gästebeherbergung
Grünland ▸ Mähweide ▸ Wiesen	Betriebseigene Pferde ▸ Zuchtstuten ▸ Ausbildungspferde ▸ Handelspferde	Energieerzeugung ▸ Windenergie ▸ Biogas ▸ Sonnenenergie

Planung, Recht und Bauunterhaltung

In größeren Pferdebetrieben mit unterschiedlichen Schwerpunkten sollen diese Betriebszweige weiter unterteilt werden, damit das Ergebnis genauer bewertet werden kann, zum Beispiel der Zweig Pferde in Pensionspferde, Lehrpferde, Ausbildungspferde, Unterricht für Kunden mit eigenem Pferd. Als Beispiel zeigt Übersicht 4 ein landwirtschaftliches Unternehmen.

Die **Wirtschaftlichkeit** jedes Betriebszweiges ergibt die Differenz zwischen Einnahmen und Kosten. Der Vergleich, also die Wettbewerbsfähigkeit eines Betriebszweiges gegenüber anderen Betriebszweigen im Unternehmen, kann mit dem **Deckungsbeitrag** beurteilt werden. Der Deckungsbeitrag ist die Leistung eines Betriebszweiges abzüglich der Kosten, die diesem Betriebszweig zugeordnet werden können, den sogenannten **variablen Kosten**, zum Beispiel Futter, Einstreu.

Beispiel: *Die Einstellung eines Pensionspferdes kostet für den Kunden 250,- EUR im Monat. Dies sind 3.000,- EUR im Jahr. Hiervon werden die variablen Kosten für Futter, Einstreu und Wasser anteilig für dieses Pferd abgezogen, das Ergebnis ist der Deckungsbeitrag.*

Festkosten sind die Kosten, die nicht ohne Weiteres einem Betriebszweig (im Beispiel dem Lehr-/Pensionspferd) zugeordnet werden können. Hierzu gehören zum Beispiel der Stallplatz, die Reithallen-, Maschinenkosten oder die Kosten für einen fest angestellten Mitarbeiter. Im Gegensatz zu den variablen Kosten fallen die Festkosten also auch dann an, wenn zum Beispiel eine Box im Stall nicht belegt oder ein fest angestellter Mitarbeiter nicht ausgelastet ist.
Die Höhe der Festkosten ergibt sich hauptsächlich aus:
- der beanspruchten Grundfläche,
- den Gebäuden, Anlagen (Ställe, Halle, Außenplatz),
- der technischen Ausstattung (Maschinen, Schlepper etc.) und
- den Personalkosten.

Bei Investitionen ist wichtig, die Abschreibungen für Gebäude oder Maschinen ebenso realistisch zu berücksichtigen wie auch – leider häufig unterschätzt – den nötigen Aufwand für die Instandhaltung inklusive der Gebäudeversicherungen und nicht zuletzt regelmäßig erforderlicher Modernisierungsmaßnahmen. Abschreibungshöchstgrenzen und Zeiträume können Steuer- oder Betriebsberater nennen.

Die Festkosten müssen durch die Deckungsbeiträge der Betriebszweige abgedeckt werden. Abbildung 9 zeigt modellhaft, wie sich aus einer Gesamtdeckungsbeitragsrechnung nach Berücksichtigung der Festkosten der Gewinn des Reitbetriebes ergibt.

Abb. 9: Gesamtdeckungsbeiträge und Festkosten

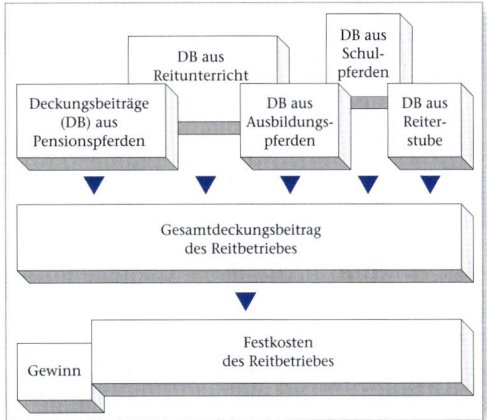

Jeder Unternehmer wird natürlich versuchen, seinen Betriebserfolg möglichst zu steigern und zwar durch:
- nicht zu hohe Festkosten – Investitionen in vertretbarem Rahmen,
- hohe Deckungsbeiträge – gute Wirtschaftlichkeit der Betriebszweige,
- genügend Betriebszweige – viele Deckungsbeiträge zur Abdeckung der Festkosten,
- Kombination von Betriebszweigen, sodass Arbeit und Kapital optimal genutzt und Schwankungen ausgeglichen werden können.

Stellt sich heraus, dass sich ein Betriebszweig nicht rechnet, dann gilt es zu überlegen, wie dieser Betriebszweig optimiert oder womit er notfalls ersetzt werden kann.

In diesem Zusammenhang sei erwähnt, dass es durchaus sinnvoll ist, unterschiedliche Dienstleistungsangebote im Reitbetrieb/-verein nach gründlicher Preiskalkulation gestaffelt anzubieten, um den unterschiedlichen Wünschen und finanziellen Möglichkeiten der Kundschaft Rechnung zu tragen – siehe nachfolgende Übersicht 5.

Übersicht 5: Das Dienstleistungsangebot im „Baukastensystem"

Gestaffelte Preise für	Anmerkungen
Grundpreis „A" ▸ Boxenmiete ▸ Einstellplatz in Gruppenhaltung ▸ Futter und Einstreu, Füttern ▸ Strom, Wasser, Heizung, Versicherungen ▸ Anlagenbenutzung ▸ Anlagenpflege ▸ Stellplatz für Pferdehänger usw.	**A. Festkosten** *Der aus den unter „A" zusammengestellten Komponenten errechnete Grundpreis kann sich nur durch mehr Futter oder Einstreu oder allgemeine Preiserhöhungen verändern.*
Zusätzliche Dienstleistungen „B" ▸ Ausmisten und Einstreuen ▸ Pferdepflege ▸ Sattelzeugpflege ▸ Anlagenpflege ▸ Hilfsservice Satteln ▸ Weidegang (inklusive Hinausbringen und Hereinholen) usw.	**B. Variable Kosten** *Die unter „B" ausgeführten Dienstleistungen können aus Kostenersparnisgründen von den Kunden selbst übernommen werden. Die Anlagenpflege wird in vielen Vereinen durch organisierte Arbeitsdienste geleistet. Füttern kann nicht vom Kunden übernommen werden, da alle Pferde gleichzeitig gefüttert werden müssen und andernfalls keine Kontrollmöglichkeit besteht.*
Ausbildung der Pferde „C" ▸ Vollberitt ▸ Halbberitt ▸ Bewegen ▸ Stundenweiser Beritt	**C. Pferdeausbildung** *Nach Absprache mit dem Ausbilder kann der Kunde wählen, was für sein Pferd angebracht und seinem Geldbeutel zumutbar ist.*

Ausbildung der Reiter „D"
▸ Unterricht in der Abteilung
▸ a. Jugendliche eigenes Pferd
    Jugendliche Lehrpferd
▸ b. Erwachsene eigenes Pferd
    Erwachsene Lehrpferd
▸ Einzelunterricht eigenes Pferd
▸ Einzelunterricht Lehrpferd
▸ Voltigieren
▸ Pauschalangebote
▸ Lehrgänge
▸ Ausbildungsblöcke
▸ Theoretischer Unterricht
	D. Reitausbildung
	Unterrichtsstunden in Abteilungen lassen sich am günstigsten über Reitkarten abrechnen.
	Jugendliche Lehrpferd
	
	Bei einer sinnvollen Stundenplanung findet sich für jeden eine interessante Fortbildungs- oder Betätigungsmöglichkeit.
	
	Pauschalangebote (Abonnements) zu festem Preis erhöhen die Kalkulierbarkeit für den Betrieb und die Motivation des Reiters.

Planung, Recht und Bauunterhaltung

Den Grundpreis müssen alle Pensionspferdehalter entrichten. Er unterscheidet sich eventuell, je nachdem, ob ein Pony oder ein Pferd eingestellt wird und ob die Unterbringung in der Box oder in einer Gruppe erfolgt. Dabei ergeben sich die unterschiedlichen Kosten des Grundpreises aus den Festkosten unter Berücksichtigung des unterschiedlichen Investitionsbedarfs beziehungsweise des Haltungsaufwandes.

Darauf aufbauend kann der Pferdeeinsteller nach seinen Ansprüchen und finanziellen Möglichkeiten wählen, welche der zusätzlichen Dienstleistungen B, C und D er außerdem in Anspruch nehmen möchte.

Jeder Unternehmer muss die Kosten seiner erbrachten Leistungen so genau wie möglich ermitteln, denn nur so sind eine effektive Kontrolle (Nachkalkulation) und realistische Planung (Vorkalkulation) und damit zukünftige Weiterentwicklung des Betriebes möglich. Hierzu ist die Vollkostenrechnung zu empfehlen, in der zum Beispiel auch der Pachtansatz für Eigentumsflächen, der Lohnansatz für Familien-Arbeitskräfte und der Zinsansatz für das eingesetzte Kapital berücksichtigt werden.

Eine ausführliche Darstellung und Beispielrechnungen sind in der „Betriebswirtschaftslehre – modernes Management für Pferdebetriebe und Reitvereine" enthalten (siehe Literaturverzeichnis). Die dort angegebenen Zahlen können natürlich keine allgemeine Gültigkeit haben, da die regionalen Unterschiede zum Beispiel hinsichtlich des Pacht- oder Kaufpreises eines Grundstückes, die gewählte Ausstattung (Leicht- oder Massivbauweise etc.) erheblich sind. Daher müssen in jedem Falle die konkreten Zahlen ermittelt (Angebote einholen!) und auf dieser Grundlage Alternativen durchdacht und kalkuliert werden. Sofern man nicht selbst Fachmann auf diesem Gebiet ist, empfiehlt es sich dringend, Fachleute heranzuziehen, die über Erfahrung und Branchenkenntnis verfügen.

Übersicht 6: Betriebszweigabrechnung zur Nach- und Vorkalkulation

Nachkalkulation	Vorkalkulation
Zweck: Kontrolle Erfolgskriterien für vergangenheitsbezogene Wirtschaftlichkeitskontrolle	Zweck: Planung Planungskriterien für zukunftsorientierte Entscheidungen
Direktkostenfreie Leistung Umsatzerlöse + Naturalentnahmen + öffentliche Direktzahlungen + innerbetriebliche Leistungsabgaben ± Bestandsveränderungen − Kostenblock „Direktkosten" (Liste)	**Deckungsbeitrag** Variable Leistungen + öffentliche Direktzahlungen − variable Direktkosten des Betriebszweiges (Basis: erwartete Menge und Preis!)
Gewinn des Betriebszweiges (vor Zinsen und Ertragsteuern) Direktkostenfreie Leistung − übrige Direktkosten und anteilige Gemeinkosten	**Faktoransprüche** (Bewertet mit Kosten der Beschaffung oder Nutzungskosten aufgrund des Entzuges aus anderen Verwendungen) **Innerbetriebliche Lieferungen** (Bewertet mit einem Ersatzwert oder dem potenziellen Verkaufspreis) **Variable Gemeinkosten**
Kalkulatorisches Betriebszweigergebnis Gewinn des Betriebszweiges (vor Zinsen und Ertragsteuern) − Ansätze für Faktorkosten	**Kalkulatorische Gewinnänderung** Deckungsbeitrag ± bewertete Faktoransprüche und innerbetriebliche Lieferungen − variable Kosten

2.3 Baurechtliche Voraussetzungen

Neubau, Erweiterungen, Umbau, ja selbst Nutzungsänderungen von Gebäuden, eines Pferdestalls oder einer Reitanlage einschließlich der Außenanlagen unterliegen einer Vielzahl bau- und naturschutzrechtlicher Vorschriften. Das ist mittlerweile so unübersichtlich geworden, dass es durchaus Sinn macht, von vorneherein einen Fachmann auf diesem Gebiet hinzuzuziehen. Es wird empfohlen, vor Erwerb eines Grundstücks bei der Baubehörde zu klären, ob Pferdehaltung zulässig und das Vorhaben genehmigungsfähig ist. Das gilt auch dann, wenn nur ein paar Pferde gehalten und nur ein Schuppen oder eine Scheune umgebaut oder ein Reitplatz angelegt werden sollen.

Im Baurecht sind die bau**planungs**rechtlichen und die bau**ordnungs**rechtlichen Vorschriften zu unterscheiden. Das Bauplanungsrecht ist Bundesrecht und findet sich im Baugesetzbuch (BauGB) und der Baunutzungsverordnung (BauNVO). Hier ist geregelt, **ob** der Bau einer Reitanlage auf einem bestimmten Grundstück zulässig ist.

Übersicht 7: Planungsebenen

Bund	Bundesraumordnungsgesetz, Baugesetzbuch
Land	Landesplanung, Regionalplanung
Gemeinde	Stadtentwicklungsprogramm, städtebauliche Rahmenplanung, Flächennutzungsplanung, Bebauungsplan

Für das Bau**ordnungs**recht gibt es auf Bundesebene mit der sogenannten Musterbauordnung nur eine Empfehlung, maßgeblich ist die Landesbauordnung eines jeden Bundeslandes, in der die Genehmigungsverfahren geregelt sind und bestimmt wird, **wie** eine grundsätzlich zulässige Reitanlage oder jedes andere Gebäude ausgeführt sein muss, damit von ihr keine Gefahren für die öffentliche Sicherheit und Ordnung ausgehen, zum Beispiel hinsichtlich Standsicherheit, Feuer- oder Tierschutz.

Bauplanerische Zulässigkeit

Flächennutzungsplan

Die Gemeinde stellt für ihr Gemeindegebiet einen Flächennutzungsplan (im Behördenjargon „FNP" oder „F-Plan", auch vorbereitender Bauleitplan) für die langfristige Nutzung der Gemeindeflächen auf. In ihm sind geplante und bestehende landwirtschaftliche Nutzflächen, Waldgebiete, Flächen zum Schutz, zur Pflege und Entwicklung von Natur und Landschaft, Wohnbauflächen, gewerbliche Bauflächen, Flächen für den Gemeinbedarf, Grünflächen, Verkehrsflächen dargestellt. Der Flächennutzungsplan wird vom Gemeinderat beschlossen und vom Bundesland genehmigt.

Bauplanerisch wird das Gebiet einer Gemeinde in drei Zonen eingeteilt:
- **Überplanter Bereich (Bebauungsplangebiet)**, das sind Gebiete, für die Bebauungspläne bestehen,
- **Innenbereich**, d.h. innerhalb der im Zusammenhang bebauten Ortsteile, oder
- **Außenbereich**, das sind Flächen außerhalb der Bebauungsgrenzen.

Bebauungsplangebiet

Die im Flächennutzungsplan skizzierten planerischen Vorstellungen werden durch Bebauungspläne („B-Pläne") konkretisiert (§ 30 BauGB). In diesen ist für ein bestimmtes Gebiet festgelegt, welche bauliche Nutzung zugelassen ist. Reitanlagen sind grundsätzlich „Anlagen für sportliche Zwecke" und daher nach Baunutzungsverordnung zulässig in „allgemeinen Wohngebieten" (WA), „besonderen Wohngebieten" (WB), „Dorfgebieten" (MD), „Mischgebieten" (MI), „Kerngebieten" (MK) und „Gewerbegebieten" (GE), die Genehmigung hängt allerdings grundsätzlich vom jeweils speziellen Charakter des Gebietes ab. In „Sondergebieten, die der Erholung dienen" (SO), müssen in der Zweckbestimmung des SO-Gebietes die „sportlichen Zwecke" (hier: Reiten, Pferdesport) besonders erwähnt sein. Ausnahmsweise sind Reitanlagen weiterhin in „Kleinsiedlungsgebieten" (WS) und in „Industriegebieten" (GI) zulässig. Die beste planungsrechtliche Situation für eine Reitanlage ist ein „Sondergebiet, das der Erholung dient" (SO), sofern die Reitanlage dort ausdrücklich erwähnt ist.

Innenbereich (bebaute Ortsteile)

Wenn ein Grundstück ins Auge gefasst wird, für das kein Bebauungsplan besteht, das jedoch „innerhalb der im Zusammenhang bebauten Ortsteile" liegt, dann gelten die Regeln für den „nicht überplanten Innenbereich". Hier ist nach § 34 Baugesetzbuch ein Vorhaben zulässig, „wenn es sich nach Art und Maß der baulichen Nutzung, der Bauweise und der Grundstücksfläche, die überbaut werden soll, in die Eigenart der näheren Umgebung einfügt und die Erschließung gesichert ist ..." Das Ortsbild darf nicht beeinträchtigt werden. Pferdehaltung ist nach Nutzungsänderung normalerweise zulässig.

Außenbereich

Dritte und letzte Möglichkeit: Das Grundstück ist nicht im Flächennutzungsplan aufgeführt, es besteht kein Bebauungsplan und es liegt im „Außenbereich", also außerhalb der im Zusammenhang bebauten Ortsteile; dann gilt § 35 Baugesetzbuch. Hiernach ist ein Bauvorhaben nur zulässig:

- wenn öffentliche Belange nicht entgegenstehen,
- die ausreichende Erschließung sichergestellt ist,
- das Grundstück einem land- oder forstwirtschaftlichen Betrieb dient und
- der Bau nur einen untergeordneten Teil der Betriebsfläche einnimmt.

Der Normalbetrieb eines Reitvereins gehört also nicht zu den nach § 35 BauGB „privilegierten Vorhaben", ebenso wenig der gewerblich betriebene Reiterhof. Der typische Fall eines privilegierten Vorhabens sind die der Pferdezucht dienenden Bauten im Rahmen eines landwirtschaftlichen Betriebes. Dazu zählt auch die Pensionspferdehaltung mit eigener Futtergrundlage, wenn sie der Gewinnerzielung dient und der Betriebsleiter einschlägig qualifiziert ist.

Auch der landwirtschaftliche Nebenerwerbsbetrieb zählt hierzu. Ebenso ist eine Reithalle zur reiterlichen Ausbildung und Vermarktung der eigenen Zuchtprodukte oder als Voraussetzung für die Pensionspferdehaltung damit im landwirtschaftlichen Betrieb grundsätzlich zulässig. Jedoch sind der Betrieb einer Gaststätte, die Erteilung von Reitunterricht, der Beritt fremder Pferde oder das Angebot von Kutschfahrten durch die landwirtschaftliche Zweckbestimmung nicht gedeckt.

Um also den Bau einer Vereinsreitanlage im „Außenbereich" rechtlich neu zu ermöglichen, muss dieses Gebiet „überplant" werden, d.h., die Gemeinde muss einen Flächennutzungsplan ändern oder neu aufstellen und am besten ein „Sondergebiet, das der Erholung dient (Reitanlage)" ausweisen.

Bauordnungsrechtliche Zulässigkeit

Wenn das Vorhaben bauplanerisch zulässig ist, muss es zusätzlich den Bestimmungen des Bauordnungsrechts entsprechen. Hier geht es zum Beispiel um die Ausführung, inklusive der Grenzabstände, Standsicherheit, Brandsicherheit, den Tierschutz und die äußere Gestaltung. Als „bauliche Anlagen" gelten im Übrigen Aufschüttungen und Abgrabungen ab einer gewissen Größenordnung, Lager-, Abstell- und Ausstellungsflächen, Sport- und Spielplätze und Pkw-Stellplätze. Pferdeställe, Reithallen, Reitplätze, Führanlagen etc. sind genehmigungspflichtig. Einzelheiten hierzu finden sich wie erwähnt in den Bauordnungen und Naturschutzgesetzen der Länder.

Planung, Recht und Bauunterhaltung

Nachbarrechtliche Beziehungen

Das geplante Vorhaben muss nicht nur den eigenen Vorstellungen entsprechen, sondern auch in die landschaftliche Umgebung und zu den Nachbarn passen. Ist das nicht der Fall, dann sind Streitigkeiten vorprogrammiert. Wo künftige nachbarrechtliche Schwierigkeiten (zum Beispiel Nachbar beklagt sich über Immissionen – Geräusche, Gerüche, Staub, Fliegen) zu befürchten sind, kann man durch eine Vereinbarung (notariell) mit dem Nachbarn auf dessen Grundstück rechtzeitig eine sogenannte Grunddienstbarkeit eintragen lassen. Dann muss der jeweilige Eigentümer dieses Nachbargrundstücks die etwaigen Immissionen dulden. Die Gegenleistung ist Verhandlungssache. Im Übrigen sollte sich kein Betriebsinhaber seinen Nachbarn gegenüber auf seine formalen Rechte verlassen. Er sollte vielmehr stets und konsequent ein gutes Verhältnis zu den Nachbarn und den Bewohnern der Umgebung unterhalten. Eine gut geplante Reitanlage ist keine Belastung für die Umgebung, sondern im Gegenteil eine Aufwertung. Die Nachbarschaft einer großzügig geplanten, attraktiv durchgrünten und fachmännisch geleiteten Reitanlage gilt als „gute Adresse".

Ausgleichs- und Ersatzmaßnahmen

Jede Baumaßnahme im Außenbereich stellt einen sogenannten Eingriff, d.h. eine Beeinträchtigung der Leistungs- und Funktionsfähigkeit des Naturhaushalts oder des Landschaftsbildes dar. Die zentrale Forderung der sogenannten Eingriffsregelung in der Naturschutzgesetzgebung lautet, Vorhaben so zu planen und durchzuführen, dass Beeinträchtigungen vermieden oder möglichst gering gehalten werden. Sind Beeinträchtigungen nicht zu vermeiden, ist ein Ausgleich oder Ersatz vorgeschrieben, wobei Maßnahmen in räumlicher Nähe (= Ausgleich) Vorrang vor Ersatzmaßnahmen haben, die in größerer Entfernung liegen können. In einem „landschaftlichen Begleitplan" muss meist mit Bauantrag dargestellt werden, welche Ersatzflächen für die versiegelten Flächen vorgesehen sind. Die Kompensationsmaßnahmen sind also von vorneherein in der Gesamtplanung zu berücksichtigen.

Vorplanung, Bauvoranfrage, Bauantrag

Am Anfang der weiteren Verfahren steht die konkrete zeichnerische und textliche Darstellung des Vorhabens in Verbindung mit Lageplänen und Flurstückkarten, die im Katasteramt erhältlich sind. Mit diesen Unterlagen wird ein klärendes Gespräch des Bauherrn oder seines Planers mit den zuständigen Mitarbeitern der Gemeinde geführt. Bevor anschließend ein kostspieliger Bauantrag eingereicht wird, ist es meistens ratsam, eine sogenannte „Bauvoranfrage" an das zuständige Bauamt zu richten. Auch wenn diese formlos möglich ist, wird das Verfahren durch eine professionelle Darstellung erleichtert. Nach Beteiligung weiterer Fachbehörden durch die Bauaufsichtsbehörde wird ein Vorbescheid ausgestellt.

Ist dieser positiv, folgt als Nächstes der Bauantrag, der von einem vorlageberechtigten Fachmann erstellt werden muss. Ein Bauantrag ist hierzulande ein umfangreiches Werk und besteht aus dem Antrag selbst, katasteramtlichen Lageplänen, detaillierten Bauzeichnungen, den Bau- und Betriebsbeschreibungen, Berechnungen und technischen Hinweisen, wie Standsicherheit, Statik, Erschließung, Ver- und Entsorgung, Ausgleichsmaßnahmen für Eingriffe, Brandschutzkonzept, Grün-, Wasser-, Weideflächen etc.

Übersicht 8: Glossar „Baurecht"

Ausgleichsmaßnahme	Kompensation im Rahmen der Eingriffsregelung, zum Beispiel vorgeschriebene Pflanzung von Bäumen, Anlegen eines Gewässers im direkten räumlichen und funktionalen Zusammenhang, abgestimmt mit den unteren Landschaftsbehörden.
Ausgleichszahlung	In Ausnahmefällen können Eingriffe mit nicht kompensierbaren Beeinträchtigungen durch eine Ausgleichszahlung abgegolten werden.
Außenbereich	Flächen außerhalb eines Bauplanungsgebietes und der im Zusammenhang bebauten Ortsteile. Nach § 35 Baugesetzbuch, sind hier nur sogenannte privilegierte Bauvorhaben zulässig.
Bauantrag	Formales Verfahren. Er enthält alle Unterlagen zur Beuteilung eines Bauvorhabens und ist von einem vorlageberechtigten Entwurfsverfasser beim Bauamt der Gemeinde einzureichen.
Baugesetzbuch (BauGB)	Das Bundesgesetz für das Planungsrecht in Deutschland, in dem unter anderem die planerische Zulässigkeit und die Bauleitplanung niedergelegt sind.
Bauleitplan	Die Bauleitplanung umfasst den Flächennutzungsplan und den Bebauungsplan.
Baunutzungsverordnung (BauNVO)	Bestimmt Art und Maß baulicher Nutzung, beschreibt unter anderem die Bauweisen und Einteilung der Bauflächen im Flachennutzungsplan sowie der Baugebiete im Bebauungsplan.
Bauordnung (BauO)	Landesrecht, das Baugenehmigungsverfahren und bauliche Ausführung regelt.
Bauplanungsrecht	Bauplanungsrecht ist Bundesrecht und findet sich im Baugesetzbuch (BauGB) und der Baunutzungsverordnung (BauNVO). Hier ist geregelt, ob der Bau einer Reitanlage auf einem bestimmten Grundstück zulässig ist.
Bebauungsplan	Enthält für die Bürger und die Baubehörden verbindliche Festsetzungen, wie die Grundstücke bebaut werden dürfen, inklusive der Verkehrs-, Grünflächen und sonstiger Flächen. Er ist auf Teile des Gemeindegebiets beschränkt und wird vom Gemeinderat beschlossen.
Eingriff	Ist nach dem Bundesnaturschutzgesetz und den Naturschutzgesetzen der Länder eine „Veränderung der Gestalt oder Nutzung von Grundflächen oder Veränderungen des mit der belebten Bodenschicht in Verbindung stehenden Grundwasserspiegels, die die Leistungs- und Funktionsfähigkeit des Naturhaushalts oder das Landschaftsbild erheblich beeinträchtigen können" (BNatSchG § 18). Dazu gehören alle Baumaßnahmen, zum Beispiel auch Abgrabungen und Aufschüttungen oder die Beseitigung von Baumgruppen, Streuobstwiesen oder Hecken ab festgelegter Größenordnung, nicht jedoch eine landwirtschaftliche Bodennutzung oder natur- und landschaftsverträgliche sportliche Betätigungen.
Eingriffsregelung	Im Rahmen der Eingriffsregelung wird untersucht, ob und wie Beeinträchtigungen des Landschaftsbildes und des Naturhaushaltes vermieden oder ausgeglichen werden können.
Energieeinsparverordnung (EnEV)	Liefert bautechnische Anforderungen zum effizienten Energieverbrauch auf Grundlage des Energieeinsparungsgesetzes (EnEG) für Wohn-, Büro- und Betriebsgebäude

Planung, Recht und Bauunterhaltung

Ersatzmaßnahme	*Kompensation im Rahmen der Eingriffsregelung durch in der Regel nicht-funktionale, aber „gleichwertige" Maßnahmen im räumlichen Zusammenhang, nur in schwierigen Fällen nicht im räumlichen Zusammenhang, zum Beispiel Baumpflanzungen an anderer Stelle.*
FFH-Richtlinie	*Mit der europäischen Fauna-Flora-Habitat-Richtlinie (Tiere, Pflanzen, Lebensraum) sollen wild lebende Arten, deren Lebensräume und die europaweite Vernetzung dieser Lebensräume gesichert und geschützt werden.*
FFH-Verträglichkeitsprüfung	*Prüfung für Pläne und Projekte, von denen eine erhebliche Beeinträchtigung eines Natura 2000 Gebietes ausgehen kann*
Flächennutzungsplan	*Stellt die Art der Bodennutzung in den Grundzügen dar, zum Beispiel landwirtschaftliche Nutzfläche, Wald, Flächen für Wohnbebauung, gewerbliche Nutzung – auch vorbereitender Bauleitplan. Der Flächennutzungsplan bezieht sich auf das gesamte Gemeindegebiet und wird vom Gemeinderat beschlossen.*
Flächenpools	*Kompensationsflächen und -maßnahmen im Rahmen der Eingriffsregelung können in sogenannten Pools zusammengefasst werden.*
Innenbereich	*Flächen innerhalb der im Zusammenhang bebauten Ortsteile.*
Konversion	*Umnutzung von Gebäuden oder Flächen, der Begriff wird oft für die Umnutzung ehemaliger Militärflächen verwendet.*
Landschaftsplan	*Beschreibt und bewertet den vorhandenen und geplanten Zustand von Natur und Landschaft und formuliert Naturschutzziele und -maßnahmen. Er wird von den Kreisen erarbeitet und beschlossen.*
Natura 2000	*Europäisches Netz von Schutzgebieten mit gemeinschaftlicher Bedeutung, das aus den Gebieten nach der FFH-Richtlinie und den „europäischen Vogelschutzgebieten" besteht.*
Privilegierung	*Grundsätzlich ist Bauen im Außenbereich nicht zugelassen, es sei denn sie dienen einem land- oder forstwirtschaftlichen Betrieb und nehmen nur einen untergeordneten Teil der Betriebsfläche ein. Es handelt sich also diesbezüglich um eine Bevorzugung der Landwirtschaft (§ 35 BauGB).*
Schutzgebietskategorien	*Die Einteilung in Schutzgebiete richtet sich nach den Naturschutzgesetzen der Länder, es gibt im Wesentlichen folgende Kategorien mit unterschiedlichem Schutzniveau: Naturschutzgebiet (NSG), Nationalpark, Biosphärenreservat (-gebiet), Landschaftsschutzgebiet (LSB), Naturpark.*
Strategische Umweltprüfung (SUP)	*Prüfung von Umweltfolgen von Plänen und Programmen auf höherer Planungsebene.*
Umweltprüfung (UP)	*Umweltprüfung im Rahmen der Bauleitplanung (Flächennutzungsplan, Bebauungsplan) auf Gemeindeebene.*
Umweltverträglichkeitsprüfung (UVP)	*Systematisches Prüfverfahren, welches die Auswirkungen von (größeren) Vorhaben, zum Beispiel Planfeststellungsverfahren, Eisenbahnstrecken, Bundesstraßen, Ferienparks, auf die Umwelt (Mensch, Tiere, Pflanzen, biologische Vielfalt, Landschaft, Sach- und Kulturgüter) ermittelt, beschreibt und bewertet (Umweltfolgenabschätzung).*
Vorbescheid	*Vorgezogene, verbindliche Entscheidung der Baubehörde vor allem über bauplanerische Zulässigkeit des Vorhabens.*

2.4 Standortwahl

Mit den örtlichen Gegebenheiten oder Problemen müssen sich bestehende Betriebe natürlich arrangieren. Bevor jedoch die Ansiedelung an neuer Stelle geplant wird, sollte man sich sehr genau erkundigen, wie die Rahmenbedingungen am angepeilten Standort tatsächlich sind.

Der Zugang zum Gelände muss möglichst gefahrlos sein. Jede Überquerung stark befahrener Straßen ist insbesondere mit jüngeren Pferden oder unerfahrenen Reitern unfallträchtig. Darüber hinaus galoppieren reiterlos gewordene Pferde eventuell alleine nach Hause.

Liegt eine Straße oder Eisenbahnlinie zwischen Gelände und Stall, ist es Zufall, ob ein Unfall passiert oder nicht. Lange Anreitwege etwa durch eine Siedlung in ein weiter entferntes Gelände beeinträchtigen die Qualität des Ausrittes und verhindern ihn sogar ganz, wenn nur eine Reitstunde zur Verfügung steht.

Ausreitgelände, Verkehrslage

Reiten in freier Landschaft und die Naturerfahrung zu Pferd, stehen für viele im Vordergrund ihrer pferdesportlichen Ambitionen. Diejenigen, die sich schwerpunktmäßig mit Dressur oder Springen befassen, reiten gerne zur Abwechslung und Entspannung in die Natur.
Reiten im Gelände gehört untrennbar zu den Grundbedürfnissen von Reiter und Pferd. Also ist die Anbindung an ein gutes Ausreitgelände sehr wichtig und entscheidet unter Umständen über das Überleben eines Pferdebetriebes.

Ausreitmöglichkeiten sind in unserem Lande nicht überall gleich gut, so sind schon die gesetzlichen Bestimmungen für das Reiten und Gespannfahren in den Bundesländern sehr verschieden. Zusätzlich bestehen sehr unterschiedliche baurechtliche Vorgaben und es ergeben sich aus Schutzgebietsverordnungen weitere Einschränkungen.

Straßenquerung

Planung, Recht und Bauunterhaltung

Ist kein Ausreitgelände vorhanden, müssen Alternativen überlegt werden, zum Beispiel die Anlage von Reiterparks (siehe auch Kapitel 6), eine Zusammenarbeit mit anderen Betrieben oder öffentlichen Erholungsgebieten, wie zum Beispiel im Englischen Garten in München realisiert.

Pferdepensionen oder Reitschulen sollen verkehrsgünstig erreichbar sein.

Schließlich wollen Pferdebesitzer ihr Pferd täglich aufsuchen und auch Reiter ohne eigenes Pferd möchten keine stundenlangen Anfahrtswege in Kauf nehmen. Für alle jene, die ihr Angebot der breiten Bevölkerung zugänglich machen wollen, ist eine gute Anbindung an das öffentliche Nahverkehrsnetz wichtig, da normalerweise ein großer Teil der Reiter/Kunden Kinder und Jugendliche sind.

In Ballungsgebieten ist eine vernünftige städtebauliche Einbindung des Reitbetriebes sinnvoll: Reitanlagen gehören nicht in Industrie- oder Gewerbegebiete, sondern sollen anderen Sport- und Freizeiteinrichtungen und der freien Landschaft zugeordnet werden.

Die Zufahrten sollen möglichst nicht durch reine Wohngebiete führen, da sich dort Anwohner durch Pferdeanhänger oder Lkw und erhöhten Verkehr zu Freizeitzeiten gestört fühlen können

Berücksichtigung der Klima- und Geländeverhältnisse

Die klimatische Region wird man sich bei der Konzipierung einer Reitanlage selten aussuchen können. Wichtig ist jedoch auch das Kleinklima eines Standortes, das wiederum von der Geländeformation, der Sonneneinstrahlung und den Windverhältnissen beeinflusst wird. Das Kleinklima hat erhebliche Auswirkungen auf das Stallklima: Ungünstige Temperaturverhältnisse beeinträchtigen den Wärmehaushalt besonders im Winter zusätzlich, vor allem, wenn sie auch tagsüber erhalten bleiben (Inversionslagen).

In Kaltluftzonen ist bei Windstille der Gehalt von Staub und die Konzentration von Fremdgasen in der Luft höher. Vermehrte Nebelbildung in solchen Lagen vermindert darüber hinaus die Sonneneinstrahlung und im Winter sind Frostnächte häufiger.

Ungünstige Temperaturverhältnisse herrschen insbesondere in Geländevertiefungen und Tälern, dort bilden sich sogenannte „Kaltluftseen", welche die oben genannten Beeinträchtigungen verursachen – siehe Abbildung 10.

Abb. 10: Nächtliches Temperaturgefälle, Kaltluftsee

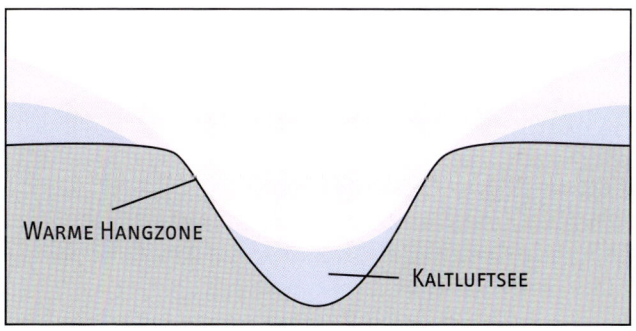

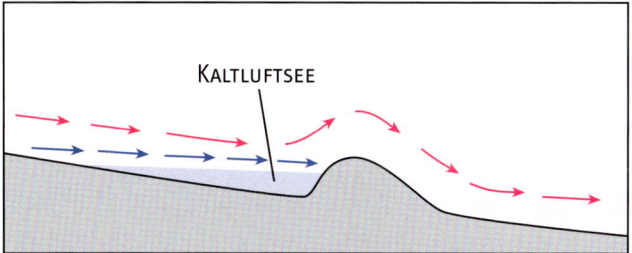

Nachts kühlt die Bodenoberfläche ab. Die Luft am Boden gibt Wärme an den erkalteten Boden weiter, sodass in Bodennähe eine kältere Luftschicht entsteht. Der Temperaturabfall ist bis in etwa 30 Zentimeter Höhe besonders stark. An Abhängen bewegt sich die bodennahe Kaltluft hangabwärts. In Vertiefungen oder selbst vor unbedeutend erscheinenden Hindernissen bilden sich „Kaltluftseen". Daher sollen Talsenken möglichst vermieden und Lagen auf leichten Erhebungen oder an Hängen vorgezogen werden.

Der Stallboden soll auf jeden Fall, auch in ebenem Gelände, wegen des deutlichen Temperaturabfalls im bodennahen Bereich höher als die Umgebung liegen.

Richtung und Neigung eines Hanggrundstückes sind vor allem durch die verschiedene Sonneneinstrahlung von Bedeutung. Nordhänge liegen länger im Schatten und sind im Winter mit niedrigeren Bodentemperaturen kälter. Da der Stall aber gerade auch die Aufgabe hat, Winterextreme zu mildern, sind Nordhänge weniger günstige Bauplätze für Ställe.

Die vorherrschende **Windrichtung** ist deswegen wichtig, da der Abtransport schlechter Luft und die Versorgung mit Frischluft an windausgesetzten Stellen schneller möglich sind, als an windgeschützten Stellen. Außerdem bevorzugen Insekten windgeschützte Stellen. Je nach Topografie des Standorts werden einreihige Ställe mit angeschlossenen Freiflächen vor den Boxen am besten nach Süden hin ausgerichtet. Zweireihige Ställe werden möglichst in Nord-Süd-Richtung angeordnet, damit die eine Seite vormittags, die andere nachmittags in der Sonne liegt. Offene Seiten von Offenställen sollen möglichst nach Süden hin liegen, damit die Sonne im Winter hineinscheint – eine zu starke Aufheizung im Sommer wird durch ausreichenden Dachüberstand und Dämmung des Daches vermieden.

Die Entfernung zwischen Gebäuden soll etwa das Doppelte ihrer Traufhöhe betragen. Dächer, die für Fotovoltaikanlagen vorgesehen sind, sollten bei südlicher Ausrichtung möglichst eine Dachneigung von 20 bis 30 Prozent aufweisen (Einzelheiten hierzu siehe Kapitel 2.9).

Flächensparend bauen

In der Bundesrepublik Deutschland werden immer noch täglich (!) über 100 Hektar Landschaft verbraucht, d.h. in Siedlungs- und Verkehrsflächen umgewandelt. Auch vor diesem Hintergrund kommt einer Standortwahl heute besondere Bedeutung zu und es gilt mit jeder Fläche so effektiv und sparsam wie möglich umzugehen. Daher sollen Modernisierungs-, Sanierungs-, Umbau- und Erweiterungsmaßnahmen vor Neubauvorhaben stehen und außerdem zum Beispiel folgende Grundsätze berücksichtigt werden:

- räumlich und verkehrstechnisch günstige Zuordnung,
- Reaktivierung städtebaulicher Brachflächen wie aufgegebene Gewerbe-/Industriestandorte und Militärflächen,
- Aktivierung wohnungsnaher Freiflächen für Freizeit und Erholung, passend zum Konzept „Sport der kurzen Wege",
- Nutzung ehemals landwirtschaftlich genutzter Gebäude,
- möglichst geringer Anteil an vollständig versiegelten Flächen.

Planung, Recht und Bauunterhaltung

Abb. 11: Flächenverbrauch, Siedlungs- und Verkehrsflächen in Deutschland

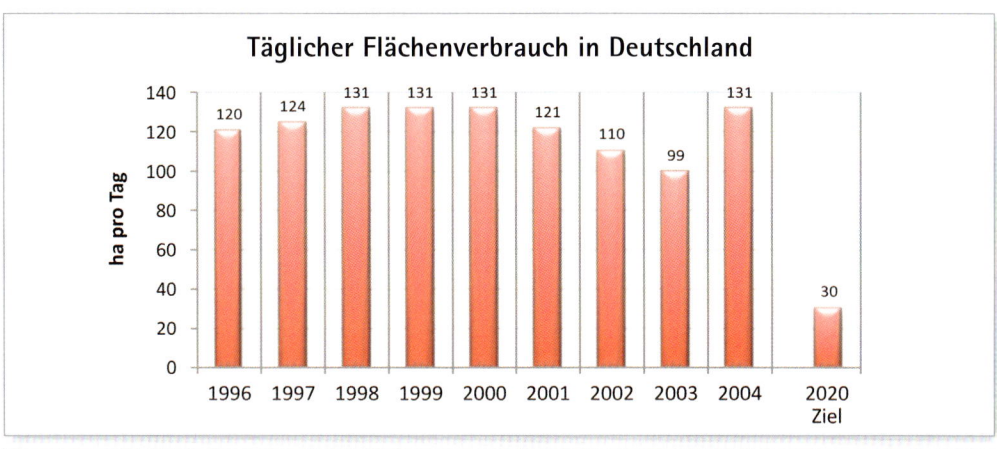

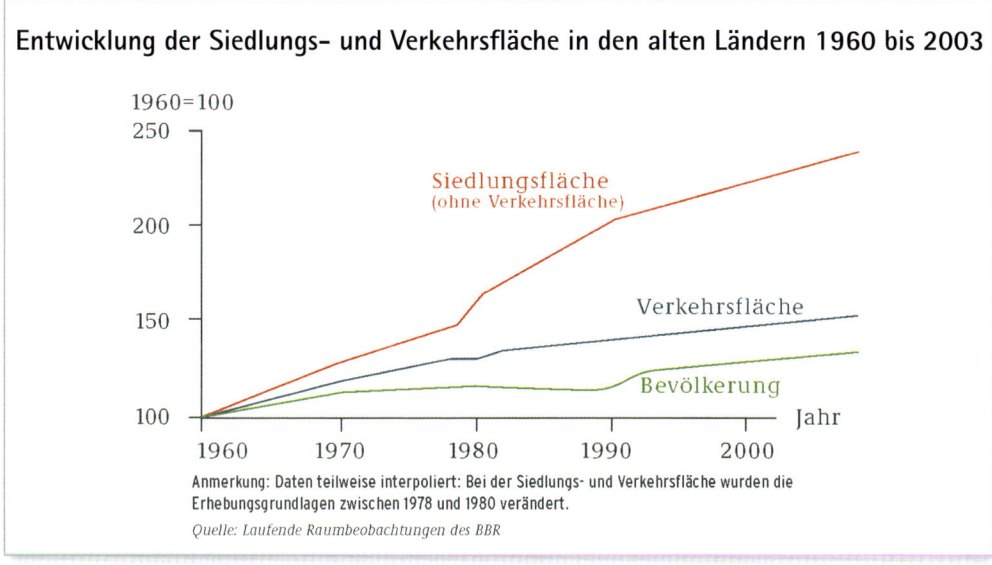

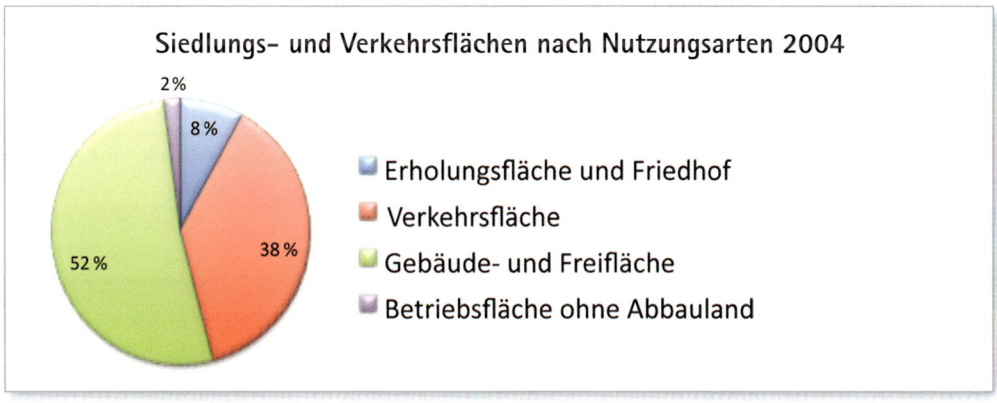

2.5 Planungsgrundsätze, Betriebsgröße und Anordnung von Gebäuden

Planung der Gesamtanlage

Für ein schlüssiges Gesamtkonzept muss die Anzahl der benötigten Gebäude und Reitplätze ebenso überlegt werden wie deren Anordnung im Gelände inklusive der Gestaltung der Außenanlagen. Wer heute neu baut, muss sicherstellen, dass sich die Gebäude unter Berücksichtigung vorhandener Bausubstanz harmonisch in die Umgebung einpassen. Es gibt leider viele Reitanlagen, die nicht zuletzt wegen der grundsätzlich schwierig einzupassenden Reithalle – „Klotz" von mindestens 22 x 42 x 7 m – eine ästhetische Belastung ihrer Umgebung darstellen. Es gibt jedoch ebenso viele Beispiele guter Lösungen dieses Problems, indem die Geländestruktur geschickt ausgenutzt und die einzelnen Gebäude durchdacht zugeordnet wurden. Daneben tragen eine abwechslungsreiche Gliederung der Fassade und eine Architektur, die sich der regionalen Tradition verpflichtet fühlt, sowie nicht zuletzt die großzügige Durchgrünung zu einer positiven Wirkung bei.

Alter Baumbestand ist zu erhalten

Großzügiger Springplatz mit anschließendem Rasenplatz mit Naturhindernissen

Vorhandene Baumgruppen oder Wasserflächen sollen jedenfalls erhalten bleiben und in die Konzeption der Gesamtanlage mit neu angelegten, bepflanzten Erdwällen und Gehölzstreifen sinnvoll einbezogen werden. Dabei können Bereiche unterschiedlicher Nutzung durchaus in verschiedener Höhe liegen. Wasserflächen tragen zur Gliederung bei, sie können teilweise naturbelassen, teilweise an befestigten Stellen für das Durchreiten nach der Arbeit und/oder als Naturhindernis genutzt werden. Auch andere Naturhindernisse, zum Beispiel Wälle, Terrassen, Gräben, Mauern, können zur Gliederung der Gesamtanlage beitragen. Sie sind außerdem wichtiger Bestandteil der Grundausbildung von Reiter und Pferd. Alle genannten Elemente dienen also der Gesunderhaltung und Erfrischung der Pferde und tragen dazu bei, dass sich Kunden und Gäste in ihrem Reitbetrieb wohlfühlen, auch wenn sie gerade nicht reiten (siehe auch Kapitel 7).

Wie schon zuvor erwähnt, stellt jede größere Baumaßnahme im Außenbereich einen sogenannten Eingriff dar, der ausgeglichen werden muss. Das kann unter anderem durch Anpflanzung von Baumgruppen, standorttypischen Hecken oder ähnliche Maßnahmen erfolgen. Das ist von vornherein zu berücksichtigen, damit die Gesamtkonzeption wirklich zusammenpasst und ist eine weitere Begründung dafür, dass eine qualifizierte Freiraumplanung schon in einem frühen Planungsstadium beginnen muss.

Stehen einige Hektar zur Verfügung, kann natürlich weiträumiger und damit umweltfreundlicher im Sinne einer Parklandschaft geplant werden als bei beengtem Platzangebot. Aber auch dort, wo weniger Platz zur Verfügung steht, kann mit Fachverstand und Ideenreichtum viel erreicht werden, zum Beispiel durch Anpflanzung einzelner Bäume, Begrünung der Gebäude, Anlage wenigstens einreihiger Hecken etwa an der Reitplatz- oder Auslaufbegrenzung.

Planung, Recht und Bauunterhaltung

In vielen Kommunen besteht für versiegelte Flächen eine Niederschlagsabgabe von bis zu einem Euro pro Jahr je Quadratmeter Grundstücksfläche. Daher und zum Schutz des Grundwassers sollte Regenwasser von versiegelten Flächen nicht dem Abwassernetz zugeführt, sondern auf dem Gelände versickert werden, meistens steht in einer Reitanlage bei entsprechender Planung hierfür genügend Platz zur Verfügung.

Betriebsgröße

Die Frage nach der optimalen Größe einer Reitanlage ist nicht allgemeingültig zu beantworten, da zu viele Einflussgrößen eine Rolle spielen, z. B.
- Flächenverfügbarkeit und Standort
- Einzugsgebiet: Ballungsgebiet oder ländlicher Raum, Region mit Zuwachsraten oder Abnahmen
- Zielgruppen, zum Beispiel Breitensportler, Ponyreiter, Kinder, Erwachsene
- Disziplinen: Voltigieren, Dressur, Springen, Vielseitigkeit, Fahren
- Reitweisen: klassisch, Westernreiten, Gangpferde
- Pferdetypen: Großpferde – Kleinpferde, Isländer, Kaltblüter
- finanzielle Möglichkeiten

Häufig müssen Kompromisse eingegangen werden. Es gibt viele Beispiele, dass gute Pferdehaltung und Reitausbildung auch dort möglich sind, wo nicht ganz so gute räumliche Voraussetzungen herrschen.

Ein wesentliches Maß für die Betriebsgröße ist jedenfalls die Anzahl der Pferde. Als Faustzahl für die Mindestgröße eines spezialisierten Pferdebetriebes werden allgemein 30 bis 40 Pferde angenommen, mit einem erwünschten Flächenbedarf von etwa drei Hektar, ohne Koppeln und eigene Futterfläche landwirtschaftlicher Betriebe. Dafür werden auf jeden Fall benötigt:
- Ställe, möglichst frei stehend, und zugeordnete Nebenräume – siehe Kapitel 3
- Reithalle mindestens 20 x 40 m (Hufschlagmaß) und zugehörige Nebenräume, zum Beispiel Aufenthaltsraum/Kasino, Hindernismaterial etc. – siehe Kapitel 4
- Außenplätze: Dressurplatz 20 x 40 m (Hufschlagmaß mindestens), Springplatz 50 x 80 m (Empfehlung), Longierzirkel (14–20 m Durchmesser) – siehe Kapitel 5
- Auslaufflächen
- Stellplätze für Pkw
- Stellplätze für Anhänger/Lkw
- Stellplätze für Fahrräder

Wünschenswert sind außerdem:
- Koppeln (!)
- Galoppierbahn
- Geländestrecke (Naturhindernisse)
- Fahrplatz
- Kommunikationsflächen

Ab etwa 50 Pferden ist eine zweite Halle oder Vergrößerung der bestehenden Halle empfehlenswert.

Reitanlage im ländlichen Raum

Anordnung der Gebäude

Die Anordnung der Gebäude zueinander unter Berücksichtigung der Abläufe für die tägliche Bewirtschaftung hat wesentlichen Einfluss auf den Zeitbedarf und damit auf die Fixkosten – daher können Fehler auf diesem Gebiet später die Wirtschaftlichkeit infrage stellen.

Pferdebetriebe sind nach funktionellen Bereichen (Zonen) zu planen, z.B.
» Wirtschaftsbereiche
» Stallbereiche
» Reithallen
» Reitflächen
» Sozialbereiche
» Besucher, Publikumsbereiche
» Galsträume

Bei der Wegeplanung ist in größeren Betrieben darauf zu achten, dass sich die Verkehrsflächen für Zulieferung, Besucher-Pkw, Fußgänger und Pferde nicht unnötig kreuzen.

Abb. 12: Schema der internen räumlichen Beziehungen in einer Reitanlage

PLANUNGSKONZEPTE FÜR REITANLAGEN

Bereich für die Pferdehaltung

Lager und Unterstellräume:	Nebenräume:		Stall:
▸ Bergeraum	▸ Büro	▸ Sattelkammer	▸ Stall mit Boxen
▸ Maschinenhalle	▸ Futterkammer	▸ Solarium	▸ Stall mit Boxen und Paddocks
▸ Garagen und Stellplätze	▸ Nassputzplatz	▸ Schmiede	▸ Stall mit Gruppenhaltung sowie mit Bewegungsauslaufflächen und Fressplätzen
▸ Mistlege	▸ Außenputzplatz	▸ Koppeln	
▸ Jauchegrube	▸ Stell- und Geräteplatz		▸ Quarantänestall

Bereich intern

Wohnungen für:
▸ Betriebsleiter
▸ Reitlehrer
▸ Personal

REIT-ANLAGEN

Erschließung

Strom, Wasseranschluss, Straßenanbindung, Abwasserentsorgung, Versickerung der Niederschläge, Parkplätze, Wege, befestigte Flächen, Garten, Grünanlagen, Löschweiher

Bereich für den Reitbetrieb

Vorbereitungs- und Reitplätze:	Hallen mit Nebenräumen:		Aufenthaltsräume:
▸ Sandplatz	▸ Reithalle	▸ Longierhalle	▸ Gemeinschaftsraum
▸ Springen: Springplatz	▸ Führanlage	▸ Meldestelle	▸ Café/Gastwirtschaft mit Küche und Theke
▸ Dressur: Dressurplatz	▸ Unfallstation	▸ Abstellraum	
▸ Fahren: Fahrplatz	▸ Schulungsraum	▸ Sanitärraum	▸ Sanitärraum
	▸ Tribünen	▸ Hindernislager	

Angeschleppte Gebäude sollen nicht mehr neu geplant werden, zum Beispiel Ställe an der Reithalle oder Futterlager am Stall, da die Belüftung und Belichtung viel schwieriger ist. Aus denselben Gründen werden für den Neubau nur die Gruppenhaltung oder ein- oder zweireihige Boxenställe empfohlen, keine drei- oder vierreihigen Varianten. Vor jeder Box soll eine direkt anschließende Freifläche oder Auslaufmöglichkeit vorgesehen werden. Das bietet nicht nur günstige

Planung, Recht und Bauunterhaltung

Haltungsbedingungen für die Pferde, sondern entspricht auch den Wünschen der Kundschaft. Sogenannte „Fertigboxen", welche entweder einzeln oder aneinandergereiht aufgestellt werden können, sind nur geeignet, wenn die Anforderungen an Stabilität und Stallklima erfüllt werden.

Damit der Ablauf von Turnieren oder sonstigen Veranstaltungen optimal gestaltet werden kann, ist außerdem wichtig, wo Vorbereitungsplätze, Parkplätze für Teilnehmer inklusive Hänger oder Lkw sinnvollerweise platziert werden und wie die Zuschauerführung vorgesehen wird. Dabei sind die Räume für Zuschauer, Verpflegungszelte, Getränkestände möglichst jeweils mit Wasser- und Stromanschluss zu berücksichtigen. Bei größeren Turnieren braucht man eventuell außerdem Flächen für ein oder mehrere Stallzelte und vielleicht sogar für ein „Reiter- oder Fahrerlager".

Die hier abgebildeten Bahnen des Islandpferdereitervereins Lingen Emsland e.V. sind 300 m lang, die Passbahn beeindruckende 8 m breit.

Abb. 13: Islandpferdestadion in Lingen

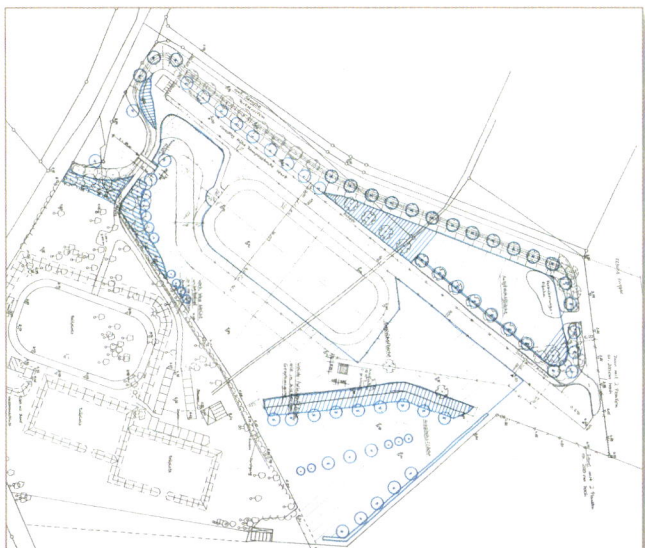

Gute Planung ist bei Neubau oder Erweiterung wesentlich, hier das Islandpferdestadion am Ortsrand von Lingen

Decken- und erdlastige Lagerung

Hinsichtlich der Futterlagerung kommen eingeschossige Gebäude mit erdlastiger Lagerung und zweigeschossige Gebäude mit deckenlastigen Bergeräumen infrage. Welche Form gewählt wird, hängt von der verfügbaren Nutzfläche, der Geländeformation und der Fütterungs- und Einstreutechnik ab.

Für die **deckenlastige Lagerung** spricht der geringe Flächenverbrauch, sie erfordert jedoch ausreichend tragfähige, wärmegedämmte und gegen Feuchtigkeit isolierte Decken, da die Lagergüter wie Heu, Stroh und Hafer trocken gehalten werden müssen.

Bei der **erdlastigen Lagerung** ist auf eine Trennung von Vorratslager und Stall zu achten.

Neue Lagerräume sollen für Großballen konzipiert werden. Für den Einsatz kleiner Hochdruckballen spricht zwar die leichtere Handhabung in der täglichen Arbeit, jedoch sind sie vielerorts nur noch selten zu finden, da die Landwirtschaft wegen der erhöhten Schlagkraft zur Erntezeit meistens Großballen bevorzugt.

Erdlastige Lagerung

Wohnungen für Betriebsleiter und Mitarbeiter

Wohnräume werden im Folgenden nicht besprochen. Dennoch ist empfehlenswert, wenn eine verantwortliche Person in der Nähe der Pferde wohnt, um abends noch einen Rundgang machen zu können oder im Falle von Krankheiten, schnell verfügbar zu sein. Je nach Ausrichtung und Größe des Betriebes werden Wohnungen für Pfleger, Stallmeister, Reitlehrer zur Überwachung der Anlage in enger Beziehung zu den Ställen geplant. Sie sollen jedoch möglichst nicht inmitten des Besucherverkehrs liegen.

Abschließend zu diesem Kapitel wird dringend empfohlen, frühzeitig einen fachkundigen, d.h. auf diesem Gebiet erfahrenen Fachplaner einzubeziehen und Baumaßnahmen nur nach Ausschreibung zu vergeben.

Stör- und Reizzonen

Im Zusammenhang mit der Raumplanung im Stall seien die Stör- und Reizzonen („geopathische Zonen") erwähnt. Über unterirdischen Wasserläufen oder geologischen Besonderheiten – Brüche, Hohlräume, Verwerfungen etc. – bilden sich sogenannte „Stör- oder Reizzonen". Offenbar meiden die meisten Tiere solche Reizzonen, so das Schwein, das Rind, der Hund und besonders auch das Pferd. Hingegen scheinen Katzen, Eulen, Bienen und Ameisen geopathische Zonen zu bevorzugen. Immer wieder wird von grundsätzlich negativem Einfluss auf das Wohlbefinden oder sogar die Gesundheit von Tieren berichtet, wenn sie einen größeren Teil der Zeit direkt in solchen Zonen oder über sogenannten Kreuzungsstellen verbringen müssen. Daher können geopathische Zonen bei der Raumplanung des Stalls berücksichtigt werden (siehe Abb. 14). Das Phänomen ist umstritten, auch die konkreten Auswirkungen auf Tier und Mensch. Eine abschließende Beurteilung der Thematik ist an dieser Stelle nicht möglich. Bei Bedarf können Experten hinzugezogen werden.

Abb. 14: Reizzonen

Box	Box	Box	Putzplatz	Solarplatz	Box	Box	Box
Box	Box	Box	Sattelkammer	Büro	Box	Box	Box

— **GEOPATHISCHE ZONE**

Planung, Recht und Bauunterhaltung

2.6 Barrierefrei bauen

Eine Reitanlage muss so gestaltet sein, dass sie jedermann möglichst ungehindert und gefahrlos nutzen kann, also auch Menschen, deren Mobilität oder Orientierung aus welchen Gründen auch immer eingeschränkt sind. Diese gesellschaftliche Verpflichtung ergibt sich mittlerweile auch aus dem Baurecht, so heißt es in der auf Bundesebene erarbeiteten Empfehlung für die Bauordnungen der Länder, der „Musterbauordnung (MBO)", unter anderem:

Bauliche Anlagen, die öffentlich zugänglich sind, müssen in den dem allgemeinen Besucherverkehr dienenden Teilen von Menschen mit Behinderungen, alten Menschen und Personen mit Kleinkindern barrierefrei erreicht und ohne fremde Hilfe zweckentsprechend genutzt werden können. Diese Anforderungen gelten insbesondere für Einrichtungen der Kultur und des Bildungswesens, Sport- und Freizeitstätten ... (MBO 2002, § 50, Abs. 2).

Pferdesport integriert Menschen mit Behinderungen vielerorts seit Jahrzehnten vorbildlich und bietet Freizeitbetätigung oder therapeutische wie pädagogische Hilfe. So ist therapeutisches Reiten – Behindertenreitsport, heilpädagogisches Voltigieren und Reiten oder Hippotherapie – erfreulicherweise in vielen Pferdesportvereinen und -betrieben selbstverständlich zu Hause. Normalerweise bedeutet es bei Neubaumaßnahmen keinen wesentlichen Aufwand, die Bedürfnisse dieser Zielgruppen zu berücksichtigen. Eine spätere Nachrüstung jedoch ist häufig mit erhöhten Kosten verbunden, daher hier einige Planungsgrundsätze:

Allgemein:
- Behindertengerechte Pkw-Stellplätze: mindestens ein Prozent der Kapazität, mindestens ein Platz, Mindestbreite 3,50 m.
- Eindeutig erkennbare Zugangs- oder Verbindungswege, leicht und erschütterungsfrei zu befahren, mit einer lichten Mindestbreite von 1,50 m (für entgegenkommende Rollstühle werden mindestens 1,80 m Breite benötigt).
- Feste rutschsichere Beläge, Längsgefälle maximal drei Prozent, Quergefälle maximal zwei Prozent (1 : 50). Tastbarkeit sicherstellen.
- Keine „Stolperfallen", also zum Beispiel Lampen, Schilder, Abfallbehälter nicht auf Fußwegen installieren.
- Genügend Sitzbänke in Außenbereichen, wichtig für gehbehinderte Personen.
- Gute Beleuchtung außen wie innen, Steuerung zum Beispiel über Bewegungsmelder.
- Stufen- und schwellenlose Zugangsmöglichkeiten zu allen Gebäuden, Ställen, Hallen, Tribüne, sanitären Anlagen und Reitflächen mittels Rampen oder Aufzug.
- Ausreichende Bewegungsmöglichkeiten vor Zugängen und Türen, mindestens 1,50 x 1,50 m.
- Farbige Gestaltung von Türen, Zu- oder Verbindungsgängen und Bedienelementen, um Sehbehinderten die Orientierung zu erleichtern.

Abb. 15: Bewegungsfläche vor Türen

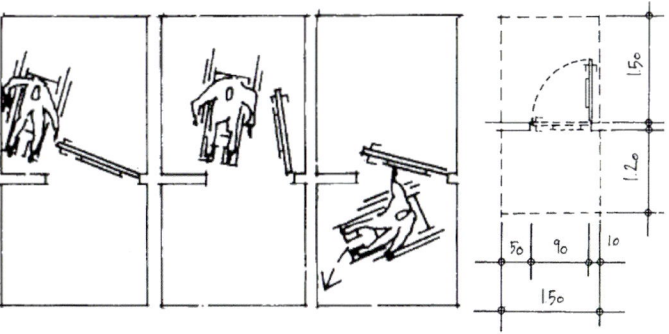

Türen:
- Pendel- und Schwingtüren vermeiden
- lichte Breite mindestens 0,90 m, lichte Höhe: mindestens 2,10 m
- Schwellen- und Niveauunterschiede maximal 2 cm Höhe

Rampen:
- Breite möglichst 1,20 m, besser bis 1,50 m
- Steigungen vier bis fünf Prozent, maximal sechs Prozent
- Gesamtlänge möglichst maximal 6 m, bei längeren Rampen Zwischenpodeste einrichten
- Radabweiser als seitliche Führung

Treppen:
- bequemes Steigungsverhältnis, Breite 0,95 m bis 1,25 m
- rutschsicherer Belag
- Trittstufen vorne abgerundet, keine Unterschneidungen von Stufen, keine offenen Stufen siehe Abbildung
- Aufmerksamkeitsfelder am Anfang und am Ende der Treppe, Markierungen der ersten und letzten Stufe

Abb. 16:
Unterschneidungen sind Stolperfallen

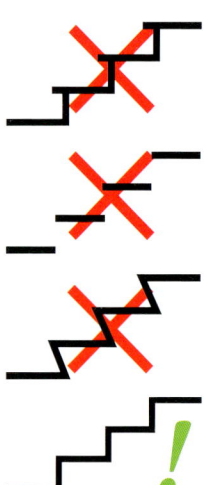

Handläufe:
- rundes oder ovales Profil, umfassbarer Durchmesser 4 bis 5 cm, bei Treppen und Rampen beidseitig in 0,85 m Höhe, Wandabstand mindestens 4 bis 6 cm
- Handläufe sollen 30 cm über Treppenanfang und -ende herausragen

Sanitärräume:
- Größe mindestens 2,20 x 2,30 m; Berücksichtigung erhöhter Lastenaufnahme der Wände für Halte- und Stützhilfen, Türen nach außen öffnend, kontrastreiche Gestaltung, siehe Abbildung 18

Abb. 17: Toilette

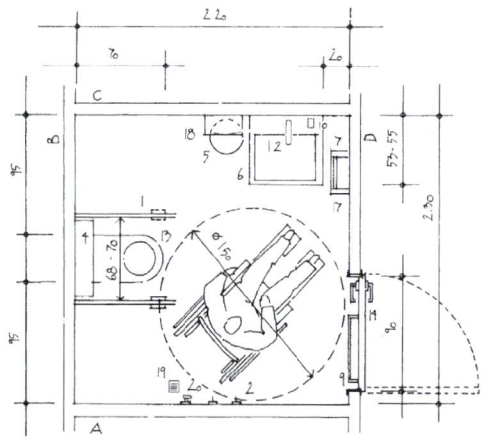

Planung, Recht und Bauunterhaltung

Abb. 18: Kompromisslösung für seitlich anfahrbares WC

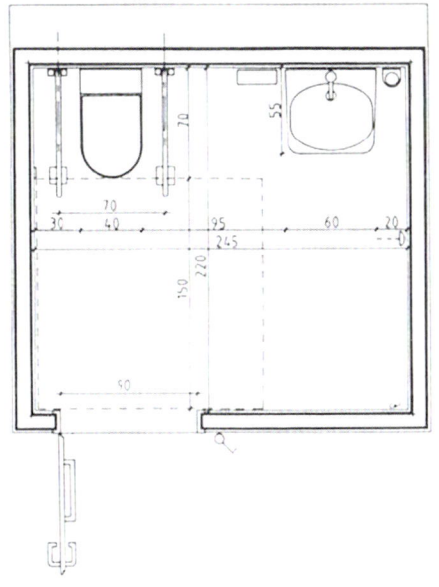
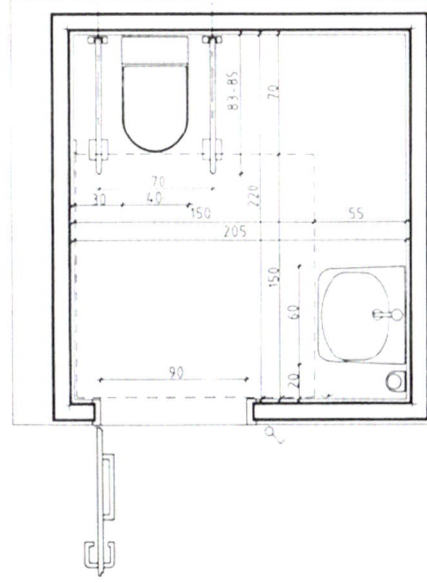

Aufsitzhilfen:
Ihre Benutzung erleichtert nicht nur das Aufsitzen, sondern es wird zugleich der Pferderücken entlastet.
Sinnvollerweise werden Aufsitzhilfen draußen in der Nähe der Ställe, am Reitplatz und in der Halle vorgesehen. Sie können fest installiert werden, außerdem sind mobile Varianten erhältlich.

Tribünen:
▸▸ gekennzeichnete Flächen für Behinderte vorsehen, die mittels Zufahrtsrampe oder Aufzug zugänglich sind, bewegliche Plätze für Begleitpersonen

Aufsitzhilfen am Reitplatz in zwei Höhen

Weitere Hinweise können der DIN 18024, Teile 1 und 2 oder zum Beispiel den „Technischen Grundsätzen zum barrierefreien Bauen" des Bundesamtes für Bauwesen und Raumordnung entnommen werden (siehe Literaturverzeichnis).

2.7 Brandschutz, Vorkehrungen für Brandfälle

Leider brechen in Reitanlagen immer wieder schwere Brände aus, dabei werden Menschen und Tiere gefährdet und Lebenswerke zerstört.

Da die Anordnung der Gebäude und der Zufahrtsstraßen, das Flächen- und Raumprogramm ganz wesentlichen Einfluss auf die Ausbreitung eines Brandes und die Bekämpfungsmöglichkeiten haben, liegt im direkten Interesse eines jeden Eigentümers oder Betriebsleiters, Brandschutzanforderungen frühzeitig zu berücksichtigen, zum Beispiel:
- großzügige tragfähige Zufahrten sowie Aufstellflächen für Feuerwehrfahrzeuge,
- ausreichende Grenz- und Gebäudeabstände,
- kurze Fluchtwege für die Pferde, genügend breite nach außen aufschlagende Tore und Türen,
- eingezäunte Fläche(n) in Stallnähe, wohin die Pferde gebracht werden können, die über regelmäßig benutzte, gewohnte Wege erreichbar sind
- gut zugängliche Hydranten mit angepasster Kapazität, eventuell Feuerlöschteich,
- Lagerung von Futtermitteln, Heu und Stroh möglichst getrennt von den Ställen,
- Anordnung von Heizungsanlagen möglichst außerhalb von Halle oder Ställen,
- Installation von Feuermelde- und/oder automatischen Löschanlagen.

Für die Planung neuer Anlagen, von Umbau oder Erweiterungen besteht im Übrigen ein ganzes Bündel von Vorschriften. Auf Bundesebene gibt es nur Rahmenvorgaben, die in der Musterbauordnung für die Länder niedergelegt sind, hiervon können die Länder allerdings abweichen, also sind deren Bauordnungen und Sonderbauordnungen maßgeblich. Zuständig für die Überwachung sind die Bauaufsichtsbehörden der Kreise oder Gemeinden.

Unter „Brandschutz" werden alle Maßnahmen verstanden, die die Entstehung von Bränden und Ausbreitung von Feuer oder Rauch verhindern sowie durch die im Falle eines Brandes die Rettung von Menschen und Tieren und eine wirksame Brandbekämpfung ermöglicht wird. Man unterscheidet hierbei zwischen den vorbeugen-

Übersicht 9: Einordnung von Brandschutzmaßnahmen

	Brandschutz		
was	vorbeugend (passiv)	vorbeugend (passiv)	abwehrend
wie	baulich und anlagentechnisch	organisatorisch, betrieblich	
wann	Maßnahmen bei Bau, Umbau oder Erweiterung: Lage von Gebäuden und Flucht- und Rettungswegen, Brennbarkeit etc.	Vorsichtsmaßnahmen im laufenden Betrieb inklusive Reparaturen und Fortbildung der Mitarbeiter	im Brandfall
wo	Mindestanforderungen nach Landesbauordnungen und ggf. Sonderbauordnungen	Unfallverhütungs-, Arbeitsstätten-, Brandschutzvorschriften oder -ordnungen	Bekämpfung und Rettung in der Regel durch die Feuerwehr
	Erreichen festgelegter Ziele		

Planung, Recht und Bauunterhaltung

den und den abwehrenden Brandschutzmaßnahmen – siehe nachfolgende Übersicht.

Ein **Brandschutzkonzept** ist als Gesamtbewertung des Vorhabens meist Bestandteil der Baugenehmigung und muss vor allem folgende Aspekte behandeln:
- Gebäudegeometrie und Lage
- Brandverhalten der Baustoffe (Einteilung in verschiedene Klassen, von nicht brennbar über mehrere Stufen bis leicht entflammbar, inklusive Rauchentwicklung oder brennendes Abtropfen)
- Feuerwiderstand der Bauteile (Dauer, die ein Bauteil im Brandfall seine Funktion behält)
- Aufteilung größerer Gebäude in Brandabschnitte durch Brandwände und -schutztüren
- Flucht- und Rettungswege
- Zu- und Durchfahrten sowie Aufstell- und Bewegungsflächen für Feuerwehr
- Blitzschutzanlagen
- Feuerungsanlagen (Heizungen)
- Feuerlöscher, Brandschutzdecken oder Wandhydranten (genügende Anzahl und Lage)
- Feuerwehranfahrtzonen
- Löschwasserbedarf und -versorgung (Hydranten, Löschteiche)
- Besonderheiten für die Rettung von Tieren inklusive der Flächen zu deren Unterbringung
- soweit vorhanden, Brandmelde- und/oder Rauchabzugsanlagen

Fluchtwegekennzeichen sind in öffentlich zugänglichen Gebäuden vorgeschrieben

Feuerlöscher und Wandhydrant • • • • • • • • •

Bei größeren Anlagen werden Risiken und Rahmenbedingungen des Einzelfalles untersucht. Häufig erreicht man Erleichterungen oder Abweichungen von den Vorschriften der Bauordnungen durch Kompensation wie zum Beispiel durch den Einbau automatischer Löschanlagen. Das Brandschutzkonzept umfasst einen Feuerwehrplan (Brandschutzplan) mit der farbigen grafischen Darstellung der oben genannten Punkte und soll der Information der Nutzer und der schnellen Orientierung der Rettungskräfte dienen. Daher wird er sinnvollerweise an geeigneter Stelle ausgehängt.

Wenn ein Gebäude oder dessen Nutzung verändert wird, muss das Brandschutzkonzept überprüft und nötigenfalls angepasst werden.

Während sich das Brandschutzkonzept auf die baulichen und technischen Voraussetzungen bezieht, sind in der **Brandschutzordnung** die Vorgaben für Mitarbeiter/Nutzer/Besucher für die täglichen Abläufe und das Verhalten im Brandfalle festgelegt.

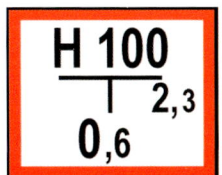
Auch Hinweisschilder für Hydranten sollten nicht zugeparkt oder zugestellt werden • • • • • • •

Dieses Zeichen bedeutet Verbot von offenem Feuer •

Abb. 19: Ausbreitungsverhalten heißer Partikel bei schweißtechnischen Arbeiten

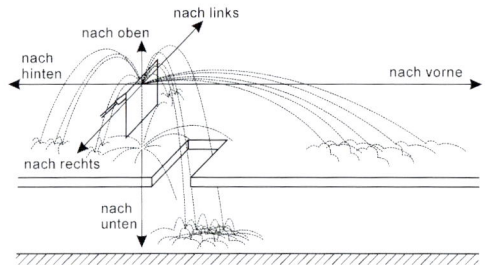

Auch die Brandschutzordnung sollte ausgehängt und außerdem den Einstallern und festen Nutzern ausgehändigt werden, sie beinhaltet zum Beispiel:
- Rauchverbot in Stall und Reithalle (Rauchen nur in den hierfür vorgesehenen Bereichen mit glutfesten, sandgefüllten oder anderweitig gesicherten Behältern für Zigarettenreste).
- Verbot des Umganges mit offenem Feuer, hierzu gehören alle Arbeiten mit Maschinen, die Funken bilden können, also zum Beispiel Trennschleifer, Bohrmaschinen, Löt- und Schweißgeräte. Das Ausbreitungsverhalten und den durch Funkenflug gefährdeten Bereich zeigt eindrucksvoll die Abbildung 19. Solche Aktivitäten dürfen daher nur in ausreichender Entfernung von Stall und Reithalle oder zum Beispiel in der Schmiede durchgeführt werden. Wenn das nicht möglich ist, sind Sicherheitspersonen, ausgerüstet mit Löschmitteln, einzusetzen und Nachkontrollen vorzusehen. Dabei dürfen benachbarte Räume nicht vergessen werden.
- Auswahl eines geeigneten Schmiedeplatzes mit ausreichendem Abstand zu brennbaren Materialien.
- Elektrische Anlagen dürfen nur von einer Elektrofachkraft installiert, geändert oder repariert werden, dazu gehören auch Leuchten, Glühlampen oder Leuchtstoffröhren, die nur vorschriftsmäßig auf nicht brennbaren Materialien angebracht werden dürfen.
- Elektrische Geräte und Heizkörper sind regelmäßig zu reinigen.
- Flucht- und Rettungswege inklusive der Notausgänge, der Zufahrten und der Hydranten dürfen nicht zugestellt oder zugeparkt werden.

Außerdem müssen der Betriebsleiter und seine Mitarbeiter folgende Grundsätze beachten:
- Regelmäßige Überprüfung der Temperatur von neu eingefahrenem Heu, zum Beispiel mit Heusonde, denn frisch eingefahrenes Heu „schwitzt" etwa zwei bis zehn Wochen nach der Einlagerung. Hierbei kann es zu einer erheblichen Erwärmung im Inneren des Heustapels mit akuter Brandgefahr kommen. Ab etwa 50 °C muss die Aufmerksamkeit erhöht und ab 60 °C die Feuerwehr gerufen werden.
- Schutz elektrischer Leitungen vor Beschädigungen oder zum Beispiel Nagetierfraß durch Verlegung unter Putz oder in Schutzrohren. Elektrische Leitungen oder Geräte dürfen nicht im Zugangsbereich der Pferde liegen.
- Regelmäßige Überprüfung elektrischer Anlagen inklusive der Zuleitungen auf Betriebssicherheit (optische Kontrolle auf Schmauchspuren, Funkenbildung).
- Einbau von Fehlerstrom-Schutzanlagen in Absprache mit einer Fachwerkstatt.
- Ausrüstung mit einer genügenden Anzahl von Feuerlöschern und anderen Brandschutzeinrichtungen und deren turnusmäßige Wartung (Brandschutzanlagen müssen für Ställe geeignet sein).
- Einsatz von Rauchmeldern.
- Deutliche Kennzeichnung und Freihalten der Flucht- und Rettungswege.
- Regelmäßige Wartung von Heizungsanlagen, Einsetzen von Wärmeträgern (Heizkörpern) mit niedrigen Oberflächentemperaturen.
- Regelmäßige Überprüfung der Blitzschutzanlagen.

Planung, Recht und Bauunterhaltung

- Heu- und Strohlagerung im Freien mindestens 25, besser 50 m von Gebäuden entfernt, keine Lagerung von Heu und Stroh in Ställen oder Reithallen.
- Lagerung von Düngemitteln nicht neben Futter- oder Einstreumaterialien, sondern nur auf hierfür geeigneten Flächen, da sich auch unsachgemäß gelagerter Dünger selbst entzünden kann.
- Abstellen von Traktoren und sonstigen Maschinen oder Lagerung brennbarer Betriebsmittel nur in brandschutztechnisch abgetrennten Bereichen, Beachtung der besonderen Vorschriften für Einstellräume von Kraftfahrzeugen und für die Lagerung von Kraft- und Brennstoffen.
- Halfter und Führstrick an jeder Box.

Abb. 20: Verhalten im Brandfall nach DIN 14096

Nach statistischen Angaben ist Brandstiftung die häufigste Ursache für den Ausbruch von Feuer, es folgt der Umgang mit offenem Feuer inklusive des Funkenflugs durch Einsatz von Maschinen, defekte elektrische Geräte und Anlagen, sonstige Licht- und Wärmequellen, Selbstentzündungen (z.B. von Heu), Rauchen und Blitzschlag. Dies belegt, dass die oben genannten Anforderungen im Alltag häufig vernachlässigt werden.

Nicht zuletzt deswegen wird empfohlen, einen Brandschutzbeauftragten zu benennen, der auf die Einhaltung der Vorschriften und Regeln achtet und in Absprache mit der örtlichen Feuerwehr regelmäßig Feuerschutzübungen organisiert, damit das Verhalten im Brandfall inklusive der korrekten Meldung, die Abläufe, der Umgang mit den Pferden und der Einsatz von Feuerlöschern trainiert und die Motivation für eine bewusste Brandverhütung erhöht werden.

2.8 Diebstahlsicherung, Alarmanlagen

Diebstahl, Vandalismus oder Misshandlungen von Tieren machen leider auch vor pferdehaltenden Betrieben nicht Halt. Daher macht es Sinn, sich vorbeugend Gedanken zur Verbesserung der Sicherheit zu machen, das gilt gleichermaßen für kleine Pferdehaltungen wie auch für große Betriebe und geht bei ganz einfachen Maßnahmen los, die von jedermann sofort umgesetzt werden können, bis hin zu ausgeklügelten Systemen, die in Zusammenarbeit mit einer Fachfirma realisiert werden müssen.

Einfache Maßnahmen
- Gute Ausleuchtung aller Bereiche im und rund um den Stall, Steuerung mit passenden Bewegungsmeldern (diese dürfen nicht bei jedem Windstoß oder jeder Katze auslösen, aber doch sicher, wenn eine Person oder ein Pferd den Einzugsbereich betritt).
- Aufbewahrung beweglicher Sachen zum Beispiel Sättel, Trensen, Zubehör in abschließbaren Räumen oder Schränken, Verwendung von Sicherheitsschlössern, Einbau bruchsicherer Fenster (Drahtglas, Gitter) für diese Räume.

Weitere Möglichkeiten
- Einzäunung der Ställe, der Reitanlage, Einsatz von Gittern in diebstahlgefährdeten Bereichen,
- Abschließen der Raufutterlagerräume, Maschinenräume und Garagen.

Einbruchmelde-/Alarmanlagen
- Über Bewegungsimpulse wird ein optisches und/oder akustisches Signal ausgelöst, zum Beispiel Rundumleuchte, Hupe, Sirene (Lautstärke den Pferdeohren anpassen).
- Zusätzlich oder stattdessen kann ein sogenannter „stiller Alarm" über ein integriertes Wähl- und Übertragungsgerät an den Besitzer, eine Polizeistation oder einen Rund-um-die-Uhr-Sicherheitsservice per Festnetz oder Mobiltelefon geschickt werden.

Video-/Webcam-Überwachung
Mithilfe von Webcams oder Videogeräten sind einfache Lösungen ebenso möglich wie eine Komplettüberwachung, die jederzeit und von jedem Computer oder sogar entsprechend leistungsfähigen Handys mit Internetzugang angesteuert werden kann. Die Kameras können in Stallgassen, in der Box wie im Freien angebracht werden. Wird eine Nachsichtkamera eingesetzt, dann muss im Stall oder auf der Weide kein störendes Licht leuchten. Mithilfe von Mikrofonen ist auch die Übertragung von Geräuschen möglich.

Die Technik eignet sich außerdem zur Überwachung hochtragender Stuten oder kranker Pferde und kann den Blick in die Halle, auf Türen, in die Stallgasse ermöglichen. Auf Wunsch kann jedem Einsteller ein Zugang freigegeben werden, der so ebenfalls jederzeit von seinem PC, PDA oder Handy aus zum Beispiel eine bestimmte Box oder auch die Gesamtanlage ansteuern kann. Wie bei der eigenen Digitalkamera sind unterschiedliche Objektive erhältlich und es können auch Aufzeichnungen erstellt werden, wobei sogenannte Ringspeicher die Aufnahmen nach einer vorgegebenen Zeit löschen.

Über Code gesichertes Tor durch das die Pensionsgäste ins Gelände kommen, aber sonstiges Publikum von der Rückseite her ausschließt

Planung, Recht und Bauunterhaltung

Einige Punkte, die beachtet werden sollten:
- Die Kameras sollten zumindest feuchtigkeitsgeschützt oder wasserdicht und staubdicht sein.
- Bei Einsatz in kalten Räumen und im Freien müssen alle Einrichtungen des Systems frostsicher sein.
- Der Raum, in dem sich die Zentrale befindet, sollte gegen Brand und Einbruch besonders gesichert werden, um im Nachhinein Informationen auswerten zu können.
- Auf eine installierte Videoüberwachung muss durch ein an allen Eingängen gut sichtbares Schild hingewiesen werden.

In der Regel wird der Betrieb von innen nach außen in **Schutzzonen** eingeteilt:
I. Kernzone: Sattelkammer, Aufenthaltsraum, Büro, Technikräume
II. Stall, Wohnung
III. Ausläufe, Reitplätze
IV. Koppeln

Je nach Gegend und Gefährdungspotenzial werden Bereiche der höchsten Stufe (I) mit Sicherheitsschlössern versehen, die der mittleren Stufe (II) mit einem Code, die Basisbereiche der Stufe III mit Türen und Zäunen und die offenen Bereiche (IV) mit dem Koppelzaun oder natürlichen Begrenzungen wie Hecken oder Bachläufen.
Hinweise zu Möglichkeiten der Sicherung von Zäunen finden sich in Kapitel 7.

2.9 Moderne Techniken, erneuerbare Energien

Die Kosten für Energie und Wasser steigen stetig. Nicht zuletzt deswegen müssen moderne Techniken und Anlagen immer mehr im Auge behalten werden, wenn es um Neu- oder Umbaumaßnahmen geht. Es würde den Rahmen dieses Buches sprengen, auf alle Aspekte im Detail einzugehen, aber einige wesentliche Punkte sollen im Folgenden kurz behandelt werden.

Allgemein wird empfohlen, für Neubauten zumindest Niedrigenergie- oder besser Passivbauten anzustreben. Beheizte Räume, wie Aufenthalts-, Lehr-, Büroräume, Sattelkammern sollen in offen konzipierten Anlagen als geschlossener Block angeordnet und ausreichend wärmegedämmt werden (Näheres hierzu siehe Kapitel 3.3). Darüber hinaus haben gesetzliche Vorgaben weitere Energieträger attraktiv werden lassen.

Übersicht 10: Passive Engergienutzung durch bauliche Maßnahmen

Passive Energienutzung durch bauliche Maßnahmen
genügend Fensterflächen nach Süden
Wärmeschutz beheizter Räume
Vermeidung der Beschattung während Heizperiode
genügend Dachüberstand zur Beschattung im Sommer

Solarenergie
Die Sonneneinstrahlung, die hierzulande an einem klaren Tag den Boden erreicht, hat etwa eine Leistung von 1.000 Watt. Bezogen auf einen Quadratmeter summiert sich das auf 1.000 Kilowattstunden im Jahr. Das entspricht etwa einem Brennwert von 100 Litern Heizöl pro Jahr. Also sind Solaranlagen aus ökologischen Gründen zu befürworten, ökonomisch ist allerdings eine

genaue Berechnung erforderlich, um festzustellen, wie im speziellen Fall die Finanzierung möglich wird.

Als Erstes muss statisch sichergestellt werden, dass die Dachkonstruktion unter Berücksichtigung möglicher Schneelasten ausreichend tragfähig ist. Auf Dacheindeckungen aus Asbestzement dürfen keine Solaranlagen installiert werden, aber bei einer ohnehin fälligen Erneuerung dieser Dächer kann die von vorneherein mit überlegte Errichtung einer Solaranlage dazu beitragen, das Dach zu finanzieren.

Der Ertrag an „Sonnenkraft" ist von der Region in Deutschland abhängig, einen groben Überblick liefert die Übersichtskarte.

Sonnenenergie kann auf zweierlei Arten genutzt werden:
- Erzeugung von Wärme mithilfe von Kollektoren (thermische Nutzung, Solarthermie),
- Erzeugung von Strom durch Solarzellen (Photovoltaik, Solarstrom).

Wärmenutzung

Wesentlicher Bestandteil eines Sonnenkollektors ist der Absorber, der sich wegen seiner dunklen Farbe erwärmt. Ein Teil dieser Wärme wird an eine frostsichere Flüssigkeit abgegeben, die den Kollektor durchfließt. Prinzipiell werden Flachkollektoren und Vakuum-Röhren-Kollektoren unterschieden. Letztere erzielen höhere Wirkungsgrade sind aber auch teurer. Mit der erwärmten Flüssigkeit wird über einen Wärmetauscher Wasser erwärmt und in einem Speicher gesammelt.

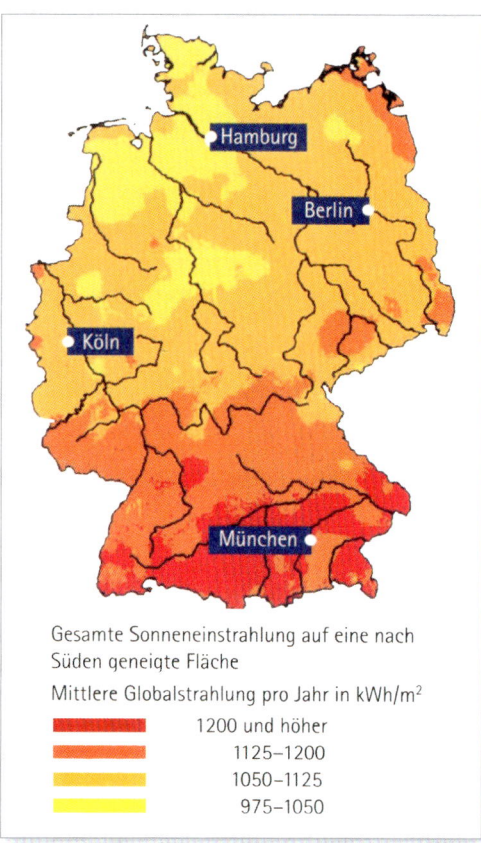

Abb. 21: Globalstrahlung

Gesamte Sonneneinstrahlung auf eine nach Süden geneigte Fläche

Mittlere Globalstrahlung pro Jahr in kWh/m^2
- 1200 und höher
- 1125–1200
- 1050–1125
- 975–1050

Der Einsatz von Sonnenkollektoren lohnt sich, wenn größere Mengen warmes Wasser benötigt werden. Sofern im Winter die erzeugte Wärmemenge nicht ausreicht, wird die konventionelle Heizung automatisch zugeschaltet.

Planung, Recht und Bauunterhaltung

Stromerzeugung

Eine Fotovoltaikanlage besteht aus auf dem Dach montierten Solarzellenpanelen und einem Wechselrichter, der die Verwertung im eigenen Betrieb oder die Einspeisung in das Stromnetz ermöglicht. In den Solarmodulen sorgen sogenannte Halbleiter, meistens aus Silizium (SI), für die Umwandlung der Sonneneinstrahlung in Gleichstrom. Empfehlenswert sind nur qualitativ hochwertige Solarmodule namhafter Hersteller, denn die Anlage soll zumindest über die Laufzeit von 20 Jahren hinweg allen Witterungseinflüssen trotzen. Als Qualitätskennzeichen dient ein Prüfzertifikat nach IEC 61215 beziehungsweise EN 61215.

Erheblichen Einfluss auf den Ertrag haben Ausrichtung und Neigung des Daches: Optimal ist die Ausrichtung nach Süden mit einer Neigung von 25 bis 38 Grad. Aber auch Module, die nach Süd-Osten, Süden und SüdWesten zeigen und eine Neigung zwischen zehn und 50 Grad aufweisen, lassen noch sehr gute Effizienz erwarten, siehe Abbildung 23. Für die sichere Reinigung der Flächen durch Regen wird eine Neigung ab etwa 20 Grad gefordert. Ausrichtung und Neigungswinkel können auch durch Aufständerung verbessert werden. Natürlich dürfen die genutzten Dachflächen nicht zum Beispiel durch Bäume ganz oder teilweise verschattet sein.

Abb. 22: Fotovoltaikanlage

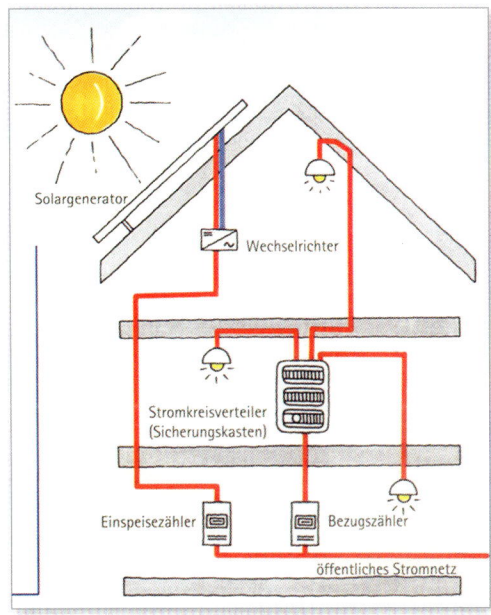

Pro Kilowatt werden je nach Ausrichtung etwa 8 bis 10 m² Dachfläche benötigt.

Fotovoltaikanlagen rechnen sich vor allem dadurch, dass für die Investition Fördermittel gewährt wurden und werden und dass die Vergütung des eingespeisten Stroms auf die Dauer von 20 Jahren, abhängig von der Größe der Anlage, über das Gesetz für den Vorrang Erneuerbarer

Abb. 23: optimale Modulausrichtung und -neigung

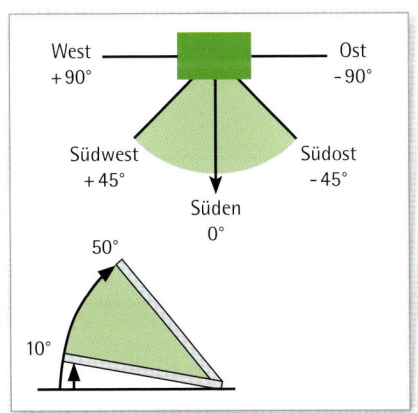

	Neigung				
Ausrichtung	10°	20°	30°	40°	50°
Süd (0°)	97%	99%	100%	99%	97%
Südost oder Südwest (-45° bzw. +45°)	94%	95%	95%	90%	88%
Ost oder West (-90° bzw. +90°)	90%	88%	85%	83%	80%

Energien (EEG) garantiert ist. Diese Vergütung durch den regionalen Energieversorger (EVU) beträgt seit 2009:
- bis 30 kW Leistung: 43,01 Cent je kWh
- bis 100 kW Leistung: 40,91 Cent je kWh
- bei Selbstnutzung des Stroms: 25,01 Cent je kWh (zuzüglich des eingesparten Strompreises)

Einzukalkulieren ist auch die sogenannte Degression, das sind die Prozentsätze, in der die garantierten Boni und Vergütungen jährlich sinken. Sie können ebenfalls dem EEG entnommen werden. Empfehlenswert ist die Kontrolle der Leistung der Anlage, da nur so festgestellt werden kann, ob die Anlage richtig funktioniert. Hierfür werden Werte der Sonneneinstrahlung und der Gleichwie Wechselstromleistung mittels Spezialgeräten (Datenloggern) oder per Modem auf den Computer übertragen.

kW	Kilowatt
kWh	Kilowattstunde: das ist die Einheit für Energie und bezeichnet die Leistung von 1.000 Watt über eine Stunde hinweg.
kWp	Kilowatt peak ist die Einheit für die Spitzenleistung eines Solarmoduls unter Standardbedingungen. Diese Leistung wird nur bei optimalen Bedingungen erreicht.

Da die Investitionen für Fotovoltaikanlagen hoch sind, soll geprüft werden, ob die Anlage über die Gebäudeversicherung mitversichert ist oder ob diese erweitert werden muss (zum Beispiel gegen Hagel, Blitzschlag, Sturm, Feuer, Diebstahl, Überspannung).

Wärmepumpe
Wärmepumpen nutzen die in der Erde, Luft oder im Grundwasser gespeicherte Energie. Sie funktionieren im Prinzip wie ein umgekehrter Kühlschrank: Es besteht ein geschlossener Kreislauf, in dem ein „Kältemittel" zirkuliert. Das Kältemittel ist eine bei niedriger Temperatur siedende Flüssigkeit, die als Erstes einen Verdampfer passiert, der Wärme aus der Umgebung entzieht. Dadurch verdampft das Kältemittel, geht also in gasförmigen Zustand über. Das Gas wird anschließend in einem Kompressor verdichtet und damit auf ein höheres, zu Heizwecken nutzbares Temperaturniveau angehoben.

Diese Wärme wird in einem Kondensator (Verflüssiger) an das Heizungssystem abgegeben. Dadurch kühlt der Dampf ab und das Mittel verflüssigt sich wieder. Am Ende sorgt ein Ventil für die Entspannung und das Kältemittel hat wieder seinen Ausgangszustand erreicht.

Wärmepumpen beziehen ihre Wärme aus:
- der Luft, wobei die benötigte Luft über Ventilatoren durch den Verdampfer gezogen wird,
- Erdsonden, die 30 bis 100 m tief senkrecht in Bohrlöchern verlegt werden,
- Erdkollektoren, die aus waagerecht unterhalb der Frostgrenze in 1,0 bis 1,50 m Tiefe in mehreren Rohrschlangen verlegten Kunststoffrohren bestehen,
- Grundwasserpumpen, die das Wasser durch den Verdampfer fördern und anschließend wieder zurückführen.

Wärmepumpen können überall dort eingesetzt werden, wo Heizbedarf besteht.

Blockheizkraftwerk
Unter Blockheizkraftwerk (BHKW) wird eine kompakte Anlage verstanden, die aus einem Motor und Generator zur Stromerzeugung besteht. Der Verbrennungsmotor wird durch Heizöl, Diesel oder Gas (auch Biodiesel und Biogas) oder Holzschnitzel oder ganz allgemein Biomasse betrieben. In modernen Anlagen erfolgt eine gezielte Nutzung der entstehenden (Ab-)Wärme, das wird als Kraft-Wärme-Kopplung bezeichnet.
BHKW haben gegenüber zentralen Großkraftwerken einen um 25 bis 50 Prozent höheren Wirkungsgrad, weil der elektrische Strom und die Wärme direkt am Ort der Entstehung verwendet werden.

Planung, Recht und Bauunterhaltung

Abb. 24: Blockheizkraftwerk

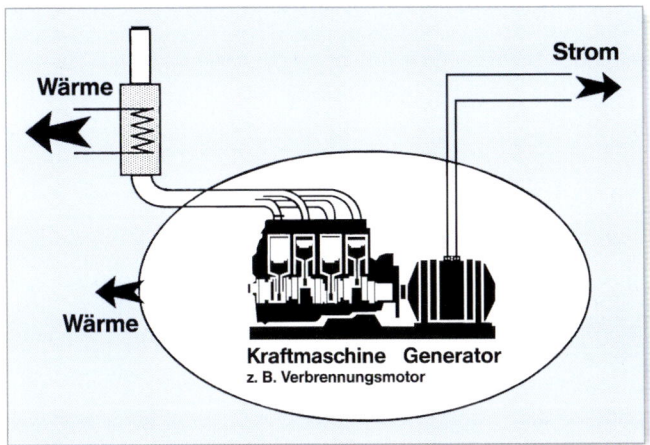

Der Einsatz von BHKW lohnt sich in Reitanlagen häufig, besonders gilt das, wenn hoher Strom- und Heizungsverbrauch bestehen. Es kommt allerdings auf die richtige Dimensionierung an. Das BHKW soll so ausgelegt werden, dass es im Sommer den Bedarf an Warmwasser möglichst vollständig deckt und auf mindestens 5.500 Betriebsstunden im Jahr kommt. Besonders kostengünstig lässt sich der Einsatz eines BHKW planen, wenn ohnehin eine Heizungserneuerung ansteht.

Regenwassernutzung

Reitanlagen verfügen über große Dachflächen und wegen der Beregnung von Reitflächen, Außenanlagen und Waschplätzen für die Pferde über einen hohen Bedarf an Brauchwasser. Daher macht vielerorts der Einsatz einer Regenwasseranlage Sinn. Natürlich ist das für den Einzelfall jeweils gesondert auszurechnen. Der Ertrag lässt sich in etwa wie folgt abschätzen: Der durchschnittliche Niederschlag in Liter pro Quadratmeter wird mit der Dachfläche (Länge mal Breite auf Traufenhöhe) multipliziert, abzüglich des Verlustes von 25 Prozent durch Verdunstung und Speicherüberlauf. **Zum Beispiel:** *Der durchschnittliche Niederschlag beträgt in Deutschland 770 Millimeter, das entspricht 770 Liter pro Quadratmeter, multipliziert mal 1000 Quadratmeter ergibt 770 Kubikmeter.*

Dem geldwerten Vorteil des Ertrages müssen die Kosten für die Investition der Anlagen, wie Einbaukosten, Pumpe, Tank, Abschreibung, und die Umbaukosten inklusive der zusätzlichen Kunststoffleitungen gegenübergestellt werden.
Von Dächern aus Asbestzement oder besandeten Bitumenbahnen soll kein Regenwasser genutzt werden, da eine Anreicherung feiner Bestandteile im Reitboden nicht ausgeschlossen werden kann. Steht die Erneuerung eines solchen Daches ohnehin an, dann macht es Sinn, auch eine Regenwassernutzung zu kalkulieren.

Übersicht 11: Checkliste Regenwassernutzung

Dachflächen, Niederschläge, Ertrag ermitteln.
Verbrauch und Speichergröße errechnen.
Kosten für Neuanschaffung/Umbau zusammenstellen.
Förderprogramme, z.B. der Kommunen vorhanden?
Wasserversorger und Gesundheitsamt informieren.
Besteht Möglichkeit der Versickerung des Überlaufwassers? (Anschluss an Kanalnetz zulässig/gebührenfrei?).
Kennzeichnung der Zapfstellen zur Unterscheidung vom Trinkwasser.

2.10 Gebäude- und Anlagenmanagement, Kosten sparen und Klimaschutz

Überlegungen zur Planung hören nach Abschluss eines Neu- oder Umbaus nicht auf. Vielmehr gehören zu einem modernen Management stets Konzepte zur Bewirtschaftung und zur strategischen Weiterentwicklung des Angebots und der Anlagen. Im Pferdebetrieb hat heute eine Menge Technik Einzug gehalten, die bedient, überwacht und schließlich auch auf modernem Stand gehalten werden muss. Also empfiehlt sich die Benennung eines Technik-/Umweltbeauftragten, der auch neue Entwicklungen verfolgt. Nicht nur der Neubau, sondern auch über die Jahre notwendige Modernisierungsmaßnahmen sind sorgfältig zu planen, das gilt insbesondere für solche Betriebe, wo ein „Modernisierungsstau", also an allen Ecken Handlungsbedarf besteht. Hier ist zum Beispiel ein Fünf-Jahres-Plan nötig, denn nur selten kann alles auf einmal bewältigt werden.

Bei den meisten Investitionen und Anschaffungen wird ausschließlich auf die Investitionssumme geachtet und nicht auf die Unterhaltungskosten inklusive des Verbrauchs an Energie oder Wasser. Diese Kosten summieren sich jedoch im Laufe der Jahre und übersteigen die Anschaffungskosten bei Weitem. Daher ist zu empfehlen, vor Anschaffung Verbrauchsdaten zu vergleichen und Qualitätskriterien zu beachten, denn die Kosten des täglichen Betriebs sind am Ende für die Wirtschaftlichkeit ausschlaggebend.

In größeren Anlagen ist der Einbau von Nebenzählern sinnvoll, um den **Stromverbrauch** unterschiedlicher Einheiten wie Außenbereich, Ställe, Reithallen beurteilen zu können. Zu den Stromverbrauchern gehören alle elektrischen Geräte, wie Ventilatoren, Gebläse, Fütterungs-, Entmistungsanlagen, Kühlgeräte oder -räume, Waschmaschinen, Beleuchtungsanlagen. Von Zeit zu Zeit sollte geprüft werden, ob die Antriebe oder Anlagen noch auf dem neuesten Stand sind.

Beachtliche Einsparmöglichkeiten ergeben sich schon durch bestmögliche Ausnutzung des natürlichen Sonnenlichtes zum Beispiel durch offene Ställe oder Hallen oder große Fensterflächen.

Zur **Beleuchtung** gilt, dass möglichst energiesparende Beleuchtungseinrichtungen verwendet werden sollten. Räume, in denen leicht einmal unnötigerweise das Licht brennen bleibt, sollen mit Bewegungsmeldern ausgerüstet werden, ebenso Außenanlagen. Weitere Hinweise finden sich unter Stall-, Reithallen- und Reitplatzbeleuchtung in den Kapiteln 3.12, 4.2, 5.3.

Abb. 25: Stromverbrauch von Leuchtmitteln

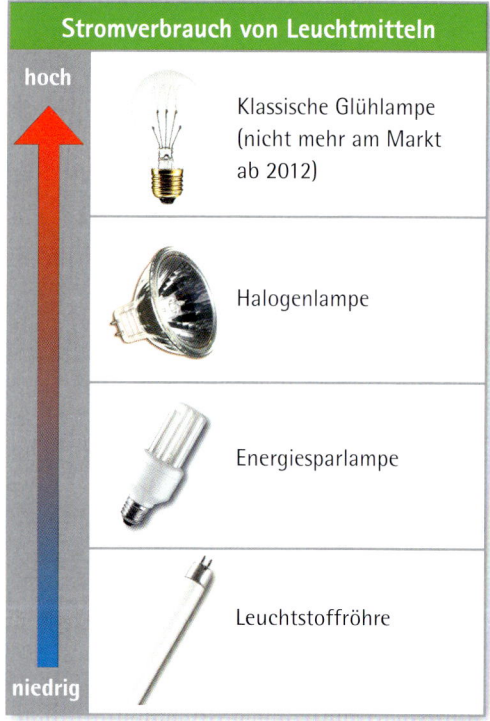

Auch **Kühlgeräte** in Aufenthalts- und Gasträumen verbrauchen oft zu viel Strom, insbesondere wenn sie veraltet sind. Allgemein gilt hierzu, je kühler der Aufstellungsort, desto geringer der Energieverbrauch. Wichtig ist außerdem, dass genügend Luft an die wärmetauschende Rückseite gelangt.

Planung, Recht und Bauunterhaltung

Abb. 26: Label für Haushaltsgeräte

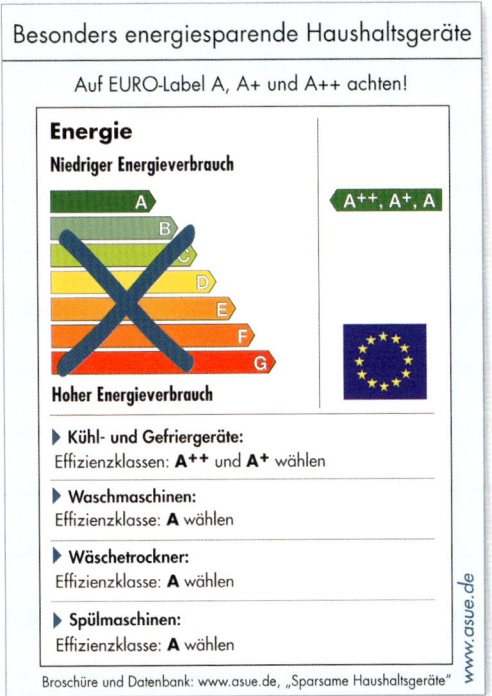

Alle neuen Geräte sollen der Gerätekategorie Euro-Label A entsprechen, bei Kühlgeräten A++, da diese noch erheblich effizienter sind.

Der tatsächliche **Wasserverbrauch** unterschiedlicher Bereiche, zum Beispiel Beregnung der Reitflächen, Abspritzen der Pferde, Säuberung der Maschinen, Pferdestall, Toiletten, Kasino, kann ebenfalls nur bewertet werden, wenn Zwischenzähler verwendet und auch regelmäßig zum Beispiel pro Monat oder Quartal abgelesen und am Ende eines Jahres ausgewertet werden.

Verlässliche Verbrauchszahlen sind wichtig, wenn es um Einsparmöglichkeiten oder auch um die Auslegung und Kalkulation einer Regenwassersammelanlage geht

Der Wasserverbrauch einzelner Einheiten wie Pferdeabspritzplätze, Handwaschbecken, Duschen kann ermittelt werden, indem ein Eimer eine Minute lang unter den Wasserschlauch, -hahn oder Duschkopf gestellt und die Armatur voll aufgedreht wird. Häufig liegt ein Wasserdurchfluss von neun Litern pro Minute oder mehr vor. Einsparungen bieten sogenannte Durchfluss-Konstanthalter, die einen Wasserdurchfluss von maximal sechs Litern pro Minute gewährleisten. In älteren Anlagen sind Wasserdruck und Leitungsqualität zu beachten. Bei den Waschbeckenarmaturen sanitärer Anlagen besteht hinsichtlich eines günstigen Wasserverbrauchs die Rangfolge: Näherungselektronik vor Selbstschlussanlagen, vor Ein-Griff- und am Ende den Zwei-Griff-Armaturen.

Konventionelle Spüler von Toiletten mit dem hohen Wasserverbrauch von mehr als neun Litern pro Minute sind deutlich schlechter geeignet als Spül-Stopp-Toilettenspülungen oder Zweimengen-Toilettenspülkästen, die bei kleinen Spülvorgängen nur ein Drittel, drei Liter Wasser pro Minute, verbrauchen. Für Urinale gilt Ähnliches: Auch hier sollte bei Neuanschaffung auf geringen Wasserverbrauch und im laufenden Betrieb auf korrekte Einstellung geachtet werden.

Bei älteren Gebäuden ist der **Wärmeschutz**, also die Wärmedämmung von Wänden oder Decken beheizter Räume wie zum Beispiel Aufenthaltsräume, Toiletten, Sattelkammern oder von Warmwasserleitungen unzureichend. Das führt zu unnötig hohen Heizkosten. Weitere Aspekte hierzu finden sich in Kapitel 3.3.

Reithalle mit begrüntem Dach

Empfehlungen Management
- Benennung eines Technik-/Umweltbeauftragten, im Reitverein kann das ein interessiertes Mitglied, im Pferdebetrieb ein interessierter Kunde sein.
- Sicherstellung regelmäßiger Schulungen des Beauftragten und der Mitarbeiter.
- Monatliche Aufzeichnung der Verbrauchsdaten von Wasser, Strom, Öl/Gas mithilfe von Nebenzählern für unterschiedliche Bereiche, zum Beispiel Stall/Ställe, Reithalle(n), Außenplatz/plätze, Aufenthaltsraum/räume.
- Nutzen des aktuellen Stands der Technik, auch wenn die Anfangsinvestition höher ist.
- Sensibilisierung, Aufklärung und Information der Anlagennutzer.

Checkliste für Modernisierungsmaßnahmen
- Erfassung aller wichtigen Gebäudedaten
- Ermittlung der Energiekennwerte
- Erstellung eines Sanierungsplans mit Prioritätenliste
- Erstellen einer Finanzierungsplanung unter Ausschöpfung von Fördermöglichkeiten
- Einholen von Beratung, von Angeboten

2.11 Gebäudesicherheit

Regelmäßig gehen im Winter nach schweren Schneefällen oder nach heftigem Eisregen vor allem in Mittel- oder Hochgebirgen, aber auch im Flachland Meldungen durch die Medien, die von ganz oder teilweise eingestürzten Hallen berichten. Das betrifft immer wieder auch Reithallen, Ställe oder andere Bauten im Pferdebetrieb wie Scheunen und Vordächer. Geht man solchen Meldungen nach, zeigt sich häufiger, dass **Schnee- und Eislasten** unterschätzt wurden, und meist keine vorbeugenden Sicherheitsmaßnahmen oder Sperrung der Gebäude durch die Verantwortlichen vorgenommen waren. Betroffen können gleichermaßen Holz-, Metall- oder Betonkonstruktionen sein, insbesondere bei relativ flachen Dächern, wenn deren tragende Konstruktionen durch Eindringen von Feuchtigkeit und/oder Nagern, Insekten, Bakterien, Schimmel vorgeschädigt waren. Für Baugenehmigungen sind Region und Schneelastkarte maßgeblich.

Aber nicht nur Schnee-, Eis- oder Wasserlasten im Winter sondern auch Konstruktionsmängel und bauphysikalische, bauchemische oder materialtechnische Alterungsprozesse können Ursache für unsichere Gebäude sein. Daher ist wichtig, alle Anlagen regelmäßig im Auge zu behalten, besonders Balken, Binder oder sonstige tragende Konstruktionen und allgemein Dach, Decken und Wände.

Zu achten ist hierbei insbesondere auf:
- Risse, Verformungen, lockere Verbindungen,
- Spuren von Feuchtigkeit, Nässe, Verfärbungen, Rost,
- Wasserflecken, Löcher, Verfärbungen in Dämmmaterial,
- Feuchtigkeit, Nässe hinter der Bande oder sonstigen Bauelementen, die den Übergangsbereich zwischen Fundamenten und Trägern verdecken.

Wer sicher gehen will, kann Sachverständige hinzuziehen, einschlägige Listen führen Gebäudeversicherer, Architekten- oder Industrie- und Handelskammern sowie der Technische Überwachungsverein (TÜV).

Übersicht 12: Schneelasten

Höhe	Schnee, Eis & Wasser	Gewicht
10 cm	frischer Pulverschnee	bis zu 10 kg/m²
10 cm	Nassschnee	bis zu 40 kg/m²
10 cm	Eis	bis zu 90 kg/m²
10 cm	Wasser	100 kg/m²

Zur Bewertung vor Ort muss die tatsächliche Schneelast mittels Messung bestimmt werden.

Handlungsbedarf besteht nicht erst bei solchen Rissen

3. Ställe

3.1 Haltungsformen – Übersicht

Grundsätzlich werden zwei Haltungsformen unterschieden:
- **Gruppenhaltung:** Laufställe, in denen mehr oder weniger große Gruppen zusammen gehalten werden, mit der Weiterentwicklung, in der **Fress-, Auslauf- und Liegebereiche getrennt** angeordnet sind, um die Pferde zu mehr Bewegung anzuregen,
- **Einzelaufstallung/Einzelhaltung** in Boxen, vielfach mit vorgelagerten Freiflächen.

Abb. 27: Haltungsformen

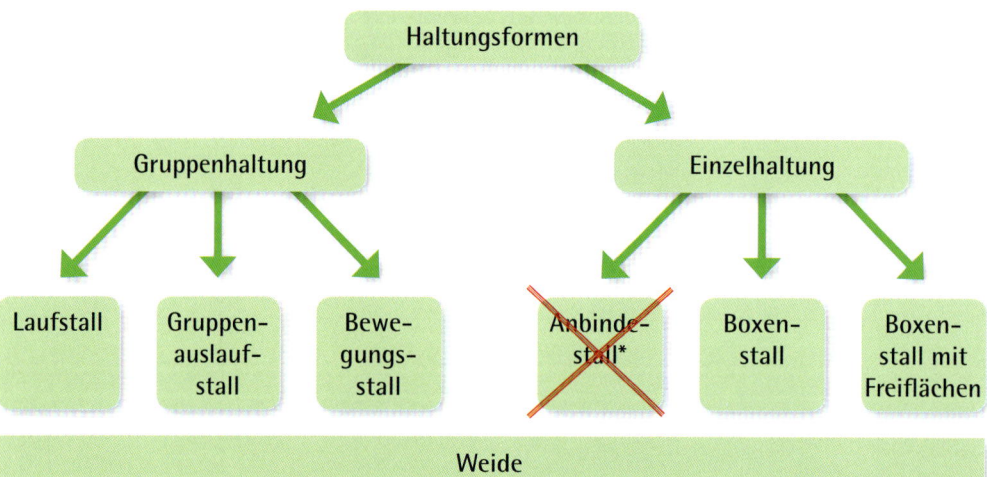

* als Daueraufstallung nicht mehr zeitgemäß, teilweise verboten.

Gruppenauslaufhaltung

Der **Laufstall** hat in Gestüten lange Tradition für die Haltung von Zuchtstuten und Jungpferden. Arbeitsersparnis, geringer finanzieller Aufwand und, sofern direkte Verbindung zur Koppel besteht, relativ natürliche Haltungsbedingungen sprechen für Laufställe. Voraussetzung ist jedoch ein weitgehend gleichbleibender Pferdebestand, da fremde Pferde Unruhe und erhöhte Verletzungsgefahr durch Rangordnungskämpfe verursachen können. Problematisch ist die individuelle Futterzuteilung – in einigen Gestüten werden die Stuten während der Kraftfuttergabe angebunden, dies bedeutet zwar einen erheblichen Arbeitsaufwand, bietet aber den Vorteil, dass täglicher Kontakt zu jedem Pferd besteht.

Ställe

Wesentliches Merkmal der **Gruppenauslaufhaltung** ist die getrennte Anordnung des Fress-, Auslauf- und Liegebereichs, um die Pferde zu mehr Bewegung anzuregen. Das hat bei durchdachter Gestaltung außerdem den Vorteil, dass die Pferde ungestörter fressen und ruhen können. Gruppenauslaufhaltungen für Gruppen von zwei bis etwa acht Pferden können auch bei begrenztem Platzangebot realisiert werden. In großflächig angelegten **Bewegungsställen** mit weit auseinanderliegenden Funktionsbereichen und meist computergesteuerter Rau- und Kraftfutterversorgung können wesentlich mehr, bis zu etwa 25 Pferde betreut werden. Allgemein gilt unter Berücksichtigung der rassebedingten Unterschiede des Individualabstandes und des Geschlechtes der Pferde: Je größer das Platzangebot ist und je langfristiger die Gruppen zusammenbleiben, desto eher können größere Gruppen gemeinsam gehalten werden.

Bei der **Einzelaufstallung** in Boxen ist die Überwachung einfacher, allerdings wird das Pferd in seiner Bewegungsmöglichkeit und seinem Bedürfnis nach sozialen Kontakten zu Artgenossen eingeschränkt. Für Ausgleich soll zum Beispiel durch stundenweisen gemeinsamen Auslauf oder Koppelgang gesorgt werden.

Die Kombination der **Einzelbox mit davor liegender Außenfläche** (Paddock) – einzeln oder von mehreren Einzelboxen aus zugänglich – ist für Neu- oder Umbau heute Standard. Solche „Terrassen" bieten zwar wenig zusätzliche Bewegungsmöglichkeiten, aber die Pferde können doch wesentlich besser am Treiben im Stallumfeld teilhaben und Sonne, Wind oder auch Regen genießen. Kleine Freiflächen sollen befestigt werden.

Der Bedarf an Nutzfläche und das Bauvolumen unterscheiden sich bei den genannten Haltungsformen kaum. Der tägliche Aufwand für die Pflege der Liegeflächen (Kot absammeln, feuchte Stellen beseitigen) ist ebenfalls in etwa gleich, hinzu kommt bei der Auslaufhaltung die Reinigung der Freiflächen. Hingegen ist die Einstreuarbeit in der Regel bei Auslaufhaltung durch kurze Arbeitswege sparsamer und die periodische Totalausmistung erfolgt in größeren Einheiten, in der Regel durch Frontladereinsatz. Der Zugriff auf das Einzelpferd ist bei der Gruppenhaltung unter Umständen schwieriger.

Häufigkeit und Ausprägung von Auseinandersetzungen innerhalb einer Gruppe hängen nicht nur von der Gewöhnung der Tiere untereinander ab, sondern besonders auch davon, inwieweit es gelingt, zueinander passende Pferde zu gruppieren. Umstellungen oder geschickte neue Gruppierung können die Nachteile für rangniedrige Tiere verringern. Die Gruppenhaltung ist in größeren Beständen insoweit leichter zu realisieren, als für die Zusammenstellung der Pferde eine größere Auswahl besteht, insbesondere wenn die Gruppenabtrennungen flexibel sind, sodass unterschiedlich große Gruppeneinheiten gebildet werden können.

Boxenstall mit vorgelagerter Außenfläche

Welche Haltungsform gewählt wird, hängt letztlich von der Betriebs- und Kundenstruktur ab. Wesentlich für das Wohlbefinden der Pferde ist nicht nur das gewählte Haltungssystem an sich, sondern die Rahmenbedingungen, insbesondere die Bewegung und Pflege sowie vor allem die Qualifikation und Betreuung durch Halter oder Betriebsleiter.

Zusätzlich sind Weideflächen sinnvoll und erwünscht. Die Flächenausstattung hängt vom Betriebstyp und von länderspezifischen Bestimmungen ab.

Abbildung 28 zeigt einen Stall, der variabel für Gruppenauslaufhaltung und Einzelhaltung genutzt werden kann.

Abb. 28: Variables Haltungssystem

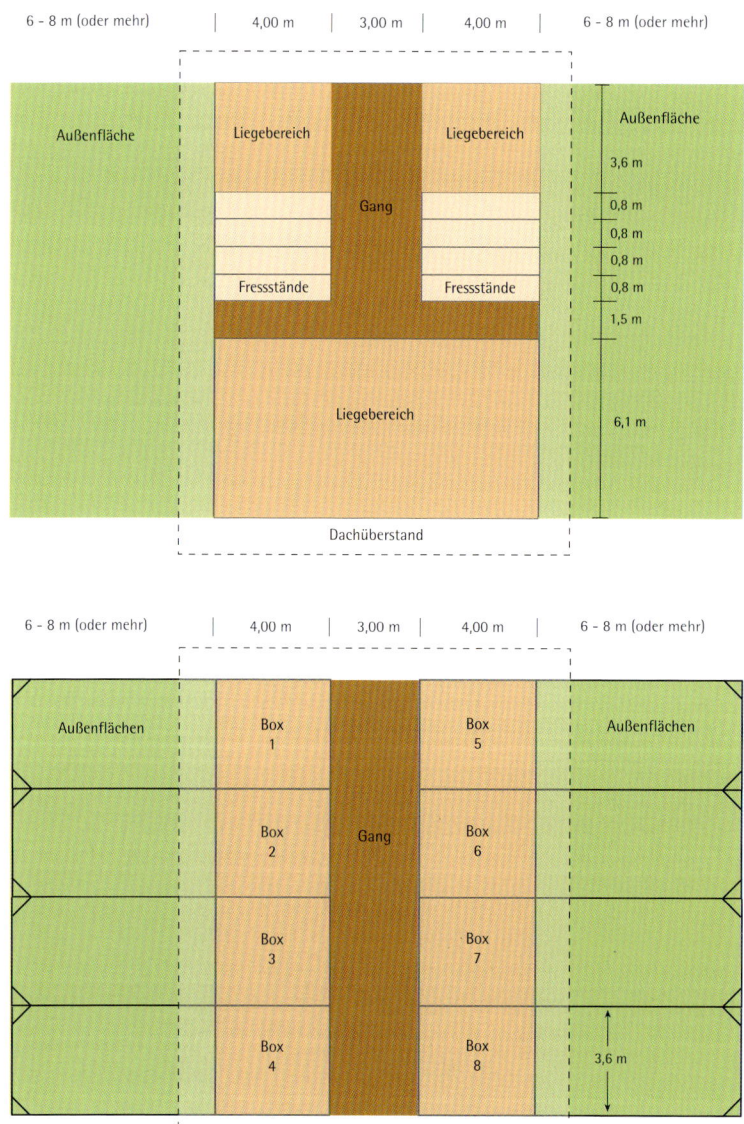

3.2 Offene oder geschlossene Ställe

Die im vorangegangenen Kapitel zusammenfassend beschriebenen Haltungsformen können sowohl als „offene" wie auch als „geschlossene Ställe" konzipiert werden. Von Offenstall spricht man, wenn eine Gebäudeseite ständig ganz oder teilweise – etwa ein Drittel der Fläche – offen ist und in dem daher das Stallklima weitgehend dem Außenklima entspricht. Daher werden sie auch Außenklimaställe genannt. Die Außenwände und die Decke dienen hier dem Schutz vor Wind, Regen oder Sonne; die Wände sind in der Regel nicht wärmegedämmt. Insbesondere bei niedrigen Ställen hat eine Wärmedämmung der Decke auch im Offenstall Vorteile.

Das Foto zeigt Einzelboxen im Offenstall. Besonders häufig werden Gebäude für Gruppenauslaufhaltung als Offenstall konzipiert, da sie durch die bauphysikalisch einfachere Ausführung, Verzicht auf Wärmedämmung in den Wänden und geringeren Aufwand für Stalleinrichtungen, viel preisgünstiger als geschlossene Ställe erstellt werden können.

Werden Altgebäude in eine Gruppenauslaufhaltung einbezogen, dann müssen diese aus stallklimatischer Sicht häufig als geschlossener Stall angesehen und damit muss besonders auf gesundes Stallklima geachtet werden.

Unter geschlossenen Ställen versteht man Gebäude, deren Wände und Decken auch dem Wärmeschutz dienen. Aufgabe des geschlossenen Stalles ist vor allem, die Außentemperaturschwankungen zu mäßigen und sicherzustellen, dass es im Stall weder sehr kalt noch sehr warm wird und dabei stets gute Luft herrscht. Der Gestaltung des Stallklimas kommt hier besondere Bedeutung zu. Ein Luftaustausch findet nur statt, wenn zwischen innen und außen Temperaturunterschiede bestehen. Voraussetzung hierfür ist die ausreichende Wärmedämmung der Bauteile.

Da hinsichtlich der Stallklimagestaltung und Sicherstellung des notwendigen Luftaustausches grundsätzliche Fehler leider immer noch relativ häufig sind, werden in den folgenden Kapiteln zunächst Anforderungen an das Stallklima sowie Grundsätze der Wärmedämmung und Lüftung beschrieben.

Einzelboxen im Offenstall

3.3 Anforderungen an gesundes Klima im Stall

Aus den Ausführungen dieses Kapitels soll nicht abgeleitet werden, dass geschlossene Ställe zu bevorzugen sind, im Gegenteil erfreuen sich Offenställe heute berechtigterweise großer Beliebtheit. Leider sind jedoch schlechte Stallklimaverhältnisse bei Altbauten immer noch relativ häufig und sogar Neubauten werden nicht selten falsch konzipiert. Wesentlich ist letztlich für alle Bauten, dass die nachstehenden Faktoren tatsächlich eingehalten werden.

Faktoren des Stallklimas

„Gute Luft" ist für Gesundheit, Wohlbefinden und Leistung unserer Pferde sehr wesentlich!
Das Stallklima wird vor allem durch folgende Faktoren bestimmt:
- Temperatur
- Luftfeuchtigkeit
- Schadgaskonzentration
- Staub
- Keimgehalt
- Luftbewegung
- Licht

Temperatur v

Pferde vertragen sowohl hohe wie auch tiefe Temperaturen und Temperaturschwankungen gut, jedoch nur, wenn sie das gewöhnt und ihre Anpassung, die sogenannten Thermoregulationsmechanismen trainiert sind. Werden Pferde im Winter aus einem (zu) warmen Stall ins Freie gebracht, setzen wir sie plötzlichen Temperaturunterschieden aus, wie sie in der Natur nicht vorkommen. Schon aus diesem Grund ist die Haltung bei gleichmäßig warmer Temperatur nicht sinnvoll.

 Die Stalltemperatur soll der Außentemperatur folgen, nur Extreme sollen abgemildert werden.

Geschlossene Ställe früherer Epochen sind eindrucksvoll großzügig konzipiert, hier Landgestüt Celle, gegründet 1735

Ställe

Luftfeuchtigkeit φ

Auch gegenüber unterschiedlicher Luftfeuchtigkeit hat das Pferd eine relativ große Toleranzbreite. Dies wird schon alleine dadurch deutlich, dass besonders erfolgreiche Pferdezuchten sowohl in maritimen Klimaten, zum Beispiel englisches Vollblut, als auch in der Wüste, Araber, beheimatet sind.

Die relative Luftfeuchtigkeit gibt an, wie viel Prozent Wasserdampf von dem maximal möglichen Wasserdampfgehalt in der Luft enthalten sind. Die relative Feuchte im Stall wird beeinflusst durch:

- die Feuchtigkeit der Außenluft,
- die Stalltemperatur, da warme Luft mehr Feuchtigkeit aufnehmen kann als kalte Luft,
- die Ausatmungsluft (Respirationsluft),
- die Hautatmung (Wasserdampfabgabe stark temperaturabhängig, mindestens etwa 300 Gramm Wasser pro Pferd/Stunde also drei Liter in zehn Stunden),
- das pro Pferd zur Verfügung stehende Luftvolumen (mindestens 30 bis 40 Kubikmeter/Pferd),
- die Ausscheidungen (Kot und Harn) und
- Tränken sowie eventuell Reinigungsarbeiten oder zum Beispiel Abspritzen der Pferde.

Sowohl zu hohe als auch zu niedrige relative Luftfeuchtigkeit kann die Gesundheit des Pferdes beeinträchtigen, insbesondere durch erhöhte Empfindlichkeit für Atemwegserkrankungen. Dabei begünstigt hohe Luftfeuchtigkeit die Vermehrung von Krankheitserregern, Schimmelpilzen und Parasiten. So sind feuchte Wände sogar für bestimmte Endoparasiten (Strongyliden) eine Voraussetzung für den Entwicklungskreislauf – die Larven aus dem Kot kriechen an den Wänden hoch und können dort von Pferden aufgenommen werden.

Zu trockene Luft begünstigt die Staubbildung. Die Schleimhäute der Atemwege werden gereizt, außerdem können Staubteilchen mit Krankheitserregern oder Allergenen verbunden sein. Besonders negativ ist feuchte und zugleich (zu) warme Luft. Die Feuchtigkeit muss stets im Zusammenhang mit der Temperatur und der Luftbewegung betrachtet werden, da diese für den Wärmeaustausch der Tiere wichtig ist.

 Die relative Luftfeuchtigkeit soll den Außenverhältnissen folgen, angestrebt wird ein Wert zwischen 60 und 80 Prozent.

Schadgaskonzentration

Durch Ausscheidungen und Fäulnisvorgänge entstehen im Stall vor allem das stechend riechende Gas Ammoniak (NH_3) und bei besonders schlechten Verhältnissen sogar Schwefelwasserstoff (H_2S). Die Entstehung dieser Schadgase soll durch hygienische Maßnahmen so weit wie möglich eingeschränkt werden, daher ist zum Beispiel Wechselstreu positiver als Matratzenstreu zu beurteilen.

Übersicht 13 zeigt die Herkunft (Entstehung), die maximalen tolerierbaren Konzentrationen und einige Beispiele für Auswirkungen zu hoher Gehalte im Tierbereich.

Übersicht 13: Entstehung der wesentlichen Gase und schädliche Auswirkungen bei zu hoher Konzentration

Bezeichnung	Entstehung	Grenzwert	Auswirkungen bei zu hoher Konzentration
Ammoniak NH_3	Ausscheidung, bakterielle Zersetzung der Fäkalien	10 ppm (0,1 Liter/m³)	erhöhte Empfindlichkeit gegenüber Erkrankungen der Atemwege
Schwefelwasserstoff H_2S	Fäulnis organischer Substanz	0 ppm 0,001 Liter/m³	Zellgift, Beeinträchtigung der Sauerstoffaufnahme im Blut
Kohlendioxid CO_2	Ausatmungsluft (eventuell Fäulnisvorgänge)	1.000 ppm 0,1 Vol.-% (1,0 Liter/m³)	kein Schadgas in dieser Konzentration, jedoch Indikator für Luftverhältnisse

Wenn Ammoniakgeruch vom Menschen wahrgenommen wird, ist der Gehalt bereits zu hoch. Genaue Messungen können von Fachleuten, zum Beispiel aus landwirtschaftlichen Behörden, vorgenommen werden.

Das Kohlendioxid (CO_2) ist in der angegebenen Maximal-Konzentration selbst kein Schadgas. Es erlaubt jedoch Rückschlüsse auf die Schadgaskonzentration, denn je höher der CO_2-Gehalt der Luft ist, desto höher ist im Allgemeinen auch die Konzentration von unerwünschten Gasen, die Frischluftzufuhr also zu gering.

Die Außenluft unterscheidet sich von der Ausatmungsluft übrigens erheblich. Während die Außenluft 21 Volumenprozent Sauerstoff und 0,03 Vol.-% CO_2 enthält, sinkt in der Ausatmungsluft der Sauerstoff auf 16 Vol.-% und steigt das CO_2 auf 4 Prozent an.

Staub
Staub entsteht im Stall vor allem durch Futtermittel, Pferdeputzen und Einstreu. Durch angepasstes Management lässt sich der Staubgehalt günstig beeinflussen, dazu gehören:
- Beseitigung von Staubnestern und Spinnweben,
- Aufschütteln von Heu und Stroh außerhalb des Stalles,
- Abwurf von Heu und Stroh außerhalb des Stalles oder in geschlossenen Abwurfschächten,
- Anfeuchten der Stallgasse vor dem Fegen (oder Einsatz einer Kehrsaugmaschine),
- Putzen der Pferde außerhalb des Stalles am besten auf separat eingerichteten überdachten Putzplätzen,
- Verwendung von qualitativ hochwertigem Futter und Einstreu.

Der Vollständigkeit halber sei erwähnt, dass auch die regelmäßige Reinigung und Entstaubung der Futter-Lagerräume und der Reithalle sowie die ausreichende Befeuchtung der Reitflächen und Außenanlagen dazu beitragen, die Staubentwicklung in verträglichen Grenzen zu halten.

Keimgehalt
In Schmutzecken und Staubnestern können unerwünschte Keime (Bakterien, Viren, Pilze) günstige Lebensbedingungen finden, das gilt besonders bei hoher Luftfeuchtigkeit. Daher sollte jeder Stall in regelmäßigen Abständen komplett gereinigt werden, wodurch auch die Verbreitung von Ekto- und Endoparasiten behindert werden kann. Dafür wird alles leer geräumt und sowohl trocken wie anschließend nass gereinigt, eventuell desinfiziert. Sofern Reinigungs- oder Desinfektionsmittel eingesetzt werden, sind Verträglichkeiten und Konzentrationsangaben zu beachten – einschlägige Empfehlungen und Gütezeichen finden sich bei der Deutschen Landwirtschaftsgesellschaft (DLG).

Komplett-Reinigungsmaßnahmen werden erleichtert, wenn die Bauteile und festen Einrichtungsgegenstände den Einsatz eines Hochdruckgerätes aushalten und in Box und Stallgasse ein Gefälle oder eine Rinne vorgesehen ist, damit das Wasser abfließen kann. Vor Wiederbelegung mit Pferden muss der Stall komplett abgetrocknet sein.

Luftbewegung
Pferde halten sich im Freien gerne an windausgesetzten Stellen auf. Im Stall ist eine Mindestluftbewegung für den Abtransport der verbrauchten Luft notwendig. Die Angst vieler Pferdehalter vor Zugluft bezieht sich meistens mehr auf den Halter selbst als auf das Pferd. Ein Luftstrom, der das ganze Pferd trifft, aktiviert zugleich dessen Thermoregulation. Trifft er dagegen nur Teile des Pferdes, spricht man von Zugluft, denn darauf reagieren die Thermoregulationsmechanismen nicht.

Da bewegte Luft bei entsprechender Gestaltung der Stalleinrichtung jedoch normalerweise großflächig auf das Pferd trifft, muss in der Regel eher von Wind als von Zugluft gesprochen werden. Wechselnde Temperaturen im Stall und weitere Maßnahmen, zum Beispiel der Einbau von Außenklappen und genügend Auslauf im Freien, vermindern im Übrigen die Empfindlichkeit der Pferde wesentlich!

Die Luftbewegung muss stets in Abhängigkeit von der Temperatur beurteilt werden: Je nachdem, ob ein Abkühlungseffekt erwünscht ist, erfordern hohe Temperaturen eine stärkere Luftgeschwindigkeit, um die Frischluftzufuhr sicherzustellen.

Empfohlene Luftgeschwindigkeit:
mindestens 0,2 m pro Sek. im Tierbereich;
bei hohen Temperaturen deutlich mehr.

Licht
Pferde haben ein ausgesprochen hohes Lichtbedürfnis. Die physiologische Bedeutung des Lichtes für die Gesunderhaltung, das Wohlbefinden, die Leistungsfähigkeit und Fruchtbarkeit wird in der Praxis leider häufig unterschätzt. Als Faustzahl für die Mindestgröße von Fensterflächen und die Beleuchtungsstärke in geschlossenen Ställen gilt:

**Fensterfläche pro Gesamtgrundfläche: etwa 1 : 15,
Fensterfläche pro Pferd: mindestens 1 m², Beleuchtungsstärke: mindestens 60 Lux (besser 80 Lux)**

Sofern der Lichteinfall durch Nebengebäude, Bäume oder Ähnliches eingeschränkt ist, sind größere Flächen vorzusehen.
Süd- und Südwest-Fenster sollen durch ein Vordach beschattet sein, damit sich der Stall im Sommer weniger stark erwärmt.

Wärmeschutz und Lüftung
Nachstehende Ausführungen zum Stallklima beziehen sich besonders auf sogenannte „geschlossene" Ställe aber auch bei offenen Ställen sind diese Grundsätze zu beachten. Geschlossene Ställe sind vor allem bestehende massive Gebäude. Planungs- und Berechnungsgrundlagen finden sich in der DIN 18910 („Wärmeschutz geschlossener Ställe – Wärmeschutz und Lüftung", siehe Literaturverzeichnis).

Wärmeschutz dient in erster Linie der Milderung von Temperaturextremen. Man unterscheidet Wärmeverluste durch Strahlung und Lüftung. Eine Wärmedämmung hat die Aufgabe, Strahlungsverluste durch die Bauteile so zu begrenzen, dass der **Wärmehaushalt** (Wärmebilanz) des Gebäudes ausgeglichen ist.

Pferdeställe verfügen, sofern die empfohlenen Richtwerte für die Boxengröße, die Stallhöhe und die Stallgassenbreite eingehalten werden, über ein relativ großes Luftvolumen von etwa 45 Kubikmeter je Pferd. Daher reicht die von den Pferden abgegebene Wärme oft nicht aus, um die Gebäudehülle zu erwärmen, und es kommt in Folge zur Kondenswasserbildung. Das gilt insbesondere, wenn die Lüftung insgesamt oder Luftführung innerhalb des Stalls Mängel aufweist. Daher stellen geschlossene Pferdeställe hohe Ansprüche an die Wärmedämmung der raumumschließenden Bauteile.

Die Wärmedämmung dient im Pferdestall also besonders:
▸ der Verhinderung der Ablagerung von Wassertropfen an Wänden und Decken (Oberflächenkondensat),
▸ der Vermeidung von Kondenswasser in den Bauteilen (Kernkondensat),
▸ der Gestaltung der gewünschten Temperatur, Wärmeschutz im Sommer, Kälteschutz im Winter,
▸ der Verhinderung von Frostschäden.

Der Beurteilung des „Wärmeschutzes", also der Begrenzung des Wärmeverlustes durch die Bauteile, Wände und Decke, dient die **Wärmeleitfähigkeit** der verwendeten Baustoffe und auch deren Wärmespeichervermögen (indirekt auch die Wasserdampfdiffusion). Mehrschichtige Bau**teile** bestehen aus mehreren Bau**stoffen**, zum Beispiel kann eine Wand aus Außenputz, Wärmedämmschicht, Mauerwerk und Innenputz bestehen oder aus mehrschichtigen Holzkonstruktionen.

Die Wärmeleitfähigkeit eines Baustoffes bezeichnet seine Fähigkeit, thermische Energie zu transportieren, und ist als die Wärmemenge in Watt (oder Joule pro Sekunde) definiert, die durch einen Quadratmeter Baustoff mit der Dicke von einem Meter in einer Stunde hindurchgeht, wenn zwischen den beiden Seiten ein Temperaturunterschied von einem Kelvin (1 K = 1°C) besteht. Die Einheit ist Lambda, λ = W/(mK) oder J/(msK). Materialien mit niedriger Wärmeleitfähigkeit dienen als Dämmstoffe.

Der **Wärmedurchgangskoeffizient** – auch Wärmedämmwert, **U-Wert**, früher K-Wert – ist ein Maß für den Wärmedurchgang durch eine ein- oder mehrlagige Materialschicht, wenn auf beiden Seiten verschiedene Temperaturen anliegen. Er gibt die Energiemenge an, die bei einem Kelvin Temperaturunterschied in einer Sekunde durch eine Fläche von einem Quadratmeter fließt, U = W/(m²K). Der Wärmedurchgangskoeffizient eines Bauteils hängt von den Wärmeleitfähigkeiten der verwendeten Materialien, deren Schichtdicken sowie von der Bauteilgeometrie (ebene Wand, zylindrisch gekrümmte Rohrwandung etc.) und den Übergangsbedingungen an den Bauteiloberflächen ab.

Je kleiner die Wärmeleitfähigkeit eines Baustoffes, desto „schlanker" kann das Bauteil sein. Das wird durch die folgende Abbildung 29 illustriert. Besonders wichtig ist eine gute Wärmedämmung der **Decken und Dächer**. Diese bestehen meistens aus mehreren Schichten. In solchen mehrschichtigen Bauteilen kommt es nicht nur auf die Wärmedämmeigenschaften der einzelnen Baustoffe an, sondern auch auf deren Anordnung innerhalb eines Bauteiles: Wird ein Baustoff mit schlechtem Wärmedurchgangskoeffizienten (U-Wert) innerhalb eines Bauteiles eingebaut, dann kommt es zu dem sogenannten **Kernkondensat**, d.h., es bildet sich auf der kälteren Oberfläche dieses Stoffes Kondenswasser (Tauwasserausfall) in der Wand. Kern- oder Oberflächenkondensat beeinträchtigt die Haltbarkeit und die Wärmedämmung und kann hygienische Probleme, zum Beispiel Pilzbefall, verursachen. Damit das nicht geschieht gilt:

> **Das am stärksten wärmedämmende Material muss außen liegen, damit die Gefahr von Kernkondensat und Frostschäden vermindert wird. Anders ausgedrückt muss in Richtung des Dampfdruck-/Temperaturgefälles der Wärmedurchlasswiderstand zunehmen.**

Abb. 29: Wärmedammeigenschaften von Baustoffen:
Gleiche Dämmwirkung bei unterschiedlichen Schichtdicken

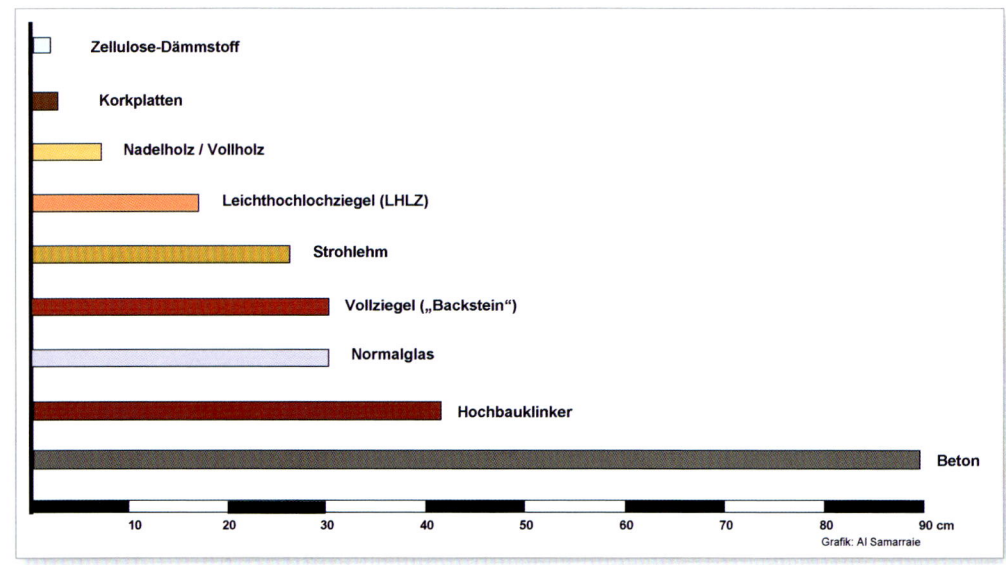

Die Wärmedämmung der raumumschließenden Teile eines Stalles soll zur Vermeidung von **Oberflächenkondensat** außerdem so bemessen sein, dass eine möglichst kleine Temperaturdifferenz zwischen der Oberflächentemperatur von Wand und Decke und der angrenzenden Stallluft besteht (maximal 3°C). Für Wände und Decken sind Wärmedurchgangskoeffizienten von U = 0,5 – 0,7 W/m²K erforderlich. Besonders gut geeignet sind Wände und Decken aus Holz, besonders problematisch aus Beton, noch ungeeigneter sind reine Blechoberflächen. Die Berechnung im Einzelfall erfolgt mithilfe der Wärmebilanz.

Neben der wärmedämmenden Eigenschaft von Bauteilen ist auch der **Durchlasswiderstand für Wasserdampf** von erheblicher Bedeutung. Es kann ebenfalls zu Kernkondensat kommen, wenn auf einen Baustoff mit hoher Durchlässigkeit für Wasserdampf ein Baustoff mit geringerer Dampfdurchlässigkeit folgt. Die Dampfdurchlässigkeit beeinflusst das Stallklima außerdem mittelbar, da der Feuchtigkeitszustand Einfluss auf die Wärmedämmung hat, indem das Dämmvermögen der Baustoffe durch den guten Wärmeleiter Wasser herabgesetzt wird. Außerdem kann die Haltbarkeit oder statische Funktion der Baustoffe oder Bauteile gefährdet werden. Das Eindringen von Feuchtigkeit in die Bauteile könnte theoretisch durch Anbringen einer Dampfsperre an der Stallinnenseite verhindert werden, das würde jedoch auch die gewünschte Ableitung der Feuchtigkeit durch die Bauteile unmöglich machen. Daher sind Dampfsperren für Pferdeställe ungeeignet, da sie lediglich das Bauteil, nicht aber die im Stall eingestellten Tiere schützen.

 Die Durchlässigkeit von Wasserdampf durch die Bauteile muss nach außen hin zunehmen. Der Wasserdampfdurchlasswiderstand muss abnehmen.

Fensterflächen sind oft problematisch, da Glas geringe Wärmedämmeigenschaften hat. Neben den Fenstern kommt es auch auf ihren Einbau und die Fensterrahmen an, die nach ihren Dämmeigenschaften in verschiedene Gruppen eingeteilt sind (DIN 4108):

Übersicht 14: Wärmedurchgangskoeffizient bei unterschiedlichen Fenstern

Verglasung	W/m²K	R 1	R 2.1	R 2.2	R 2.3	R 3
Glas (Einfachverglasung)	5,2					
Isolierglas mit Luftzwischenraum von 6 bis 8 mm	3,4	2,9	3,2	3,3	3,6	4,1
Isolierglas mit Luftzwischenraum von 10 bis 16 mm	3,0	2,6	2,9	3,1	3,3	3,8

Rahmenmaterialgruppen:
1 Rahmen aus Holz/Kunststoff ohne besonderen Nachweis (U_R 2,0 W/m²K)
2.1 Rahmen aus wärmegedämmten Metall- oder Betonprofilen mit Nachweis (2,0 < U_R 2,8 W/m²K)
2.2 Rahmen aus wärmegedämmten Metall- oder Betonprofilen mit Nachweis (2,8 < U_R 3,5 W/m²K)
2.3 Rahmen aus wärmegedämmten Metall- oder Betonprofilen mit Nachweis (3,5 < U_R 4,5 W/m²K)
3 Rahmen aus Beton, Stahl oder Aluminium sowie wärmegedämmten Metallprofilen ohne besonderen Nachweis

Im Winter wird sich Oberflächenkondensat (Schwitzwasser) auf den Scheiben also nicht ganz vermeiden lassen, durch Fenster mit hoher Wärmedämmung kann es jedoch reduziert werden. Das gilt natürlich auch für die Fensterrahmen: Hinsichtlich der Wärmedämmeigenschaften sind Holz- oder Kunststoffrahmen vorzuziehen, da einfache Metall- oder Betonrahmen sogenannte Kältebrücken bilden. Schwitzwasser sollte mittels eines Schlitzes nach außen abgeleitet werden.

Fenster, die vom Pferd erreicht werden können, was grundsätzlich wünschenswert ist, müssen auf jeden Fall ausreichend durch massive Vergitterung oder Stäbe gesichert sein. Der Einbau von Einscheibensicherheitsglas, bei Isolierverglasung auf der Innenseite, ist zu empfehlen.

Außenklappen im Altbau

Die Fenster sollen geöffnet werden können, um eine zusätzliche Lüftung zu ermöglichen.

Wichtig ist neben der Helligkeit und dem jahreszeitlichen Rhythmus auch die spektrale Qualität des Lichtes und Intensität der Strahlung, die durch Fensterflächen nicht in vollem Umfang durchgelassen wird. Diese Tatsache ist ein weiteres Argument für Außenklappen oder Außenflächen vor

Kondenswasser am ungedämmten Fenster

der Box, mit deren Hilfe ein Teil der natürlichen Lebensbedingungen während des Stallaufenthaltes erhalten wird. Ist die Außenklappe die einzige natürliche Belichtungsmöglichkeit der Box, muss sie lichtdurchlässig sein

Lüftung

Lüftung hat die Aufgabe, verbrauchte, mit Wasserdampf und Schadgasen beladene Luft abzuleiten und frische Luft zuzuführen.

Viele Pferdeställe werden nur über Fenster und Türen gelüftet. Das reicht allerdings häufig nicht aus, besonders nachts. Bei ungünstigen Gebäudeverhältnissen reicht die Lüftung nur über Fenster vielerorts erst recht nicht und es ist der Einbau einer aktiven Lüftung notwendig, um den notwendigen Luftaustausch sicherzustellen.

Lüftungseinrichtungen müssen funktionsfähig, ausreichend dimensioniert, steuerbar und zweckmäßig angeordnet sein. Grundsätzlich werden zwei Systeme (s. Abb. 30) unterschieden.

Abb. 30: Lüftungseinrichtungen

Passive Lüftung (Schwerkraftlüftung, thermische Lüftung)
- Schachtlüftung
- Trauf-First-Lüftung

Aktive Lüftung (Ventilatorenlüftung, Zwangslüftung)
- (Überdrucklüftung)
- Unterdrucklüftung
- Gleichdrucklüftung

Ställe

Für Neubauten wird empfohlen, alle Möglichkeiten einer passiven Lüftung auszuschöpfen. Leider wird das recht häufig nicht beachtet.

Passive Lüftung (Schwerkraftlüftung)

Die Schwerkraftlüftung basiert auf der Differenz des spezifischen Gewichtes unterschiedlich erwärmter Luft: Warme Luft ist leichter als kalte und steigt somit nach oben. Der Luftaustausch („Luftleistung") wird durch den Temperaturunterschied zwischen innen und außen und den Höhenunterschied zwischen Ein- und Austrittsöffnung bestimmt.

Allgemein gilt, dass die Summe der Querschnitte der Zuluftöffnungen der Summe der Querschnitte der Abluftöffnungen entsprechen soll.

Abbildung 31 zeigt die Schacht- und die Trauf-First-Lüftung schematisch.

Schachtlüftung

Der senkrechte Abluftschacht (Kamin) dient der Vergrößerung des Höhenunterschiedes zwischen Luftein- und Luftaustritt. Er soll ab Unterkante der Decke mindestens 4 m hoch sein (besser 5 m), mindestens 0,5 m über den First hinausragen und einen Querschnitt zwischen 35 x 35 und 100 x 100 cm haben. Der Abluftschacht muss wärmegedämmt sein, da eine Verminderung der Temperatur zur Verminderung der Auftriebskraft führt. Weil auch Reibungswiderstand den Auftrieb hemmt, soll die Innenfläche möglichst glatt sein. Eine Durchfeuchtung des Dämmmateriales durch Kondensationswasser verhindert eine dampfdichte Innenwand oder wasserabweisendes Dämmmaterial. Durch eine Regelklappe kann der Schachtquerschnitt bei Bedarf verkleinert und somit der Luftdurchlass gedrosselt werden. Auf je 100 m^2 Stallfläche ist mindestens ein Schacht vorzusehen. Die Abluftschächte werden wegen der Strömungsverhältnisse im Stall möglichst gleichmäßig angeordnet.

Um einen ausreichenden Luftwechsel zu gewährleisten, ist eine Mindesttemperaturdifferenz zwischen innen und außen von drei bis fünf Grad Celsius erforderlich. Ist es im Sommer außen wärmer als innen, kehrt sich die Strömung im Schacht um. Durch Fenster und Türen müssen also zusätzliche Luftaustauschflächen zur Verfügung stehen, sonst ist im Sommer Überhitzung möglich.

Abb. 31: Schwerkraftlüftungen

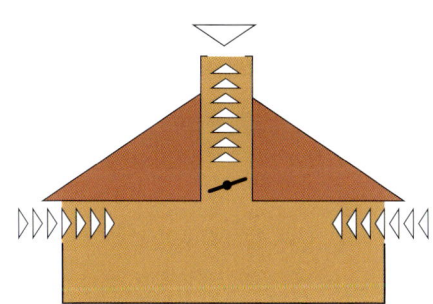

Schachtlüftung

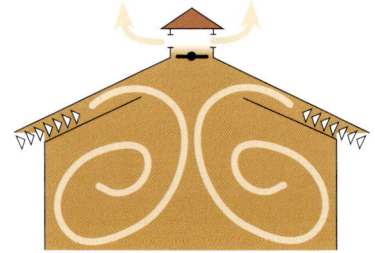

Trauf-First-Lüftung

Zuluftöffnung an der Traufe • • • • • • • • • •

Trauf-First-Lüftung

Stall mit Trauf-First-Entlüftung • • • • • • • • •

Bei der Trauf-First-Lüftung tritt die Zuluft über durchgehende Zuluftöffnungen an der Gebäudetraufe ein und entweicht über Öffnungen am Dachfirst, welche gegen Witterungseinflüsse eventuell durch eine Lichthaube abgedeckt sind. Trauf-First-Lüftung ist nur möglich, wenn die Deckenneigung der Dachneigung angepasst ist und die Dachneigung mindestens 20 Grad beträgt.

Die Zuluftöffnungen sind so zu gestalten, dass die Luft weit hineinströmen und sich als Walze mit der Innenluft vermischen kann. An den Firstöffnungen sind beidseitig Windabweiser erforderlich. Im Sommer sind auch hier zusätzliche Lüftungsmöglichkeiten über Fenster und Türen notwendig.

Aktive Lüftung (Ventilatorenlüftung)
Jeder neue geschlossene Pferdestall soll wie erwähnt so konzipiert werden, dass eine Schwerkraftlüftung funktioniert. Bei vorhandenen Gebäuden ist zur Sicherstellung pferdegerechter Luftverhältnisse der Einbau einer aktiven Lüftung mithilfe von Ventilatoren oft unverzichtbar.

Je nach Druckrichtung der Ventilatoren unterscheidet man:
» Überdrucklüftung: Ventilatoren an den Zuluftöffnungen
» Unterdrucklüftung: Ventilatoren an den Abluftöffnungen bzw. Kaminen
» Gleichdrucklüftung: Ventilatoren an Zu- und Abluftöffnungen

Abbildung 32 zeigt die Unterdruck- und Gleichdrucklüftung schematisch.
Bei der Überdrucklüftung drücken Ventilatoren die Luft über einen Kanal mit Verteilöffnungen in den Stall. Durch den entstehenden Überdruck wird die Stallluft aus dem Stall gedrängt. Da Gase, Geruchsstoffe und Feuchtigkeit der Stallluft nicht nur nach außen, sondern auch in die Nebenräume und Bauteile „geblasen" werden, wird die **Überdrucklüftung allgemein nicht für Pferdeställe empfohlen**.

Abb. 32: Zwangslüftungssysteme für den Pferdestall

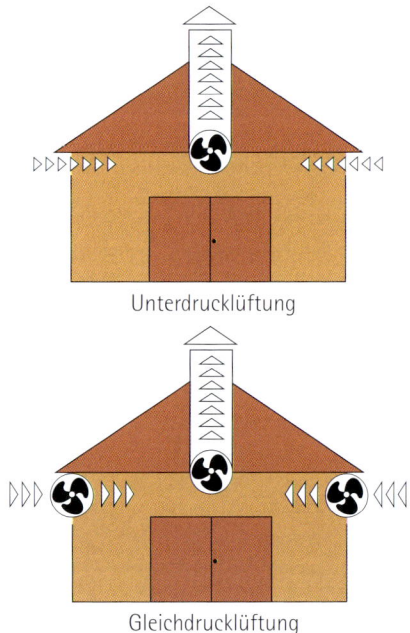

Bei der **Unterdrucklüftung** saugen die Ventilatoren verbrauchte Luft ab, die Frischluft tritt über Schächte oder Kanäle zu. Die Absaugventilatoren können sowohl in den Außenwänden als auch in Abluftschächten (Kaminen) installiert sein.
Vorteile: Einfache Anlagen, geringe Investitions- und Betriebskosten, Kondensation des Wasserdampfes (im Winter) auf Austrittsöffnungen des Lüfters beschränkt.
Nachteile: Undichtigkeiten der raumumschließenden Bauteile und offene Fenster führen bei zu hohem Unterdruck zu „Falschluft", eventuell Zugluft.

Gleichdrucklüftung: Sowohl die Zu- wie auch die Abluft werden über Ventilatoren geführt. Das System eignet sich insbesondere für schwierige Gebäudeverhältnisse.
Vorteile: Funktionssichere Anlage, auch das häufige Öffnen und Schließen von Türen oder Fenstern im Pferdestall beeinträchtigt die Funktionssicherheit des Systems nicht.
Nachteile: Relativ hohe Anschaffungs- und Betriebskosten.

Die **Steuerung der Ventilatoren** (allgemein der Zu- und Abluft) dient der Anpassung an wechselnde Wetterverhältnisse. Die geförderte Luftmenge wird im Wesentlichen durch die Erhöhung der Drehzahl des Lüfters gesteigert. Die einfachste Regelung (und, sofern richtig bedient, häufig funktionssicherste) ist die Bedienung per Hand über Stufentransformatoren.

In der Praxis erfolgt die Regelung allerdings oft automatisch über die Temperatur per Thermostat. Das ist im Sommer zwar sinnvoll, nicht jedoch im Winter, da dann in Pferdeställen bei Berücksichtigung der Ansprüche des Pferdes relativ niedrige Temperaturen herrschen. Die Lüftungsanlage springt demzufolge nicht an, obwohl gute Stallluft wesentlich wichtiger als warme Temperatur ist. Sinnvoller ist daher eine Regelung über die Luftfeuchtigkeit (per Hygrometer) oder noch besser nach dem Kohlendioxidgehalt, da das Kohlendioxid Indikator für die Qualität der Stallluft ist.

Alle verstell- oder regelbaren Lüftungsanlagen sollen generell nur von einem Verantwortlichen – dem Stallbetreiber oder einer beauftragten Person – bedient werden. Einsteller übertragen ihr menschliches Kälte-Wärme-Empfinden oftmals auf die Pferde und das führt zu einer wärmeren, aber gleichzeitig feuchteren ungesunden Stallluft. Leider gibt es immer noch viele Ställe, in denen schlechte Luft herrscht. Da die Anforderungen an die Kapazität der Lüftungseinrichtungen insbesondere bei problematischen Gebäudeverhältnissen von vielen Einflussgrößen bestimmt werden, wird dringend empfohlen, einen Fachmann zurate zu ziehen.

Zusätzliche Maßnahmen

Wie zuvor dargelegt, dienen **Außenklappen** als zusätzliche Lüftungsmöglichkeiten und haben auch weitere Vorteile:

- Pferde sind neugierig und an ihrer Umgebung interessiert, sie sehen gerne hinaus und können durch Außenklappen die verschiedenen Aktivitäten rund um den Stall verfolgen. Sie sind dadurch ausgeglichener und weniger schreckhaft.
- Außenklappen vergrößern den Bewegungsraum des Pferdes.
- Die sinnvollen und weitverbreiteten Schwerkraftlüftungssysteme arbeiten bei geringen Temperaturunterschieden zwischen innen und außen ungenügend. Außenklappen erweitern die Ausgleichsmöglichkeit und stellen die Frischluftversorgung auch bei ungünstigem Wetter sicher.
- Pferde haben ein großes Lichtbedürfnis, von Bedeutung sind hier nicht nur die Helligkeit, sondern auch die spektrale Qualität des Lichtes und die Intensität der Strahlung, welche durch Außenklappen ungehindert und ungefiltert auf das Pferd treffen.
- Pferde bevorzugen windausgesetzte Stellen, die thermoregulatorischen Anpassungsmechanismen werden trainiert, die Zugluftempfindlichkeit sinkt.

Durch den Einbau von Außenklappen können bestehende Ställe verbessert werden

Eine Erweiterung der Vorteile stellen **Freiflächen** dar, die jeder Box vorgelagert sind. Die Tiere können dann selbst wählen, ob sie sich im Stall oder draußen aufhalten wollen. Licht- und Umwelteinflüsse kommen dann dem „ganzen Pferd" zugute. Nicht nur die einwandfrei funktionierende Lüftung und Luftführung von außen nach innen und umgekehrt ist für eine gleichmäßig gute Luftqualität verantwortlich, sondern auch die **Luftführung innerhalb des Gebäudes**. Um den Luftaustausch im Bereich der Boxen, insbesondere in Bodennähe zu gewährleisten, sollen

- geschlossene Boxenwände und Außentüren im unteren Bereich Zu-/Abluftöffnungen haben,
- Boxenwände in der oberen Hälfte offen beziehungsweise vergittert sein,
- Türen und Tore unten ein Abluftgitter haben und im Sommer durch ein Gitter ersetzbar sein,
- das Stallniveau höher als die Umgebung liegen.

Große Bedeutung kommt der **Lage des Stalles** zu, denn freistehende Gebäude in windausgesetzten Lagen sind deutlich unproblematischer als Stallungen, die zum Beispiel an eine Reithalle oder ein anderes Gebäude angebaut sind, in einem Tal liegen, von anderen Gebäuden oder hohen Bäumen umgeben sind. Einzelheiten finden sich in Kapitel 2.

Verbesserung bestehender Ställe

Die Verbesserung bestehender Ställe richtet sich selbstverständlich nach den Gegebenheiten vor Ort, nachstehend dennoch einige wichtige Aspekte:

- Auch bei deckenlastiger Strohlagerung sollen die Decken wärmegedämmt sein. Ist gegen Ende des Winters Stroh oder Heu zumindest teilweise verbraucht, wäre sonst Oberflächenkondensat an der Decke unvermeidlich. Die Wärmedämmung wird am besten von oben oder in Zwischenräumen angebracht, an der der Kälte zugewandten Seite.
- Bei einer der Dachneigung angepassten Wärmedämmung muss zwischen Dämmmaterial und dem (kalten) Dach für ausreichende Hinterlüftung gesorgt werden.
- Betonteile, zum Beispiel Fensterstürze oder Metallträger wie Ringanker oder Pfeiler oder Wasserleitungen unter Putz, bedürfen zur Vermeidung von Oberflächen- oder Kernkondensat einer ausreichenden, gegebenenfalls zusätzlichen Wärmedämmung.
- Schlägt sich Feuchtigkeit an den Stallwänden nieder, sind diese insgesamt unzureichend wärmegedämmt und/oder die Lüftung ist falsch konzipiert beziehungsweise funktioniert nicht. Eine nachträgliche Wärmedämmung soll von außen erfolgen.
- Der Außenputz muss so beschaffen sein, dass kein Wasser in die Bauteile eindringen kann.
- Bei Lüftungsproblemen sollte geprüft werden, ob die Zu- und Abluftöffnungen ausreichend und zueinander passend dimensioniert sind und ob die Luftführung innerhalb des Gebäudes stimmt.
- Bei schwierigen Gebäudeverhältnissen empfiehlt sich der Einbau einer Gleichdrucklüftung.
- Der nachträgliche Einbau von Außenklappen statt der früher üblichen sehr hoch angebrachten Fenster ist häufig mit relativ geringem Aufwand und teilweise in Eigenleistung möglich. Allerdings muss die Statik des Gebäudes beachtet werden.
- Die Verwendung frostsicherer Tränken gewährleistet die automatische Trinkwasserversorgung auch im Winter.

Abschließend sei erwähnt, dass auch in Offenstallanlagen einige beheizte Räume sinnvoll sind, zum Beispiel Sattelkammer, Toilette, Aufenthaltsraum. Um die benötigte Heizenergie effizient nutzen zu können, werden solche Räume zusammen als geschlossener Block konzipiert. Die Räume müssen wärmegedämmt sein. Dabei ist darauf zu achten, dass keine Kältebrücken bestehen, weil sie zu unnötig hohen Heizungskosten führen, zum Beispiel:

- Fugen wegen unsachgemäßer Arbeit,
- Stahlträger im Mauerwerk, die von außen ungenügend wärmegedämmt sind,
- Anschluss von Geschossdecken an Außenwände ohne ausreichende Wärmedämmschicht.

Nach diesem Exkurs zu Grundsätzen der Stallklimagestaltung zurück zu den Haltungsformen.

Übersicht 15: Glossar „Stallklima"

Abluft	Luft, die aus dem Raum geführt wird; sie ist meistens identisch mit Fortluft.
Baustoff	Einheitliches Baumaterial, z.B. Ziegel, Steine, Beton, Holz, Metall.
Bauteil	Konstruktion aus mehreren Baustoffen.
Fortluft	Abluft, die ins Freie abströmt.
Kältebrücken	Örtlich begrenzte Schwachstellen in Außenbauteilen, die eine geringere Wärmedämmung als die umgebenden Flächen haben.
Kelvin	Einheit für Temperaturmessung, die Unterteilung der Kelvin-Skala ist die gleiche wie bei der Celsius-Skala, d.h. 1 Grad Celsius Temperaturunterschied ist gleich 1 Kelvin Temperaturunterschied.
Kernkondensat	Feuchte, die im Innern der Bauteile anfällt, wenn diffundierender Wasserdampf kondensiert, entweder infolge Abkühlung bis zum Taupunkt oder wenn der Dampfteildruck im Bauteil den Sättigungsdruck erreicht hat.
Kohlendioxidbilanz	Bilanz aus den dem Stall zugeführten, im Stall anfallenden und aus dem Stall fortgeführten Massenströmen des Kohlendioxids (CO_2).
Kondenswasser	Wasser, das sich an der kühleren Oberfläche niederschlägt, auch Oberflächenkondensat.
Luftmassenstrom im Stall	Luftmasse in Kilogramm [kg], die in einer Stunde zwischen dem Stall und seiner Umgebung ausgetauscht wird, siehe Zuluft, Abluft, Fortluft [m_L].
Lüftungswärmestrom	Wärmestrom ist der Wärmebedarf, der zum Ausgleich von Lüftungswärmeverlusten benötigt wird [Φ_L].
Luftvolumenstrom	Luftmenge pro Zeiteinheit. Er errechnet sich aus dem Luftmassenstrom unter Berücksichtigung der Luftdichte; [VL] in Kubikmetern pro Stunde [$m^3 h^{-1}$].
Luftwechselzahl	Luftvolumenstrom bezogen auf das Raumvolumen.
Taupunkttemperatur	Temperatur, bei der der vorhandene Wasserdampfgehalt der Luft durch Abkühlen den Sättigungszustand erreicht (relative Luftfeuchte = 100 %). Wird Luft unter ihren Taupunkt abgekühlt, so kondensiert der überschüssige Wasserdampf.
Transmissionswärmestrom	Wärmestrom, der durch die raumumschließenden Bauteile aufgrund der Temperaturdifferenz zwischen Stallluft und Außenluft fließt [Φ_T].
Wärme	Wärme tritt in zwei Formen auf: sensible Wärme: „fühlbare" Wärme (mit dem Thermometer messbar), latente Wärme: Wasserdampf gebundene Wärme, die bei der Kondensation wieder frei wird.
Wärmebilanz	Bilanz aus den dem Stall zugeführten, im Stall anfallenden und aus dem Stall fortgeführten Strömen sensibler Wärme.
Wärmedurchgangskoeffizient	Der Wärmedurchgangskoeffizient U (auch Wärmedämmwert, U-Wert, früher K-Wert) ist ein Maß für die Wärmeleitung (den Wärmestromdurchgang) durch eine ein- oder mehrlagige Materialschicht, wenn auf beiden Seiten verschiedene Temperaturen anliegen U=W $m^{-2}K^{-1}$. Je höher der Faktor U ist, desto mehr Wärme geht beispielsweise durch ein Fenster verloren.
Wärmeleitfähigkeit	Wärmemenge in Watt (oder Joule pro Sekunde), die durch einen Quadratmeter Baustoff mit der Dicke von einem Meter in einer Stunde hindurchgeht, wenn zwischen den beiden Seiten ein Temperaturunterschied von einem Kelvin besteht: λ = W/mK oder J/(msK); Dämmstoffe haben eine besonders niedrige Wärmeleitfähigkeit.
Wärmeschutz	Begrenzung des Wärmeverlustes durch Bauteile wie Wände und Decken.
Wärmestrombilanz	Bilanz aus den dem Stall zugeführten, im Stall anfallenden und aus dem Stall fortgeführten Massenströmen.
Wasserdampfbilanz	Bilanz aus den dem Stall zugeführten, im Stall anfallenden und aus dem Stall fortgeführten Massenströmen des Wasserdampfes.
Zuluft	Zuluft ist die gesamte dem Raum zuströmende Luft.
Zugluft	Kältereiz, der nur auf einen kleinen Teil des Körpers trifft, sodass Thermoregulationsmechanismen nicht „anspringen".

Auslaufhaltung

3.4 Gruppenauslaufhaltung, Bewegungsställe

Gruppenhaltung eignet sich für Ponys und Großpferde, Freizeit- wie Sportpferde, wenn die Tiere aneinander gewöhnt sind und zueinander passende Pferde zusammengestellt werden. Voraussetzung sind weitgehend gleichbleibende Gruppen. Die Eingliederung neuer Pferde in bestehende Gruppen muss behutsam und fachgerecht erfolgen. Für die Eingewöhnung neuer oder die Behandlung kranker Pferde sind einige Einzelboxen vorzusehen.

In der Gruppenauslaufhaltung werden der Liege-, Auslauf- und Fressbereich räumlich getrennt angeordnet, damit sich die Pferde mehr bewegen. Barrieren sorgen für möglichst lange Wege. Die Pferde können ihren Aufenthaltsbereich im Stall oder im Freien nach Belieben wählen und damit ihr Bedürfnis nach Futter und Wasser, frischer Luft und Abwechslung ebenso befriedigen wie nach Sozialkontakt und Fellpflege. Das Auseinanderziehen der Aufenthaltsbereiche erleichtert die bedarfsgerechte Versorgung und wirkt der Konzentration der Pferde an bevorzugten Stellen entgegen, auch bei beschränktem Raumangebot. In größeren Räumen, also Auslauf und Liegeflächen, erleichtern Raumteiler das Ausweichen rangniedrigerer Tiere. Dabei müssen Sackgassen und tote Winkel vermieden werden, damit unterlegenen Tieren ein Fluchtweg verbleibt.

Natürlich muss eine art- und leistungsgerechte, d.h. individuelle Versorgung mit Rau- und Kraftfutter, aus physiologischen Gründen zeitlich gut über den Tag verteilt, ohne Futterneid und Verletzungsgefahr gewährleistet sein. Die Fütterung wird in den Laufhof oder in benachbarte Flächen verlagert, damit die Liegebereiche ausschließlich als Ruheräume dienen.

Damit ein ranghöheres Tier nicht gleichzeitig Tränke und Futter blockieren kann, werden die Tränken möglichst weit vom Fütterungsbereich entfernt im Freien installiert. In größeren Anlagen werden die Versorgungseinrichtungen so platziert, dass die Pferde nur über Umwege von einer zur anderen Station kommen.

Ein Beispiel für eine Gruppenauslaufhaltung zeigt Abbildung 33.

In größeren Reitbetrieben mit verschiedenen Pferden/Ponys mit unterschiedlicher Nutzung und Nutzungsintensität (Sport, Wettkampf, Ausbildung, Zucht) bietet es sich an, verschiedene Haltungssysteme innerhalb eines Betriebes zu verwirklichen, entweder in mehreren Gebäudekomplexen oder auch unter einem Dach.

Ställe

Übersicht 16: Überblick über Abmessungen

Gruppenauslauf-haltung	Faustformel (ohne Platz für Fressstände)	das ergibt pro Pferd ** Wh = 1,67 m	das ergibt pro Pony ** Wh = 1,40 m
Liegefläche*	$(2 \times Wh)^2$	ca. 11 m²	ca. 9 m²
Auslauf/Lauffläche 100 m² plus	$n \times 2 \times (2 \times Wh)^2$	ca. 22 m²	ca. 16 m²
Einzäunung (Höhe)	$0{,}8 - 0{,}9 \times Wh$	ca. 1,50 m	ca. 1,25 m

Abkürzungen: n = Anzahl der Tiere, Wh = Widerristhöhe (Stockmaß)
** Die angegebenen Maße beziehen sich auf durchschnittlich große Pferde/Ponys mit einem Stockmaß von 1,67 m bzw. 1,40 m. (Maße für Fressstände: siehe Seite 82)

Abb. 33: Mehrraumlaufstall mit Fressständen für fünf bis sechs Pferde

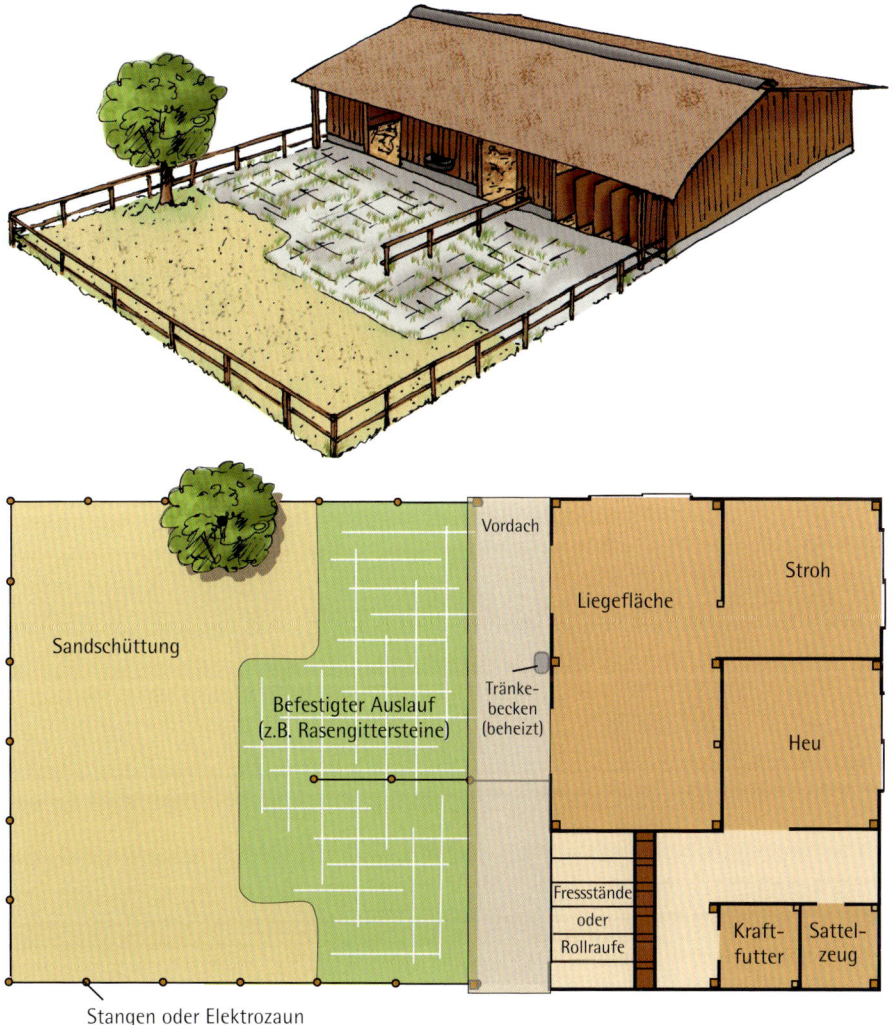

Das Beispiel zeigt den Rexhof, hier fand schon 1984 ein Seminar der Deutschen Reiterlichen Vereinigung zum Thema „Pferdehaltung in Gruppen" statt. Der Rexhof beherbergte seinerzeit 125 Pferde, Großpferde und Ponys, Schul-, Privat- und Ausbildungspferde sowie eine Zuchtherde.

Abb. 34: Kombination Boxen- und Gruppenhaltung am Beispiel des Rexhofes

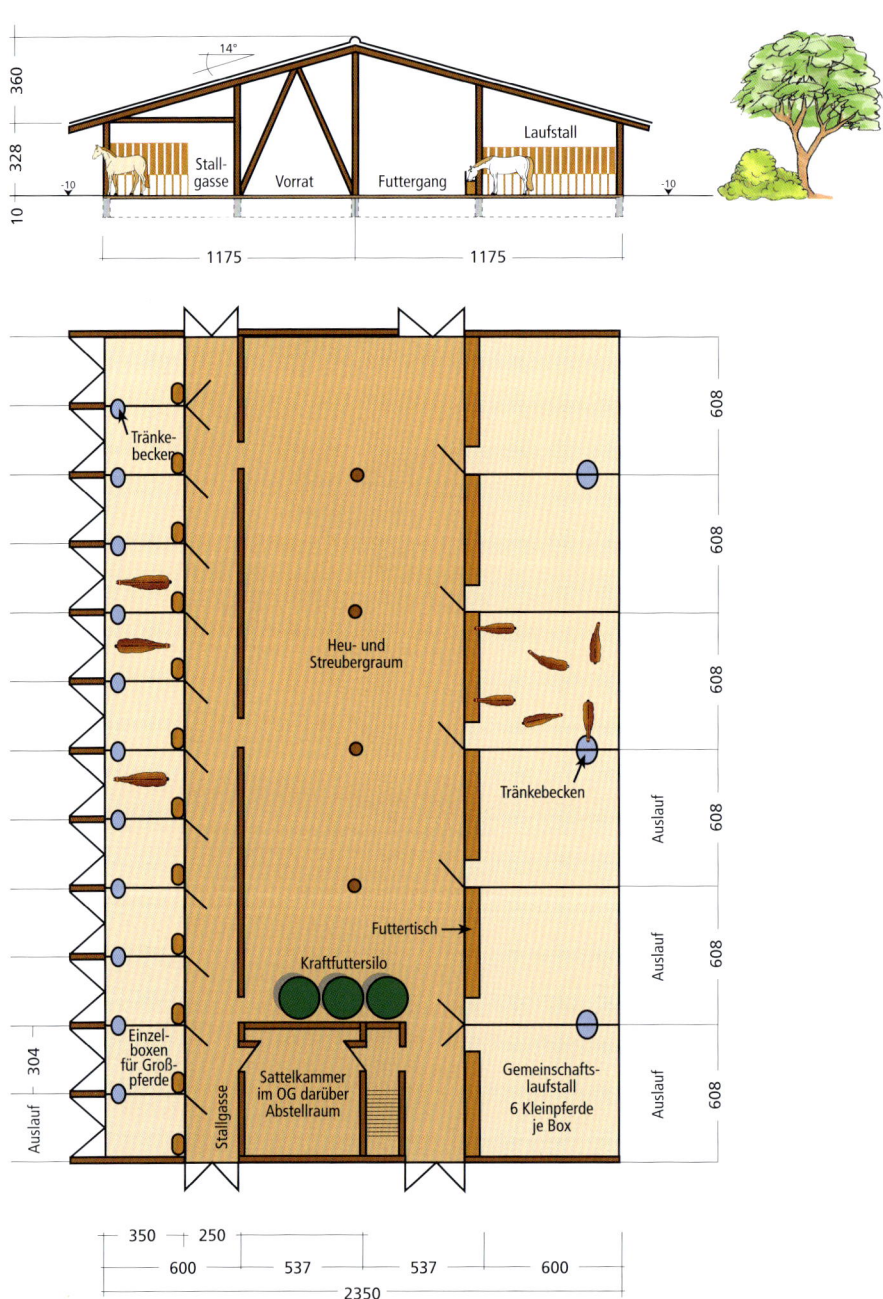

Ställe

Liegeflächen, Auslauf, Einzäunung

Die eingestreuten Liegeflächen werden so bemessen, dass alle Pferde gleichzeitig ruhen können, also wie bei der Boxenhaltung etwa zwei mal Widerristhöhe zum Quadrat $[(2Wh)^2]$. Grundsätzlich ist günstig, zwei Liegeräume vorzusehen und wie gesagt sowieso Raumteiler.

Der Zugang vom Liegebereich zum Auslauf soll möglichst zur windgeschützten Seite liegen. Grundsätzlich sind zwei Türöffnungen erforderlich, um eine Blockierung des Einganges durch ranghohe Tiere zu vermeiden. Die Türen sollen mindestens 1,60 m breit sein, damit zwei Pferde aneinander vorbeikommen, oder mit nur etwa 1 m zu schmal, als dass sich zwei Pferde hindurchzwängen wollen. Ein größeres Tor, mindestens 3 x 3 m ist zusätzlich für das Befahren mit dem Schlepper vorzusehen. Besonders beziehen sich diese Maße auf Altbauten, da im Neubaubereich meist eine ganze Seite offen bleibt.

Hier kommt ein schlanker Mensch hindurch, ohne das Tor öffnen zu müssen

Der Auslauf ist der wichtigste Aufenthaltsbereich der Pferde. Er soll mindestens 100 m² plus das Doppelte der zweifachen Widerristhöhe zum Quadrat pro Pferd betragen $[2 \times (2 \times Wh)^2]$. Um witterungsbedingte Nutzungseinschränkungen zu vermeiden, müssen diese Flächen sorgfältig angelegt, eventuell befestigt werden.

Das gilt besonders für die Bereiche rund um Tränken oder Futterplätze. Hierfür können zum Beispiel Betonverbundsteine, Rasengittersteine oder Gummi- beziehungsweise Kunststoffmatten oder -raster verwendet werden. Letztere müssen lage- und formstabil sein, auch nach Frost. Teilflächen mit losen Schüttungen, in der Regel Sand, zum Wälzen der Pferde sind natürlich wünschenswert, haben sich aber nur bei größeren Freiflächen bewährt, da kleine Flächen zu schnell verschmutzen.

Eine sichere Wasserabführung bei starken Regenfällen wird durch ein leichtes Gefälle im Laufhof begünstigt, das ist auch deshalb sinnvoll, weil sich sonst unhygienische Pfützen bilden können. In Höhenlagen mit viel Schneefall empfiehlt es sich, den Auslauf teilweise zu überdachen.

Als Einzäunung werden massive Zäune eingesetzt, Höhe: mindestens 0,8 bis 0,9 mal Widerristhöhe, mit zwei oder drei Querverstrebungen. Abhängig von der Größe der Anlage und vom Pferdebestand können auch sichtbare Elektrozäune ausreichen. Die eingesetzten Materialien müssen witterungsbeständig sein.

Solche überstehenden Enden sollten vermieden werden • • • • •

Für Pflege oder Versorgung werden genügend große Einfahrttore benötigt, damit die Lauffläche mit Maschinen befahren und somit arbeitssparend gepflegt werden kann.

In größeren Beständen erleichtert eine Schleuse das Herausholen einzelner Pferde.

Weitere Hinweise zur Einzäunung siehe Kapitel 7.

Großzügiger Fressplatz im Laufhof, der per Frontlader befüllt werden kann

Fütterungseinrichtungen

Die Pferde sollen entsprechend ihren physiologischen Bedürfnissen nach kontinuierlicher Futteraufnahme und Beschäftigung möglichst über den Tag verteilt an Vorratsraufen „weiden" können. Die Futterration wird so berechnet, dass die Pferde möglichst viele Stunden am Tag fressen müssen. Dafür werden gleichzeitig genügend Plätze benötigt, mindestens 80 cm pro Pferd, plus ein bis zwei Ausweichplätze. Wird Heu oder Silage mehrstündig zur freien Verfügung (ad libitum) angeboten, ist eine einheitliche Zusammensetzung der Gruppen hinsichtlich Typ und Leistung nötig, damit keine Über- oder Unterversorgung erfolgt. Muss Raufutter rationiert werden, dann soll zumindest Stroh ganztägig zur Verfügung stehen. Die Kraftfutterversorgung muss ebenfalls dem Bedarf entsprechen, wobei durch angepasstes Management und/oder Gestaltung der Fütterungseinrichtungen die Verletzungsgefahr durch Futterneid möglichst minimiert wird.

Auch bei Fütterungseinrichtungen ist darauf zu achten, dass keine Abmessungen entstehen, die eine Gefahr für ein Verklemmen des Kopfes oder eines Hufes darstellen.

Anbinden, Futtereimer

Beim Anbinden der Pferde oder Umhängen von Futtereimern ist die Stellung in der Gruppe zu beachten: Das ranghöchste Tier wird als erstes angebunden oder mit dem Futtereimer versorgt und als letztes befreit.

Durchfressgitter

Zwischen den 50 mm starken senkrechten Rohren oder Rundhölzern ist bei Pferden ein lichter Abstand von 30 bis 35 cm erforderlich: Der Kopf soll problemlos hindurchgesteckt und auch

Übersicht 17: Möglichkeiten der Fütterung

	Möglichkeiten der Fütterung		
	manuell	automatisch	
Raufutter	Anbinden	Fressstand	mit zeitgesteuertem Zugang
	Durchfressgitter	Rollraufe	
	Raufen	Fressstand	mit individueller Tiererkennung
	Rollraufe	Durchlaufstation	
Kraftfutter	Anbinden	Fressstand	mit individueller Tiererkennung
	Futtereimer	Durchlaufstation	

Ställe

zurückgezogen werden können, das Pferd darf sich jedoch nicht mit der Schulter hindurchzwängen wollen. Werden die Rohre mit T-Schellen befestigt, ist eine Anpassung an verschiedene Altersgruppen möglich. Die obere Stange soll von der Standfläche aus bei Großpferden mindestens 2,40 m hoch sein. Die untere Stange muss sich so dicht am Boden befinden, dass kein Huf hineingeraten kann.

Ist der Stall in mehrere Buchten unterteilt, muss der Übergangsbereich geschlossen oder vergittert sein, damit die Pferde nicht von außen den Kopf in die Nachbarbucht stecken können, da bei dem Versuch, den Kopf schnell zurückzuziehen, schon schwere Verletzungen vorgekommen sind. Noch sicherer ist es, jedes zweite Feld zu schließen. Möglich ist auch der Einsatz von oben offenen Palisadengittern aus Metall oder Holz.

Bei Tiefstreu muss berücksichtigt werden, dass die Einstreuschicht im Laufe der Stallperiode höher wird, daher darf die Sohle des Troges nicht zu tief liegen.

Raufen
Die eckige oder runde Raufe zur Aufstellung im Laufhof ist vor allem für kleinere Bestände geeignet, wenn sie stabil ausgeführt ist. Der allseitig mögliche und übersichtliche Zugang kommt rangniedrigen Tieren zugute. Es sind auch Varianten mit Dächern erhältlich. Allgemein ist darauf zu achten, dass die Ecken und Kanten abgerundet und die Dächer gegebenenfalls hoch genug angebracht sind.

Abb. 35: Durchfressgitter Laufstall

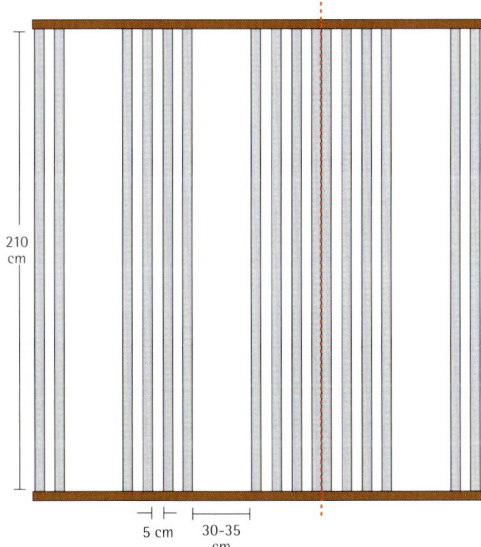

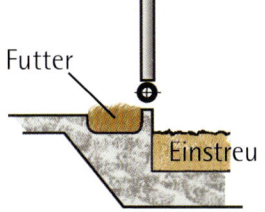

Abb. 36: Rollraufe

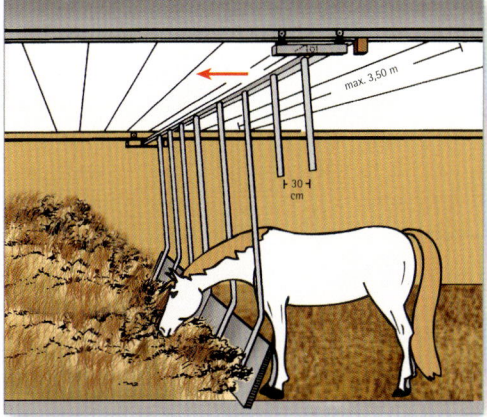

Rollraufe
Die Rollraufe wird von den Pferden in den Futterstock geschoben. Sie hängt pendelnd in Schienen. Ein Bodenbrett sorgt dafür, dass das Futter fressgerecht etwas angehoben wird. Die Fressbreite beträgt pro Pferd etwa 80 cm. Bei leicht futtrigen Pferden wird eine Futterbegrenzung notwendig, die zum Beispiel durch einen zeitgesteuerten Vorhang, ein Tor oder eine mechanische Arretierung der Rollraufe erreicht werden kann.

Eine andere Möglichkeit der eingeschränkten Vorratsfütterung bietet die Beimischung von Stroh. Der Entmischung wird durch Anbringen von Vorsatzgittern entgegengewirkt. Die Stäbe müssen stabil sein, Stababstände maximal 7 cm.

Die Länge der Fressstände ist notwendig, damit ein „Herausbeißen" von hinten unmöglich ist. Die Stände dürfen nicht zu breit sein, damit sich die Pferde nicht umdrehen können und um zu verhindern, dass sich ein zweites Pferd hineinzuzwängen versucht.

Fressstände

Durch Fressstände wird eine gezieltere individuelle Kraft- und Raufuttervorlage möglich.
Abbildung 37 zeigt Fressstände und Grundriss einer Kompaktanordnung für vier Pferde, die bereits vor 20 Jahren auf der Eurocheval gezeigt wurden (A. Kurz, U. Schnitzer, K. Zeeb, 1988). Natürlich sind auch Ausführungen mit Metallstäben möglich. Hinsichtlich der Materialstärke und Verarbeitung gelten die in Kapitel 3.6 beschriebenen Mindestanforderungen.

Die Trennwände sollen ein Durchbeißen der Tiere verhindern, müssen jedoch so durchlässig sein, dass Blickkontakt möglich bleibt. Dichte Wände führen gerade bei rangniedrigen Tieren zu vermehrter Unruhe, hastigem Fressen und häufigem Verlassen der Stände.

Während der Kraftfuttergabe können die Tiere natürlich auch angebunden oder mittels geeigneter Vorrichtungen von hinten eingeschlossen werden.

Abb. 37: Fressstände aus Holz

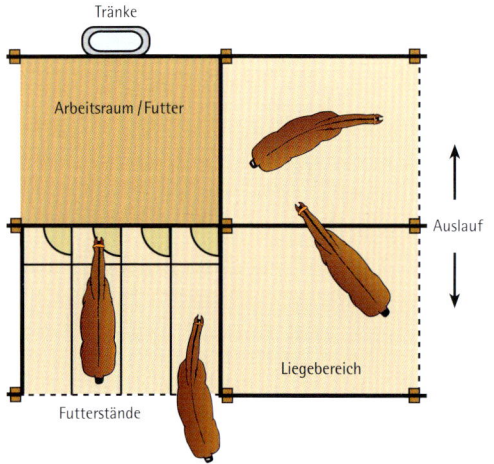

Übersicht 18: Maße für Fressstände

Länge (Wh x 1,8)	ca. 3,00 m
Breite, maximal	0,80 m
Höhe (Wh x 1,1)	1,80 m
Bodenabstand der untersten Seitenbegrenzung maximal	0,50 m
Abstand zwischen den Seitenbegrenzungen maximal	0,10–0,12 m
Trogsohle, Höhe: mindestens maximal	0,20 m 0,60 m

Ställe

Fütterungssysteme mit individueller Tiererkennung

Nach jahrelanger Zurückhaltung und Skepsis haben inzwischen automatisch gesteuerte Fütterungsanlagen in der Pferdehaltung Einzug gehalten. Sie erlauben zugleich die Vorratsfütterung wie die individuelle Portionierung. Die Tiererkennung erfolgt über die Radiofrequenzidentifizierung (RFID) mittels Niedrigfrequenz-Transpondern (Low Frequency, LF-Transponder), die an Halfter oder Halsriemen befestigt oder implantiert werden. Die Ableseeinheit befindet sich am Fressstand beziehungsweise an der Futterstation, die Steuerung erfolgt über einen Computer mit Fütterungsprogramm.

Abrufstation im Fressstand

Eine Abrufstation im Fressstand zeigt Abbildung 38. Jeder Fressplatz ist mit einer elektronisch verriegelten Klappe versehen, die nur mit dem vorgegebenen Code geöffnet werden kann. Das einzelne Pferd erhält nur Zugang zu einem bestimmten Fressplatz. Öffnet sich die Klappe, ist das Raufutter zugänglich. Kraftfutter wird über einen Dosierer ebenfalls portionsweise über den Tag verteilt zeitgesteuert zugewiesen.

Futterautomaten für Raufutter

Futterautomat für Raufutter

Bei relativ einfachen Lösungen wird ein Vorratsbehälter mit der Tages- oder Mehrtagesration befüllt und gibt eine festgesetzte Futtermenge zu den eingestellten Zeiten frei. Das Raufutter rutscht dabei entweder in eine Raufe oder es öffnet sich ein Vorhang, Tor oder Schieber aus Metall. Das Futter wird also zeitgesteuert für die ganze Gruppe freigegeben, was dazu führen kann, dass sich einige Tiere überversorgen und rangniedrige Tiere leer ausgehen.

Abb. 38: Individuelle Fütterung

(System FAL)

Dieses Problem lässt sich durch den Einsatz mehrerer entfernt liegender Stationen, durch Fressstände oder dadurch mindern, dass die Raufutterzuteilung ebenfalls nur nach elektronischer Tiererkennung erfolgt.

Die Futterzuteilung kann dabei so eingestellt werden, dass langsamen Fressern mehr Zeit zugestanden wird. Darf ein Tier kein Heu bekommen, dann bleibt der Fressplatz für dieses Tier gesperrt. Zumindest Stroh soll, wie gesagt, zur freien Aufnahme zur Verfügung stehen.

Durchlauffressstation

Durchlaufstation für Kraftfutter

Für die Kraftfutterversorgung kommt eine Abrufstation zum Einsatz, die von hinten betreten und nach vorne verlassen wird. Die einzelnen Pferde werden ebenfalls anhand ihres Chips erkannt. Am zentralen Computer werden die Futtermenge, die Fresszeit und der Rhythmus der Wiederholungen geregelt. Auch die Festlegung unterschiedlicher Futtermischungen, also unterschiedlich gehaltvoller Rationen ist möglich. Die Fütterungsprogramme zeichnen auf, ob und wie oft die einzelnen Tiere die Futterstation aufgesucht haben.

Die Gestaltung der Futterstation muss gewährleisten, dass das Pferd in Ruhe fressen kann, ohne dass andere Pferde herankommen. Ein Problem stellten längere Zeit die so genannten Warteschleifen vor sowie ein zu langer Verbleib in der Station dar. Das wird heute gemindert, indem zwischen Aus- und Eingang längere, möglichst abwechslungsreiche Strecken zurückgelegt werden müssen, die Anlage also insgesamt großzügig ausgelegt wird, und indem mehrere Durchlaufstationen vorgesehen werden.

In großen Auslaufanlagen bestehen lange Strecken zwischen den Funktionsbereichen

Ställe

Die Funktionsbereiche Kraft-, Raufutterstation und Tränke werden also weit auseinandergezogen und sind nur über längere Wege, möglichst als Rundlauf angelegt, zu erreichen.

Bei einer automatischen Steuerung der Rau- und Kraftfutterzuteilung ist es wie bei der Fütterung von Hand günstig, die Fresszeiten für Raufutter vor die Kraftfutterzuteilung zu legen.

Abschließend sei zu diesem Kapitel betont, dass die Überwachung und Kontrolle der Pferde möglichst mehrmals am Tag auch bei Einsatz automatischer Fütterungssysteme sichergestellt bleiben muss, da nur so Krankheiten, wie zum Beispiel Kolik, oder Verletzungen rechtzeitig erkannt werden können. Dabei muss tatsächlich jedes Pferd auch genau angeschaut werden, weil man eben nicht wie bei der Fütterung von Hand seine Pferde automatisch im Blick hat und sofort merkt, wenn etwas nicht stimmt.

Tränken
Die Tränken müssen leicht zu reinigen und frostsicher sein. Infrage kommen elektrobeheizte Schalentränken oder isolierte Kugeltränken (weitere Ausführungen zu frostsicheren Tränken finden sich in Kapitel 3.6).

Frostsichere Tränke

3.5 Laufstall

Im Laufstall werden größere Gruppen in einem Raum gehalten, normalerweise mit unmittelbarem Zugang zur Weide. In Zuchtbetrieben sind Laufställe verbreitet. Häufig werden Altgebäude genutzt, die gegebenen Gebäudeverhältnisse bestimmen dann die Gestaltung. Die Lauffläche muss auf jeden Fall so groß sein, dass rangniedrige Tiere ausweichen können. Das ergibt einen Mindestflächenbedarf (Fress- und Liegebereich zusammen) gemäß der Faustformel n x (Wh x 2)²:

Absatzfohlen	Jährlinge	Zweijährig und älter
7 m²	9 m²	11 m²

n = Anzahl der Tiere, Wh = Widerristhöhe (Stockmaß)

Laufställe haben in der Regel Tiefstreu und sollen zur Arbeitsersparnis mithilfe von Frontladern ausgemistet werden können. Daher sind gerade Entmistungsachsen und ausreichend weite Abstände zu eventuell vorhandenen Stützen oder Raumteilern sowie große Tore vorzusehen. Empfehlenswert ist aus hygienischen Gründen ein nicht zu langer Abstand zwischen der Totalentmistung. Bei Tiefstreu ist eine großzügige Einstreu besonders wichtig.

Die **Deckenhöhe** soll mindestens 1,8 x Widerristhöhe betragen. Hinsichtlich des **Stallklimas**, der Lüftung und gegebenenfalls Wärmedämmung gelten die in Kapitel 3.3 beschriebenen Grundsätze.

Der Stutenstall in Marbach

3.6 Boxenställe

Bis in die siebziger Jahre des 20. Jahrhunderts wurden Reitpferde überwiegend in Anbindeställen gehalten, was nicht mehr zeitgemäß und in einigen Bundesländern verboten ist. Die Haltung wenigstens in Laufboxen von einer Größe, dass die Pferde ungehindert liegen und sich in einigen Schritten bewegen können, gilt heute als Mindestanforderung. Grundsätzlich müssen Haltungsformen, in denen jedes Pferd über einen eigenen Aufenthaltsbereich verfügt, nicht weniger tiergerecht sein, als eine Gruppenhaltung.

Bei Einzelhaltung in Boxen, möglichst mit angeschlossenem Kleinauslauf, muss unter dem Aspekt der sozialen Integration lediglich darauf geachtet werden, dass passende Pferde nebeneinanderstehen. Die individuelle Futterzuteilung ist gewährleistet. Rangauseinandersetzungen um Futter gibt es nicht und die Ruhemöglichkeiten sind durch das soziale Gefüge nicht beeinflusst. Die brusthoch geschlossenen Trennwände simulieren für die liegenden Tiere Abstand, der in Wirklichkeit nicht vorhanden ist. Im Übrigen erleben sich die Pferde im Boxenstall durchaus als Gruppe, was zum Beispiel durch die Begrüßungen zurückkehrender Pferde zum Ausdruck kommt.

Auch Boxenställe (Einzelaufstallung) können als geschlossener (wärmegedämmter) Stall **oder** Offenstall konzipiert werden. Ein Beispiel für Boxen im Offenstall zeigt das Foto in Kapitel 3.2, Boxen im geschlossenen Stall eines vorhandenen Gebäudes sind am Ende dieses Kapitels zu sehen. Für alle Einrichtungen, mit denen Pferde in Berührung kommen können, gilt der Grundsatz, dass sie so gestaltet werden, dass Verletzungen an scharfen oder vorstehenden Kanten, das Festklemmen der Pferde selbst, einzelner Gliedmaßen oder des Kopfes weitgehend ausgeschlossen sind!

Boxen, Zwischenwände, Türen

Die empfohlenen Maße für Boxen zeigt Übersicht 19:

Die Faustformeln für Fläche und schmalste Seite gehen vom Flächenbedarf des liegenden Pferdes aus. Bei durchschnittlich großen Pferden ergibt sich das Boxenmaß von etwa 3,50 x 3,20 m. Auch ein Langformat von zum Beispiel 3,00 x 4,00 m ist möglich. Das erweitert die Bewegungsmöglichkeiten der Pferde ein wenig und bei Ställen mit Stallgasse kann platzsparender gebaut werden. Die schmale Seite muss mindestens 1,8 x Widerristhöhe betragen, damit sich das Pferd problemlos umdrehen kann.

Übersicht 19: Maße für Boxen

	Maße für Boxen		
	Richtwert für Mindestgröße	Maße für durchschnittlich große	
		Pferde (Wh = 1,67)	Ponys (Wh = 1,40)
Fläche	$(2 \times Wh)^2$	ca. 11 m²	ca. 8 m²
schmale Seite	1,80 x Wh	3,00 m	2,50 m
Trennwandhöhe			
oben offen	0,80 x Wh	1,35 m	1,10 m
Oberteil vergittert	1,30 x Wh*	2,20 m	1,80 m
geschlossen	1,45 x Wh	2,40 m	2,00 m
Türen (Höhe)	1,5 x Wh	2,50 m	2,10 m
halbierte Tür, Höhe untere Hälfte	0,80 x Wh	1,30 m	1,10 m
Krippe (Richtwert Sohle)	1/3 x Wh	0,55 m	0,45 m

Wh = Widerristhöhe (Stockmaß)   * für Großpferdehengste 1,45 x Wh

Für Zuchtpferde (Stute mit Fohlen oder Hengste) sind größere Boxenflächen als in der Übersicht angegeben, vorzusehen: mindestens 12, besser 16 Quadratmeter. Nebenbei sei erwähnt, dass Stuten und Hengste nicht in unmittelbar benachbarten Boxen mit Berührungs-, Sicht- und Geruchskontakt untergebracht werden sollen.

Die genannten Faustformeln beziehen sich auf die Größe der Pferde/Ponys. Bei der Planung eines Stalles geht man in der Regel von der durchschnittlichen Pferde-/Ponygröße aus. Es ist jedoch empfehlenswert, einige Boxen mit großzügigen Abmessungen und/oder flexiblen Abtrennungen von vornherein mit einzuplanen, für die Einstellung einiger besonders großer Pferde oder Zuchtpferde oder für den Fall, dass zwei kleinere Pferde oder Jungpferde zusammengestellt werden sollen.

Zwischenwände

Die Entscheidung, ob vergitterte oder teilweise offene Boxentrennwände gewählt werden, hängt von der Art und dem Schwerpunkt des Betriebes ab – siehe auch Abbildung 39. Grundsätzlich gilt, dass sich die Pferde gegenseitig sehen und außerdem einen größeren Teil des Stalles überblicken sollen, da Pferde neugierig und an ihrer Umwelt interessiert sind, also, wie die Verhaltensforscher sagen, ein ausgeprägtes „Erkundungsverhalten" zeigen. Die Trennwände sollen daher möglichst durchlässig gestaltet sein. Sie werden an Standsäulen aus Stahlrohr oder Holz befestigt, die entweder in Beton eingespannt oder bis zur Decke hochgeführt und dort befestigt werden.

In Reitbetrieben sind die Trennwände zumindest zwischen den Tieren im unteren Teil bis etwa 1,30 m häufig geschlossen. Für den geschlossenen Teil werden Hartholz, 40 mm dick (zum Beispiel Eiche, Lärche, Robinie ohne Rinde/Kambium), oder schlagfeste, in mehreren Schichten verleimte Sperrholzplatten, mindestens 25 mm dick, verwendet. Die senkrechten Bretter werden normalerweise in U-Stahlprofile gefasst und können ausgewechselt werden.

Abb. 39: Gestaltung von Zwischenwänden

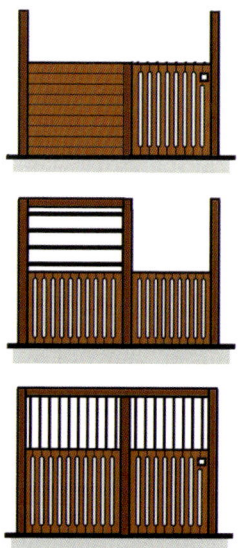

Stallgasse • • • • • • • • • • • • •

Aus Gründen des Umweltschutzes sollen möglichst keine Tropenhölzer eingesetzt werden. Zumindest ist darauf zu achten, dass alle verwendeten Hölzer aus kontrolliertem Anbau stammen, also das „FSC-Siegel" tragen. Der weltweit agierende „Forest Stewardship Concil" (Rat für Wald-Verantwortung) zertifiziert Wälder und legt die Bedingungen für Holz fest, das aus legaler und nachhaltiger Holzbewirtschaftung stammt, in der die Vielfalt der Pflanzen und Tiere erhalten und auf die sozialen Bedürfnisse der einheimischen Bevölkerung Rücksicht genommen wird.

Werden gemauerte Zwischenwände eingesetzt, dann muss auf ausreichende Standfestigkeit geachtet werden, zum Beispiel indem ein voller Stein vermauert wird. Daher beanspruchen Mauern mehr Raum.

Öffnungen im unteren Bereich geschlossener Boxenwände, zum Beispiel Schlitze oder Gitter, dienen zur Verbesserung des Luftaustausches. Sie werden auf jeden Fall zur Stallgasse hin vorgesehen, möglichst auch zu den anderen Seiten.

Abmessungen und Varianten

Der Bodenabstand der Zwischenwände darf maximal 5 cm, bei Fohlen 2 cm betragen. Um Verletzungen durch ein Hängenbleiben der Hufe zu vermeiden, dürfen die Abstände im Schlagbereich höchstens 5 cm betragen oder – nur wenn sich die Pferde gut kennen – über 20 cm, damit der Huf gefahrlos zurückgezogen werden kann. Also: lichte Abstände zwischen 5 und 20 cm vermeiden!

Im Kopfbereich muss der Abstand etwa 17 cm sein, damit der Kopf nicht hindurch gesteckt oder über 30 cm, damit er gefahrlos zurückgezogen werden kann. Also: lichte Abstände zwischen 5 und 17 sowie zwischen 17 und 30 cm vermeiden!

Der Gitteraufsatz im oberen Teil der Zwischenwände besteht häufig aus senkrechten Rohren. Sie sollen einen halben Zoll (1/2") dick sein, mit höchstens 50 mm lichtem Zwischenabstand. Die verwendeten Rohre müssen stabil sein, mit einer Wandstärke von mindestens 2,65 mm, Querverbindungen sorgen für weitere Stabilisierung. Bei längeren oder horizontal angebrachten Rohren soll die Wändstärke 3,25 mm betragen.

Waagerecht verlaufende Rohre haben den Vorteil, dass man die Pferde auch bei schräger Sicht besser sieht, daher sind sie vor allem in der vorderen Boxenwand beliebt. Der Abstand zwischen den Querstangen soll nicht über 17 cm liegen, da Pferde mit schmalem Kopf – kleiner Jochbeinabstand – diesen sonst unter Umständen hindurch stecken und verklemmen können. Die Rohre sollen dick genug sein, mindestens 1,5 bis 2,5 Zoll (> 3 cm). Abstände zwischen 5 und 17 cm sollen ebenfalls vermieden werden.

Durchlässige Boxentür

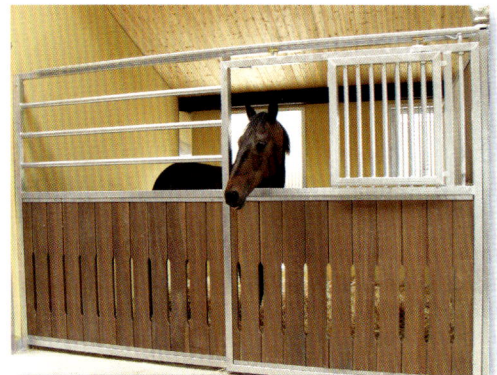
Waagrechte und senkrechte Rohre zum Vergleich • •

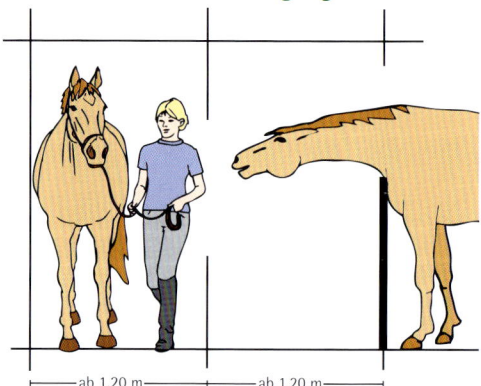
Abb. 40: Breite von Durchgängen

Die Anforderungen an Materialstärken müssen unbedingt beachtet werden. Leider erscheinen immer wieder Billiganbieter auf dem Markt, die Rohre oder Stäbe mit ungenügender Materialstärke verwenden. Diese bergen ein erhebliches Verletzungsrisiko für die Pferde, da sie durch einen kräftigen Schlag brechen oder verbiegen können.

Aus dem gleichen Grund müssen die Rohre oben und unten oder je nach System auf beiden Seiten zu mindestens 80 Prozent in verdeckten Löchern verschweißt werden. Unzureichend verschweißte oder nur mittels eines oder mehrerer Schweißpunkte befestigte Rohre sind abzulehnen, da hier zum Beispiel passieren kann, dass das Rohr bei einem Schlag aus der oberen Führung springt und sich verbiegt, sodass der Huf hindurchpasst – rutscht er zwischen den Gitterstäben herunter, kann der Huf mit schweren Verletzungsfolgen unter Umständen wie bei einem Fangeisen festgehalten werden.

In Betrieben mit weitgehend gleichem Pferdebestand und durch gemeinsamen Koppelgang gefestigte Rangordnung kommen auch Boxen ohne Gitteraufsatz infrage. Bei allen ständig offenen oder halb offenen Varianten mit viel Publikumsverkehr ist allerdings sicherzustellen, dass das Publikum nicht durch die Pferde gefährdet wird. Die Stallgassenbreite muss also gegebenenfalls angepasst sein.

Wenn sich die vordere Zwischenwand ganz aufklappen lässt, kann die einzelne Box per Hofschlepper entmistet werden.

Türen der Box
Die Türbreite muss mindestens 1,20 m betragen, auch für kleinere Pferde. Im Einsatz sind Flügeltüren und Schiebetüren.

Flügeltüren sollen von der Gasse aus gesehen links angebracht sein, also nach rechts anschlagen, da das sicherer ist: Droht die Tür beim Betreten der Box zuzufallen, kann die links gehende Person eingreifen, in umgekehrter Richtung beim Verlassen der Box gibt die Tür nach. Ist die Tür rechts also falsch angebracht, kann das Pferd beim Betreten der Box an der Hüfte hängen bleiben, ohne dass der auf der anderen Seite gehende Führer das merkt – siehe Abbildung 41.

Schiebetüren sollen ebenfalls nach links öffnen. Die obere Schiene wird mindestens 2,40 m hoch angebracht, damit sich die Pferde nicht den Kopf stoßen können. Schiebetüren müssen gegen Ausheben und Herausfallen aus der oberen Führungsschiene gesichert sein, ebenso im unteren Bereich, damit sich ein Huf nicht verklemmen kann.

Der Türverschluss soll sich von innen wie außen – durch die Menschen, aber nicht die Pferde – leicht öffnen lassen.

Ställe

Abb. 41: Drehrichtung Boxentüren

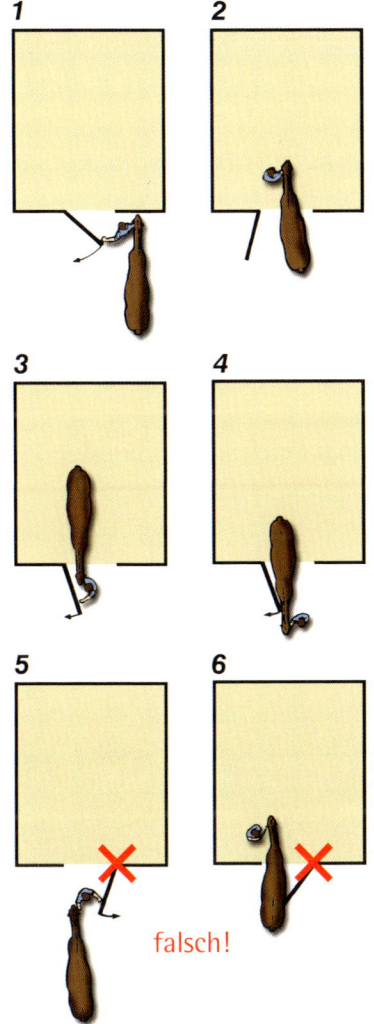

falsch!

Wird der Trog an der gemeinsamen Boxenwand angebracht, dann soll die Trennwand in diesem Bereich geschlossen sein. Ist keine Futterluke vorgesehen, muss der Futtermeister in die Box gehen. Das hat den Vorteil, dass er das ganze Pferd automatisch im Blick hat.

Abb. 42: Futterluke und Futtertröge

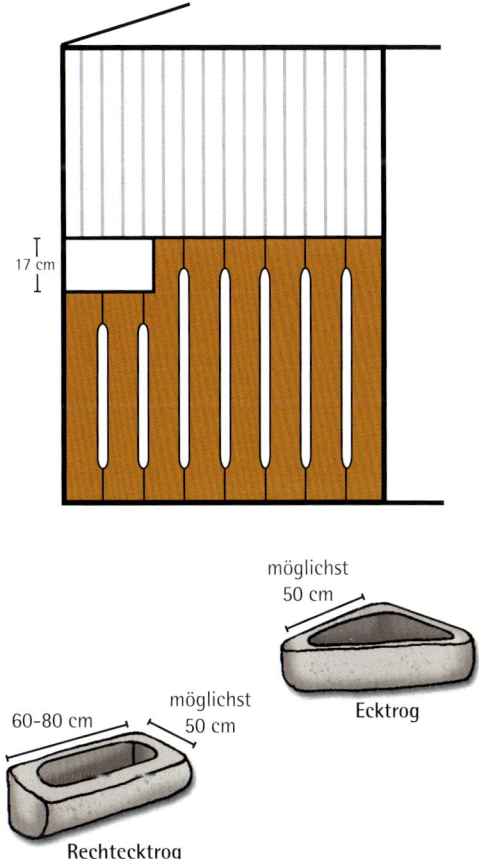

Tröge und Tränken

Die Tröge befinden sich üblicherweise an der der Stallgasse zugewandten Boxenwand, damit nicht jede Box einzeln betreten werden muss und die Fütterung zur Vermeidung von Unruhe im Pferdestall möglichst schnell geleistet werden kann. Die Befüllung der Tröge erfolgt von außen über Futterluken. Die Anbringung erfolgt meistens seitlich an der vorderen Boxenwand, damit die Pferde ruhig fressen, möglichst nicht an beiden Seiten der gemeinsamen Boxenwand.

Die Tröge sollen keine scharfen Kanten haben und groß genug sein, damit die Pferde eventuelle Fremdkörper aussortieren und feinere Partikel „wegblasen" können. Die inneren Ecken sollen abgerundet und die Oberfläche soll glatt sein, damit der Trog leicht zu reinigen ist. Sehr empfehlenswert ist eine verschließbare Reinigungsöffnung am tiefsten Punkt des Troges.

Die Krippensohle soll sich etwa ein Drittel der Widerristhöhe über der Standfläche befinden, dadurch werden eine physiologische Fresshaltung und besserer Speichelfluss möglich – siehe Abbildung 43. Früher war es üblich, Tröge und Tränken so hoch anzubringen, dass die Pferde nicht hineinäpfeln konnten. Das wird heute jedoch als zu hoch angesehen. Erfahrungsgemäß neigen im Übrigen nur einzelne Pferde dazu, hineinzuäpfeln oder in den Trog zu steigen. Für diese Pferde soll eine Einzellösung gewählt werden, zum Beispiel Einsatz eines nach außen dreh- oder kippbaren Troges und/oder einer Ball- oder Deckeltränke.

Abb. 43: Anbringung von Futtertrögen

Die **Selbsttränke** soll möglichst weit entfernt vom Futtertrog installiert werden, da viele Pferde das Futter gerne einweichen und die Tränken auf diese Weise verschmutzen. Daher ist die beste Anbringung diagonal gegenüber oder auch im Freien, wenn ständiger Zugang besteht. Allerdings muss auch die Selbsttränke laufend kontrolliert und nötigenfalls gereinigt werden – das ist weniger aufwendig, wenn die Tränke an der vorderen Boxenwand liegt. Außerdem halten sich Pferde normalerweise mit dem Kopf in Richtung Stallgasse auf; die Gefahr, in die Tränke hineinzuäpfeln, ist somit geringer.

Selbsttränken sollen einzeln abstellbar sein. Die Wasserzuleitungen zu den Tränken sollen in größeren Beständen in kleineren Einheiten getrennt abstellbar sein, damit bei Beschädigung und Reparaturen nicht alle Pferde von Hand getränkt werden müssen.

Pferde sind Saugtrinker, sie trinken daher lieber aus Tränken mit stehendem Wasser, außer-

Selbsttränke und Raufutterraufe in der Außenfläche platziert

dem stört sie Spritzen von Zungentränken. Also bevorzugen Pferde Schwimmertränken.

Tröge und Tränken müssen aus lebensmittelechtem Material sein.

Frostschutz:
Zur Verhinderung des Einfrierens von Tränken in Kalt- oder Offenställen gibt es mehrere Möglichkeiten:
▶▶ Zirkulationssysteme (Ringleitungen): direkte Erwärmung des Tränkewassers nach Prinzip des Durchlauferhitzers, Umwälzung durch Pumpe, teilweise mit Alarm bei Störungen. Die Tränkwasserleitungen im Vor- und Rücklauf müssen wärmegedämmt sein und alle Leitungsabschnitte durchströmt werden. Über Thermostate wird die Heizung zum Beispiel bei 4 °C angeschaltet und, wenn das Wasser wärmer als zum Beispiel 6 °C wird, wieder ausgeschaltet.
▶▶ Stark isolierte Kugel- oder Schalentränken oder sogenannte Weidepumpen, Zuleitung über frostsicher im Boden verlegte Leitung (> 1 m tief, je nach Gegend), Anbringung der Tränke auf Beton- oder isoliertem Kunststoffrohr, Erwärmung über Erdwärme (ohne Strom) oder per Zusatzheizung.
▶▶ Tränkebeckenheizung: Am Wasserzulauf befindet sich ein Heizkabel, -stab oder -ring, der die Wasserzuleitung und das Tränkebecken erwärmt, Steuerung über Thermostat, der erforderliche Transformator soll außerhalb der Reichweite der Pferde installiert werden, natürlich muss auch die Zuleitung frostgeschützt sein.
▶▶ Heizband als Rohrbegleitheizung, selbstregulierendes halbleitendes Heizelement zwischen zwei Kupferleitungen.

Bei Einsatz elektrischer Systeme ist eine Gefährdung von Tier und Mensch durch schadhafte Leitungen durch korrekte Absicherung mittels FI-Schutzschalter auszuschließen. Stromleitungen müssen außerdem durch geeignete Schutzrohre vor Tritt oder Verbiss geschützt sein. Bei Isolie-

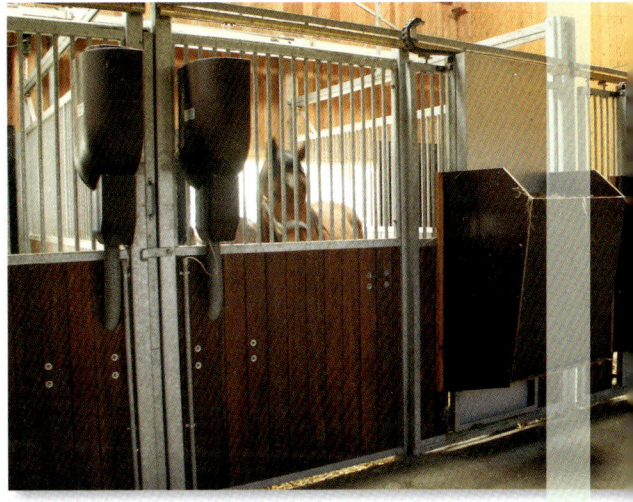

Rau- und Kraftfutterdosierung in der Box

rungen dürfen keine Ritzen oder Löcher frei bleiben, da sonst leicht passieren kann, dass Mäuse hineinkommen und die Isolierung zerstören.

Automatische Fütterung
Auch in der Boxenhaltung können automatische Fütterungssysteme für Kraft- und außerdem für Raufutter eingesetzt werden. Das hat folgende Vor- und Nachteile.

Vorteile:
▶▶ Gleichzeitige Vorlage des Futters bei allen Pferden vermindert Unruhe im Stall zur Futterzeit,
▶▶ physiologisch sinnvolle Verteilung der Tagesration auf mehrere kleinere Portionen ohne Mehraufwand,
▶▶ die Arbeit des Fütterns und die strenge Zeitbindung entfallen.

Nachteile:
▶▶ Investitionsbedarf,
▶▶ Aufwand an Betrieb, Überwachung und Wartung der technischen Anlagen,
▶▶ Verringerung des individuellen Kontaktes der Betreuer zum Pferd und der unter anderem für die Erkennung von Krankheiten wichtigen laufenden Beobachtung.

Futterwagen an Deckenschiene • • • • • • • • • •

Erhältlich sind Vorratsbehälter, die mit der Hand oder automatisch mit Kraftfutter oder Futtermischungen befüllt werden und die, je nach System, innerhalb wie außerhalb der Box angebracht werden. Die automatische Befüllung erfolgt mittels Rohrleitungen oder über einen Futterwagen, der an Deckenschienen durch den Stall läuft. Aufwendigere Systeme erlauben die Versorgung jeder Box mit einer eigenen Futtermischung. Die Zeiten und Futtermenge werden entweder direkt am Gerät eingestellt oder zentral per Computer gesteuert.

Die unter Gruppenauslaufhaltung in Kapitel 3.4 zu automatischer Fütterung niedergelegten Hinweise gelten auch für die Boxenhaltung.

Boxenboden

Der Boden einer Box sollte rutschfest, eben, widerstandsfähig und leicht zu reinigen sein, außerdem nach Vorschrift der meisten Landesbauordnungen wasserundurchlässig oder so beschaffen, dass aufgrund der Haltung ausgeschlossen ist, dass Abgänge versickern.
Üblich sind:
▸▸ rau abgezogener Ortbeton
▸▸ Betonverbundsteinpflaster
▸▸ Gussasphalt
▸▸ Ziegelpflaster

Die beiden erstgenannten Böden sind leicht zu verlegen und zu reinigen, die Härte des Bodens muss jedoch durch reichliche Einstreu kompensiert werden. Asphalt hat gegenüber Beton einen etwas niedrigeren Wärmedurchgangswert. Ungeziefer, Bakterien können in Asphalt nicht eindringen, er ist somit besonders gut zu reinigen und hat noch den Vorteil, dass er durch Belastung griffiger wird. Geeignet sind auch Hartbrandziegel, hochkant verlegt. Ziegel, die nicht stark gebrannt sind, nutzen relativ schnell ab.

Verschiedentlich kommen auch Gummimatten oder Kunststoffplatten zum Einsatz. Sie haben den Vorteil, dass sie rutschfest und schalldämmend sind, allerdings ist die Haltbarkeit geringer als die der oben genannten Pflaster und sie können problematisch sein, wenn in den Fugen, unter oder an den Rändern der Matten Fäulnisherde oder hygienisch bedenkliche Schmutznester entstehen. Auch sind die Materialen teilweise nicht gegenüber Pflegematerialien, zum Beispiel Putzmittel oder Huföl, beständig.

Einstreu ist auch hier notwendig, da andernfalls Harnverhaltung und Änderung des Ausruhverhaltens beobachtet wurden. Außerdem kann der „Stoppeffekt" bei Drehbewegungen die Gelenke belasten. Und schließlich dient die Stroheinstreu der Beschäftigung.

Der Stallboden soll wegen besserer Luftzirkulation möglichst auf gleicher Höhe mit der Stallgasse liegen, da die für Matratzenstreu um 10 bis 20 cm tiefer gelegten Böden aus stallklimatischer Sicht weniger günstig sind. Ein leichtes Gefälle erleichtert die Reinigung.

Stallgasse, Außentüren

Die Stallgasse soll im einreihigen Boxenstall mindestens 2,50 m und im zweireihigen Boxenstall mindestens 3,00 m breit sein, damit man aneinander vorbei kommt und das Pferd problemlos wenden kann (siehe Abbildung 44).

Im Bereich der Stallgasse muss der Boden nicht wasserundurchlässig sein. Die Stallgasse muss griffig, haltbar und leicht zu reinigen sein. Besonders verbreitet sind Betonverbundstein-, Ziegel- und Stirnhartholzpflaster oder faserverstärkter Quarzestrich, eventuell rutschhemmend mit Kunststoff- oder Gummischnitzeln versetzt sowie Asphalt. Für die Minderung des Hufgeklappers sorgen schalldämpfende Materialien wie Pflaster aus Gummigranulat, Gummimatten oder Holz. Nach jahrelanger Nutzung glatt gewordene Böden können mithilfe von Spezialmaschinen aus dem Straßenbau aufgeraut werden.

Die Außentüren sollten breit genug sein – möglichst 3 m – damit die Stallgasse mit dem Traktor befahren werden kann. Die Mindesthöhe von 2,50 m ist für die Pferde vorzusehen. Sofern Schlepper mit Frontlader für das Ausmisten oder Einstreuen mit Großballen eingesetzt werden, sollen die Tore 3 m hoch sein. Bei drehbaren Toren muss eine Sicherung gegen Ausheben aus den Angeln vorhanden sein, Schiebetore sind gegen Herauslaufen aus der Schiene und gegen Ausheben zu sichern.

Abb. 44: Mindestraumbedarf beim Führen und Wenden

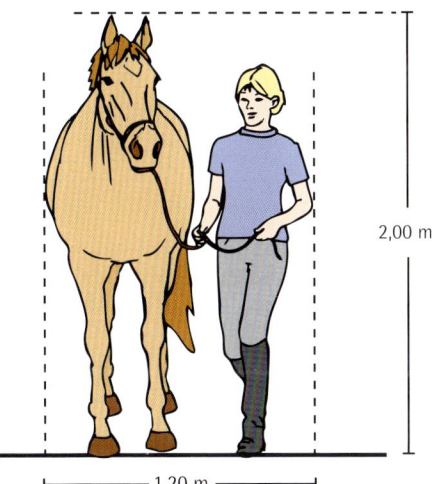

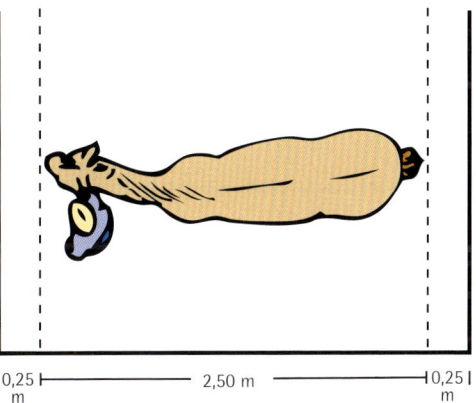

Außenflächen vor der Box:
Türen, Belag und Einzäunung

Wie am Anfang dieses Kapitels erwähnt, bietet eine der Box vorgelagerte Außenfläche zwar wenig mehr Bewegung, aber doch sehr positive Umwelt-, Klimareize und eine Erweiterung sozialer Kontaktmöglichkeiten. Die Erfahrung zeigt, dass die Pferde solche Flächen gerne annehmen und einen größeren Teil des Tages draußen verbringen. Das gilt bereits, wenn die Freifläche nur so groß ist wie die Box selbst. Steht mehr Platz zur Verfügung, haben die Pferde mehr Bewegungsfreiheit. Empfohlene Maße für die Tür zur vorgelagerten Freifläche zeigt Abbildung 45.

Kleine Flächen sollen befestigt werden, um die Pflege zu erleichtern. Dazu eignen sich Betonverbundsteine, Asphalt oder sonstige rutschfeste Platten oder Gitter. Zusätzlicher Bewegungsanreiz entsteht, wenn Tränke und/oder Raufutter außerhalb des Stalls angeboten werden.

Wie bei der Gruppenhaltung soll die Einzäunung stabil sein, empfohlene Höhe: 0,8 bis 0,9 mal Widerristhöhe. Es ist darauf zu achten, dass an Übergangsbereichen oder Toren keine Lücken entstehen, in denen sich der Kopf oder Huf eines Pferdes verklemmen kann.

Empfehlenswert ist auch hier die Verwendung von Abgrenzungen, die sich öffnen lassen, damit die Pflege mittels Schubkarre oder Hofschlepper zeitsparend möglich ist. Um die kleine Fläche der Freifläche nicht einzuschränken und soziale Kontakte zu ermöglichen, soll kein Elektrozaun verwendet werden.

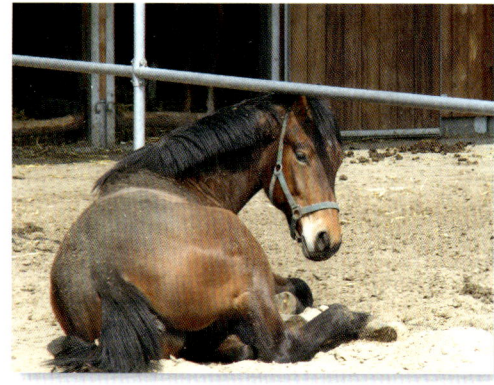

Hier ist die untere Querstange reichlich hoch • • • •

Als Windschutz können an den Türöffnungen zum Auslauf hin 15 bis 20 cm breite PVC-Streifen angebracht werden.

Die hier abgebildeten Windschutzstreifen lassen sich auch zur Seite schieben • • • • • • • • • • • • •

Abb. 45: Außenklappen

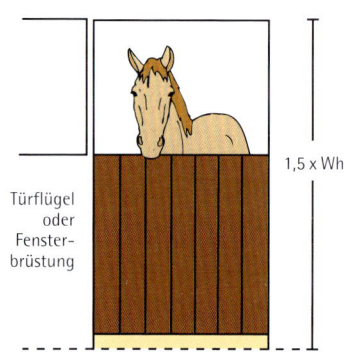
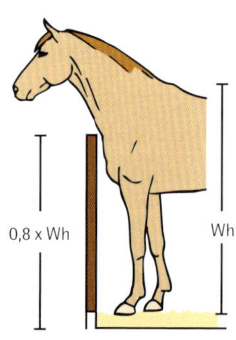

3.7 Futter- und Einstreulagerung

Vorrats- und Lagerräume werden für einen arbeitswirtschaftlich effektiven Ablauf den Ställen unmittelbar zugeordnet. Folgende Futtermittel und Einstreumaterialen sind gebräuchlich:
- Kraft- oder Ergänzungsfuttermittel
- Heu
- Heulage
- Grünfutter
- Futtermöhren
- Stroh
- Holzspäne

Raufutter muss trocken und luftig gelagert werden

Der Raumbedarf richtet sich nach der Anzahl und Nutzung der Pferde, den eingesetzten Futtermitteln oder Einstreumaterialien sowie der gewünschten und wirtschaftlichen Lagerdauer. Diese kann im Einzelfall durch Kosten-Nutzen-Anlayse geprüft werden.

Allgemein gilt, dass die Preise für **Kraftfutter** wie Hafer, Gerste, Misch- oder Ergänzungsfutter in der Regel keinen größeren jahreszeitlichen Schwankungen unterliegen, sodass hier von einem Monat Lagerdauer ausgegangen werden kann.

Besonders für **Heu oder Heulage** schwanken die Preise je nach Jahreszeit erheblich, sodass hierfür im Allgemeinen Lagerraum für ein ganzes Jahr empfohlen wird. Die Verfütterung von Heulage hat in den letzten Jahren zugenommen, da die Ernte nicht ganz so witterungsabhängig sowie die Staubentwicklung geringer als bei Heu ist und deshalb ein geringeres Risiko für Atemwegserkrankungen oder Allergien besteht. Damit eine ordnungsgemäße Gärung stattfinden kann, wird das Erntegut verdichtet und in Ballen durch Spezialmaschinen mit mehreren Folien-Schichten umwickelt.

Als **Einstreu** ist weiterhin Getreidestroh das Beste, da es zugleich auch der Raufutterversorgung und Beschäftigung dient. Es hat dabei eine sehr gute Saugfähigkeit und Strohmist kann als Dünger weiterverwertet werden. Strohhäcksel oder Strohpellets können auch eingesetzt werden, wenn die Qualität sichergestellt ist (Trocknung, Entstaubung) und führen zu verringertem Mistaufkommen. Strohpreise schwankten jahrelang jahreszeitlich kaum, sodass eine dreimonatige Lagerkapazität ausreichte. Heute werden jedoch Stroh und Strohprodukte besonders in nassen Sommern und durch den vermehrten Anbau von Raps und Mais zur Energiegewinnung immer knapper und damit teurer. Daher können hierzu keine allgemeingültigen Empfehlungen mehr gegeben werden. In landwirtschaftlichen Betrieben oder wenn die Bergung des Strohs durch den Betrieb selbst organisiert werden kann, wird für Stroh eine ganzjährige Lagerkapazität vorgesehen.

Zur Stroheinstreu gibt es folgende Alternativen, wobei immer darauf zu achten ist, dass die Raufutterversorgung sichergestellt ist (auch nachts): Holzspäne (Weichholz) sind unabhängig von der Ernte verfügbar, aber auch hier kommt es auf die Qualität an, sodass Abfälle aus Sägewerken häufig ungeeignet sind, insbesondere, wenn sie zu feucht gelagert wurden, von behandeltem Holz stammen oder anderweitig verunreinigt sind. Speziell als Einstreu aufbereitete, entstaubte Späne oder Granulate eignen sich dagegen sehr gut und bieten zudem die Vorteile, dass Pferde mit Atemwegsproblemen weniger husten und die Saugkraft höher als bei Stroh ist. Allerdings muss die Verwertung des Mistes geklärt sein, da Spänemist nicht unmittelbar als Wirtschaftsdünger einsetzbar und eine Kompostierung wesentlich aufwendiger ist.

Flachs-/Leinstroh fällt bei der Verarbeitung der Lein-Pflanze an; es besteht aus gereinigten „Schäben", zeigt hohe Saugkraft und schnelle Verrottung. Allerdings ist es für Wechselstreu weniger geeignet. Hanfstroh entsteht ähnlich wie Leinstroh nach der Verarbeitung der Pflanze zu Fasern, hat hohe Saugkraft und ist gut kompostierbar.

Torf soll nicht verwendet werden, da Torfmoore hierzulande selten geworden sind und erhalten werden müssen und das saure Milieu den Huf schädigen kann.

Übersicht 20: Raumbedarf für Futtermittel und Stroh

Lagergut	Futtermenge [kg/GV und Tag][1]	Raumgewicht [dt/m³], ca.	Leerraumzuschlag [%]	Bruttolagerraum/200 Tage [m³/GV], ca.
Hafer/Kraftfutter				
▸ im Sack	4–5	3,5	20	2,7–3,4
▸ lose	4–5	4,5	15	2,0–2,6
Heu				
▸ lang, lose	5–6	0,75	30	17,3–20,8
▸ Hochdruckballen, 18 kg, gestapelt	5–6	1,7	20	7,1–8,5
▸ Quaderballen, 400 kg	5–6	1,9	15	6,1–7,3
▸ Rundballen, 450 kg	5–6	1,6	30	8,1–9,8
Stroh				
▸ Hochdruckballen, 16 kg, gestapelt	5–10	1,2	20	10,0–20,0
▸ Quaderballen, 400 kg	5–10	1,5	15	7,7–15,4
▸ Rundballen, 450 kg	5–10	1,2	30	10,8–21,6
Anwelksilage (Gärheu) 35 % TS, 350 kg	5–7	4,4	40	3,2–4,5

[1] je nach Art der Pferde, Nutzungsrichtung und Haltungsform variiert die Futtermenge, GV = Großvieheinheit (500 kg)
Quelle: KTBL, 2004 (gekürzt). Für statische Berechnungen DIN 1055 beachten

Für die **Lagerung der Kraft-, Raufuttermittel und der Einstreu** sind trockene, gut durchlüftete, zumindest überdachte, in der Regel geschlossene Lagerräume erforderlich. Futter und Einstreu sollen nicht im Stall oder in Reithallen gelagert werden, damit keine zusätzliche, vermeidbare Staubbelastung geschaffen und das Futter nicht verunreinigt wird. Kraftfutter wird in kleinen Betrieben in der Regel sackweise bezogen, es wird also ein geeigneter Raum für die Lagerung der Säcke benötigt. Für größere Betriebe lohnt sich der Bau eines oder mehrerer Silos, die luftdurchlässig sein sollen, zum Beispiel Lochblech- oder Stoffsilos.

Die **Futterkammer** muss groß genug konzipiert werden, damit Haferquetsche, eventuell Entstaubungsgerät, Futterwagen, Wasseranschluss (warm und kalt) und weitere für die Fütterung benötigte Utensilien, zum Beispiel Ergänzungsfuttermittel, Eimer, Platz finden.

Für die kurzfristige Zwischenlagerung von **Grünfutter** ist eine überdachte Platte im Freien ausreichend (liegt geschnittenes Gras in der Sonne, erwärmt es zu schnell zu stark). **Futtermöhren** werden in kalten, jedoch frostsicheren Räumen aufbewahrt, eventuell lohnt die Anlage einer Miete.

Heulageballen können im Freien gelagert werden, möglichst auf einer Sandschicht, um Mäusefraß gering zu halten. Die Verfütterung eines angebrochenen Siloballens muss innerhalb weniger Tage erfolgen, da sonst das Risiko für Koliken oder Durchfall steigt. Schon beim Einkauf sollte auf Umweltverträglichkeit der Folien bei deren Entsorgung geachtet werden.

Abschließend sei erwähnt, dass landwirtschaftliche Untersuchungsanstalten die Qualität von Futtermitteln oder Einstreumaterialien hinsichtlich ihrer Nährstoff- und Keimgehalte ermitteln können und Empfehlungen zur Rationsgestaltung geben.

3.8 Entmistung, Dunglagerung und Verwertung

Entmistung
Gerade Achsen und genügend breite Zufahrten und Stallgassen erleichtern das Ausmisten. Weiterhin gilt, dass jede Mechanisierung erheblich Zeit und damit Arbeitskosten spart. Das beginnt beim Einsatz eines Hofschleppers mit Frontlader und reicht bis hin zu kompletten Entmistungsanlagen.
Automatische Entmistungsanlagen sollen Arbeit und Zeit sparen. Allerdings ist die Praxistauglichkeit nicht immer befriedigend, daher wird empfohlen, sich konkrete Lösungen in der Praxis anzuschauen.
Folgende Möglichkeiten bestehen:
- Entmistungskanäle zum Hineinwerfen des Mistes von Hand, unterflur unter den Boxenreihen verlegt: Der Transport erfolgt im Kanal kontinuierlich portionsweise mittels Endloskettenanlagen, Förderbändern oder Seilzügen und Mitnehmer. Die Fördereinrichtungen müssen ausreichend dimensioniert sein, um das Verstopfen durch den voluminösen Pferdemist auszuschließen. Grundsätzlich erleichtern gerade Achsen (keine Kurven) den reibungslosen Betrieb, außerdem sollen die Förderwege nicht zu lang sein. Die Einwurfluken und der Kanal müssen stabil abgedeckt und problemlos an jeder Stelle zugänglich sein. Der Mist wird je nach räumlicher Lage direkt zur Dunglagerstätte oder über Rampe oder Förderband auf einen Wagen oder Container gefördert.

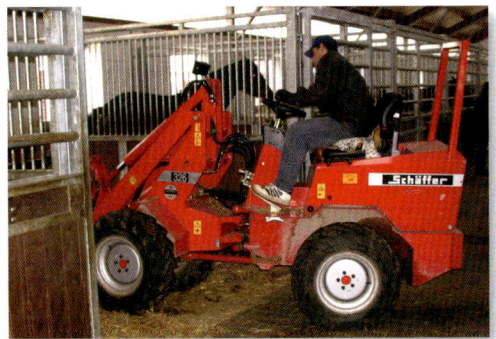

Doppelt zu öffnende Boxenfronten ermöglichen das Ausmisten per Hofschlepper • • • • • • • • • •

Gerade Achsen und durchdachte Zuordnung erleichtern das Ausmisten • • • • • • • • • • •

Schieberanlage außerhalb der Boxen

- Parallel zur Boxenaußenwand verlegte oberirdische seil- oder kettengezogene Schieber oder Schlitten.
- Absauganlagen, die den Mist mittels eines außerhalb des Stalles gelegenen kräftigen Sauggebläses zur Dunglege oder in einen Container befördern. Die Zuführung in die unterflur oder anderweitig verlegten Absaugrohre erfolgt mit der Hand oder per Staubsauger. Auch hier gilt, dass Kurven Schwachstellen sein können und gerade bei unterirdischen Anlagen Fremdkörper wie Steine, Hufkratzer problematische Beschädigungen hervorrufen können.

Dunglagerung (Mistplatz)

Für die **Planung des Mistplatzes** gelten folgende Grundsätze:

- Aus hygienischen Gründen möglichst nicht zu dicht am Stall und an der windabgewandten Seite (Fliegen, Geruch);
- im Halbschatten (Bäume) und Windschatten, um Austrocknung und Auskühlung zu vermeiden;
- Befüll- und Entnahmeseite frei halten, genügend Rangierraum für Frontlader (8 bis 10 m), Zufahrten ausreichend breit und tragfähig für leistungsfähige Schlepper und Lastwagen;
- Betonplatte mit Gefälle zur geschlossenen Seite;
- bei größerer Entfernung zwischen Stall und Mistplatz kann der täglich anfallende Mist in einen Wagen oder Container geladen werden, der bei Karrenentmistung tiefer oder an eine Rampe gestellt wird;
- sofern der Mist zum Beispiel an Champignonzüchter verkauft, an Biogasanlagen abgegeben und/oder kompostiert werden soll, ist eine Trennung von Stroh- und Spänemist erforderlich.

Pferdeställe brauchen keine Jaucheableitung. Unterhalb des Mistplatzes wird jedoch teilweise immer noch der Bau kostenaufwendiger Jauchesammelgruben gefordert, obwohl das technisch meist nicht erforderlich ist, da Pferdemist viel Feuchtigkeit aufnimmt, sodass bei korrekter Anlage des Mistplatzes kein über die Platte abfließender Feuchtigkeitsüberschuss entsteht. Daher genügt in den meisten Regionen unseres Landes eine ausreichend große betonierte Mistplatte mit etwa zwei Prozent Gefälle zur geschlossenen Seite. Der Mist wird zu Mieten gestapelt, da sich so das Verhältnis von Stapelvolumen zu Stapeloberfläche vergrößert und dadurch Nährstoffverluste begrenzt und die Bindung von Regenwasser zusätzlich erhöht werden.

Miststapel

Ställe

In der auf Bundesebene bestehenden Musterbauordnung werden Ställe seit 2002 nicht mehr behandelt, dafür steht im Wasserhaushaltsgesetz: *"Anlagen zum Lagern und Abfüllen von Jauche, Gülle und Silagesickersäften müssen so beschaffen sein und so eingebaut, aufgestellt, unterhalten und betrieben werden, dass der bestmögliche Schutz der Gewässer vor Verunreinigung oder sonstiger nachteiliger Veränderung ihrer Eigenschaften erreicht wird"* (WHG, § 19g Abs. 2).

Weitere einschlägige Vorschriften finden sich in den Bauordnungen und/oder Wasserhaushaltsgesetzen der Länder, zusätzlich bestehen teilweise außerdem spezielle Regelungen in den Kreisen. Die erforderliche **Größe des Mistplatzes** hängt von der Anzahl der Pferde, von der Lagerdauer und von der Weiterverwertung des Mistes ab.

Folgende Möglichkeiten kommen infrage:
- Eigenverwertung auf landwirtschaftlichen Nutzflächen
- Abgabe (Verkauf) an benachbarte Land-, Gartenbaubetriebe oder Champignonzüchter
- Kompostierung zur Eigenverwertung oder Verkauf, z.B. an Kleingärtner
- energetische Nutzung (Biogasanlagen, Verbrennung)

Erwachsene Pferde scheiden täglich zwischen 10 und 20 Kilogramm Kot und zwischen 5 bis 10 Liter Harn aus. Vermischt mit Einstreu ergibt das eine tägliche Frischmistmenge von 20 bis 35 Kilogramm pro Pferd. In Abhängigkeit von der Einstreumenge und der im Stall verbrachten Zeit ergeben sich folgende Werte:

Stallhaltung [Tage]	Einstreu [t/GV]		
	schwach	mittel	hoch
365	7	9	11
180	3,5	4,5	5,5

t = Tonne, GV = Großvieheinheit/500 kg

Flächenbedarf für die Lagerung von Strohmist

In vielen pferdehaltenden Betrieben wird das Management der Einstreu und des Mistes nicht professionell behandelt. Das führt zu sehr unterschiedlichen Angaben des Flächen- und Raumbedarfs von Strohmist in der Fachliteratur.

Je nach Haltungsform und Einstreumenge kann mit einem durchschnittlichen Flächenbedarf von etwa 2 bis 4 m^2 pro Großpferd bei einer Lagerdauer von sechs Monaten und einer Stapelhöhe von 2 m ausgegangen werden. Die Mistmenge lässt sich reduzieren, wenn gehäckseltes Stroh eingestreut und/oder der Mist zerkleinert wird.

Mistverwertung

Pferdemist ist als Festmist zunächst organischer **Wirtschaftsdünger** und **Humuslieferant**, der auf eigenen Flächen, bei benachbarten vieharmen landwirtschaftlichen Betrieben oder im Gartenbau verwertet werden kann. Diese bringen den Mist entweder frisch auf den Feldern aus oder kompostieren ihn. In früheren Zeiten war die Mistmenge Statussymbol, Zeichen für viel Vieh und Garant dafür, dass die angebauten Erzeugnisse „auf eigenem Mist wachsen" konnten.

Abb. 46: Festmistlager ohne Jauchegrube

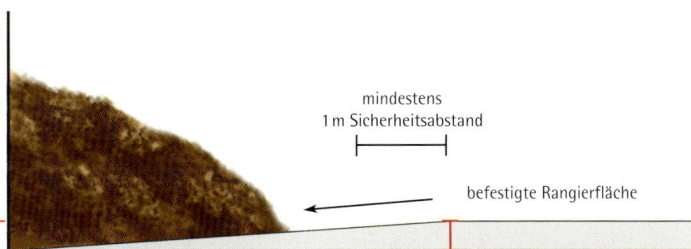

Heute wird Pferdemist eher skeptisch betrachtet, was auch daran liegt, dass er nicht in gleichbleibender Qualität zur Verfügung gestellt wird. Das ist jedoch eine Frage des Managements: So erhöht zum Beispiel Häckseln des Mistes durch Schaufelaufbereiter, Ballenauflöser oder Mistschredder die kompakte Lagerung und damit Gleichmäßigkeit sowie die Verrottungsfähigkeit. Außerdem muss natürlich sichergestellt werden, dass nichts auf dem Misthaufen landet, was dort nicht hingehört, wie Strohbänder, Plastikreste von Siloballen und sonstiger Müll.

Die Nährstoffgehalte variieren je nach Haltungsverfahren, Einstreuart und -menge sowie Art und Dauer der Lagerung, daher ist für die fachgerechte Düngung eine Nährstoffanalyse erforderlich. Der Bedarf einer Fläche ist per Bodenanalyse zu klären, wobei die Kurz- und Langzeitwirkung der Nährstoffe ebenso berücksichtigt werden müssen, wie Ausbringungstermin und -technik, Witterung und Bodenart. Zur Illustration finden sich nachstehend zwei Übersichten: mittlere Nährstoffgehalte im Vergleich zu anderen Nutztieren und in Bezug auf das Haltungsverfahren.

Übersicht 21: Nährstoffgehalte in Wirtschaftsdüngern in Kilogramm

	Menge	TS (%)	N	P_2O_5	K_2O	CaO	MgO
Rindermist	10 t	25	30	14	75	60	20
Pferdemist	10 t	25	32	15	60	30	18
Schafsmist	10 t	25	53	14	80	35	20
Hühnermist	1 t	80	60	39	33	30	8
Bio-Kompost	40 t	50	160	160	320		240

Übersicht 22: Nährstoffausscheidung von Pferden pro Stallplatz und Jahr – Auszug

Kategorie	Produktionsverfahren	N*) kg	P kg	P_2O_5 kg	K kg	K_2O kg
Reitpferd (500 bis 600 kg LM, leichte Arbeit)	Stallhaltung Stall-/Weidehaltung	51,1 53,6	10,2 10,2	23,4 23,4	47,7 55,6	57,5 67,0
Zuchtstuten (600 kg LM, 0,5 Fohlen/Jahr	Stall-/Weidehaltung	63,5	12,2	28,0	61,2	73,8
Reitpony (300 kg LM, leichte Arbeit)	Stallhaltung Stall-/Weidehaltung	34,9 33,4	7,2 6,7	16,5 15,3	39,0 42,3	47,0 51,0

*) Bruttowerte, Lagerungsverluste von 25 Prozent für Festmist nicht eingerechnet

Anmerkung: Die in der Literatur angegebenen Gehalte schwanken ebenfalls recht erheblich, ein weiteres Argument für die Notwendigkeit der Nährstoffanalyse zur Ermittlung der tatsächlichen Werte.

Die **Kompostierung** des Mistes bringt wesentliche hygienische Vorteile, da sich Fliegen und ihre Brut sowie Larvenstadien von Wurmparasiten im Komposthaufen nicht entwickeln können.

Der Kompost kann entweder im eigenen Betrieb zum Beispiel auf Weiden oder begrünten Außenanlagen verwendet oder, mit besseren Verkaufschancen als frischer Mist, verkauft werden.

Die Kompostierung ist ein aerober Vorgang, d.h., dass Sauerstoffzufuhr notwendig ist. Die Mieten werden daher halbkreisförmig, etwa 1,5 bis 2,5 m breit, ein bis 2 m hoch gesetzt, mit 2 m Abstand zur nächsten Miete. Die Seitenflächen der Mieten sollen schräg abfallen, in niederschlagsreichen Gebieten nach oben eher spitz, in niederschlagsarmen Gegenden trapezförmig. Länge der Mieten nach Bedarf.

Das Ansetzen der Miete kann mit einem Stalldungstreuer mechanisiert werden. Für den problemlosen An- und Abtransport, auch nach Regenfällen, ist eine befestigte Zufahrt nötig.

Auf ausreichenden Feuchtigkeitsgehalt soll geachtet werden, da der Rotteprozess am besten verläuft, wenn der Feuchtegehalt zwischen 45 und 60 Prozent beträgt und vor allem trockener Pferdemist zu übermäßiger Erwärmung neigt. Also ist ein Wasseranschluss in der Nähe wünschenswert.

Nach vier bis sechs Wochen ist der pilzliche Verrottungsprozess im Allgemeinen abgeschlossen, die hygienische Aufgabe der Kompostierung damit erfüllt und der so genannte „Frühkompost" entstanden. Nach etwa drei bis sechs Monaten spricht man von „Reifkompost".

Für Kompost, der drei Monate liegt, werden ungefähr 15 m^2/Pferd benötigt. Die Kompostierung von Hobelspänen dauert wesentlich länger, mindestens zwölf Monate, oft mehr. Eine Beschleunigung kann durch den Einsatz spezieller Kompostwürmer erfolgen.

Wärmerückgewinnung aus Pferdemist: Im Institut für Technologie der Bundesforschungsanstalt für Landwirtschaft (FAL) wurden schon vor Jahren Versuche zur Wärmerückgewinnung aus Pferdemist durchgeführt (Schuchardt, Frank: „Versuche zum Wärmeentzug aus Festmist", siehe Literaturverzeichnis): In einem Betrieb wurde ein Wärmetauscher (7,1 m^2) auf den Miststapel aufgelegt, wobei dem Mist von zehn Pferden täglich 1,1 kWh (Kilowattstunden) entzogen wurden. Das entspricht der mittleren Leistung von 48 Watt je Pferd und einem Wärmeentzug von etwa drei Prozent der im Mist enthaltenen Energie. Im konkreten Fall wurde eine Amortisationszeit der Anlage zwischen sechs und acht Jahren errechnet (ohne Bauzeit und Zeit für das Auf- und Umsetzen der Anlage).

In einem zweiten Betrieb (40 Pferde) wurde ein Wärmetauscher in die Bodenplatte und die Seitenwände der Dungstätte eingebaut, wobei täglich 54 kWh Wärme aus dem Mist gewonnen wurden, als mittlere Leistung wurden 56 Watt je Pferd und ein Wärmeentzug von etwa 3,4 Prozent der im Mist enthaltenen Wärme ermittelt.
Es wurden weiterhin die erzielbaren Leistungen und Wärmemengen in Abhängigkeit von der Tierzahl errechnet und die notwendigen Tierzahlen für den Verbrauch eines Vier-Personen-Haushaltes: Für die Deckung der Energie zur Warm-Wasserbereitung reichen bereits relativ geringe Tierzahlen (etwa fünf Pferde, je 500 Kilogramm schwer), während für Heizzwecke große Tierzahlen (etwa 135 Pferde) notwendig wären.

Biogas

Als Biogas wird ein Gasgemisch bezeichnet, das unter Luftabschluss durch mikrobiellen Abbau von organischen Substanzen entsteht. Dieser Prozess wird Vergärung genannt. Zentrale Einheit einer Biogasanlage ist der Fermenter, in dem die Gärung stattfindet. Flüssiges Substrat, meistens überwiegend Gülle, wird mittels Pumpen aus einer Vorgrube oder einem Sammelbehälter hinzugeführt, feste Stoffe über Förderschnecken. Das Gas, vor allem Methan (55 bis 70 Prozent) und Kohlendioxid, wird nach Entschwefelung und Entzug von Wasser einem Verbrennungsmotor zugeführt. Dieser treibt einen Generator an, der Strom erzeugt. Die dabei entstehende Wärme dient einerseits zur Beheizung des Fermenters und kann zusätzlich für die Heizung von Wohngebäuden in der näheren Umgebung genutzt werden. Die Kombination von Verbrennungsmotor, Stromgenerator und Wärmetauscher nennt man Blockheizkraftwerk, siehe auch Kapitel 2.9. Übrig bleibt der Gärrest, der als Dünger verwendet wird.

Durch diverse Fördergelder und garantierte Vergütungen für den in das öffentliche Netz eingespeisten Strom hat sich die Anzahl der Biogasanlagen in Deutschland in den letzten Jahren auf etwa 4.000 versechsfacht (BMU 2008).

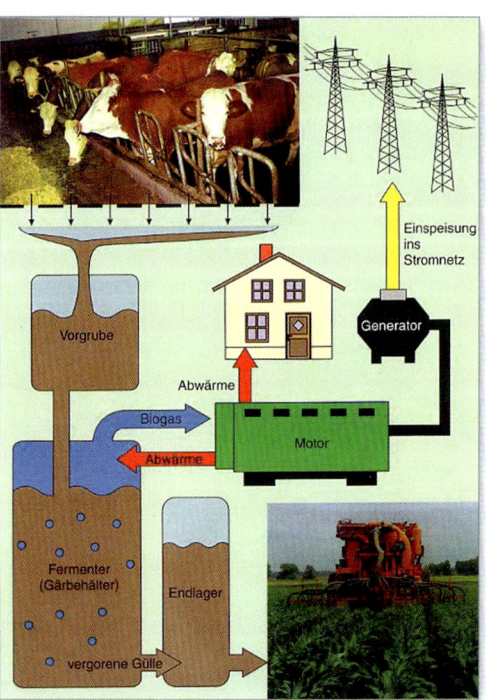

Abb. 47: Prinzipskizze Biogas

Ställe

Die Verwertung von Pferdemist in Biogasanlagen wurde bislang aus förderrechtlichen Gründen abgelehnt, erfreulicherweise hat sich das Anfang 2009 geändert, da das neue Erneuerbare Energien Gesetz (EEG) den Einsatz von Pferdemist nun ausdrücklich zulässt.

Das heißt, dass Anlagenbetreiber nun den Bonus für nachwachsende Rohstoffe von sieben Cent (NawaRo-Bonus) auch für die Zuführung von Pferdemist erhalten. Neu ist außerdem, dass Futterreste aus landwirtschaftlichen Berieben, inklusive der Pferdehaltung, in „NawaRo-Anlagen" eingesetzt werden können. Der Gülle-Bonus, der dafür sorgen soll, dass möglichst viel Gülle statt auf dem Acker in Biogasanlagen landet, kann allerdings für Pferdemist nicht beansprucht werden. Er wird gewährt, wenn ständig mehr als 30 Prozent Gülle vergärt werden.

Vermutlich wird Pferdemist zunächst in prozentual überschaubaren Mengen neben anderen Materialien eingebracht. Zu beachten ist, dass hoher Strohanteil unter Umständen die Gasausbeute reduziert und höhere Betriebskosten für mehr Rühraufwand und/oder der Bedarf einer vorgeschalteten Zerkleinerung besteht. Daher sind Einstreu aus Strohpellets oder Strohmehl besser zu verarbeiten. Hölzerne Komponenten aus Sägespänen müssen außen vor bleiben, da sie nicht vergoren werden können. Zu beachten ist ebenfalls, dass keine Fremdkörper wie Bindfäden mitgeliefert werden, da eine Befreiung der Rührwerke von umwickelten Bindfäden eine äußerst unbeliebte Arbeit ist. Demgegenüber stehen die Vorteile einer Verbreiterung der Substratbasis und dass Pflanzen, die für Biogasanlagen extra angebaut werden, zum Beispiel Mais, ersetzt werden können, und zwar bis zu einem Verhältnis von eins zu zwei (eine halbe Tonne Pferdemist kann eine Tonne Mais ersetzen).

Da der Einsatz von Pferdemist neu ist, liegen genauere Praxiserfahrungen bislang nicht vor.

Übersicht 23: Vergütungen in Cent pro Kilowattstunde

	< 150 kW	< 500 kW	< 5 MW
1. Grundvergütung	11,67 Cent (+ 1 Cent)*	9,18 Cent (unverändert)*	8,25 Cent (unverändert)*
2. Luftreinhaltungsbonus – neu Neuanlagen Altanlagen	1,0 Cent 1,0 Cent	1,0 Cent 1,0 Cent	
3. NawaRo-Bonus-Biogas – neu	7 Cent (+ 1 Cent)*	7 Cent (+ 1 Cent)*	4 Cent (unverändert)*
4. Landschaftspflege-Bonus – neu	2 Cent	2 Cent	
5. Güllebonus	4 Cent	1 Cent	
6. Technologie-Bonus (ohne Gaseinspeisung)	2 Cent (unverändert)*	2 Cent (unverändert)*	2 Cent (unverändert)*
7. Technologie-Bonus (Gaseinspeisung) Neuanlagen Altanlagen	½ Cent [1] 2 Cent	½ Cent [1] 2 Cent	½ Cent [1] 2 Cent
8. KWK-Bonus	0/2/3 Cent	0/2/3 Cent	0/2/3 Cent

Vergütungen werden bis auf Nummer 7 nach Auskunft des BMU anteilig gewährt
* Im Vergleich zum EEG 2004
[1] In Abhängigkeit von der Aufbereitungsanlage

Mistverbrennung

In weiten Teilen der Welt ist Mist von Nutztieren die wichtige Energiequelle schlechthin und wird getrocknet direkt zum Kochen oder Heizen genutzt. Bei hohen Energiepreisen und in Gegenden mit schwieriger anderweitiger Verwertung scheint eine Verbrennung des Mistes auch in unseren Breiten zunehmend attraktiv.

Grundsätzlich bestehen folgende unterschiedliche Ansätze:

▸▸ Direkte Verbrennung frischen Mistes, das setzt hohe Temperaturen voraus, bis diese erreicht sind, werden Holz-Hackschnitzel eingesetzt.
▸▸ Zerkleinerung, dann Trocknen des Mistes, anschließend Brikettierung und schließlich Verbrennung der Briketts.
▸▸ Zusetzen von Pferdemist in ein Biomasseheizwerk.

Die Zusammensetzung des Pferdemistes variiert stark und hängt von der verwendeten Einstreu (Späne sind besser als Stroh geeignet), von der Menge der Einstreu, vom Haltungsverfahren und der Fütterung ab.

Nach Untersuchungen der Universität Hohenheim beträgt der Heizwert je nach Einstreumaterial immerhin zwischen 17 und 20 Megajoule pro Kilogramm, also durchschnittlich 45 Prozent von Heizöl. Pro Jahr errechnet sich ein Betrag von 26.000 Megajoule pro Pferd und Jahr, das entspricht einem Einsparpotenzial von über 2.000 Liter Heizöl.

Trotz dieser positiven Werte ist eine Verbrennung des Pferdemistes bislang nicht verbreitet. Das liegt an den hohen Investitionskosten sowie an rechtlichen und technischen Problemen, sodass insgesamt noch nicht von Praxisreife gesprochen werden kann.

Abb. 48: Schema einer Anlage zur Mistverbrennung

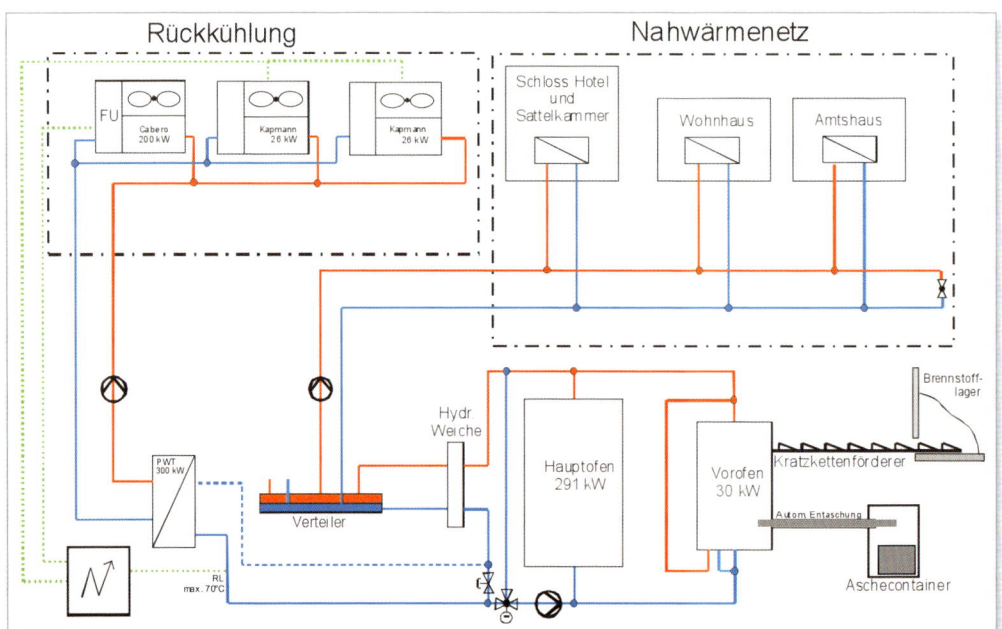

3.9 Nebenräume, Service-Bereiche

Nebenräume der Pferdehaltung sind im funktionellen Zusammenhang mit den Ställen zu planen. Während in kleinen Pferdebetrieben jeweils nur ein entsprechender Raum vollkommen ausreichend sein kann, ist in größeren Anlagen in Abhängigkeit von der Pferdezahl die Einrichtung mehrerer Sattelkammern, Putz-, Waschplätze etc. empfehlenswert, wobei darauf geachtet werden soll, dass die Wege nicht zu lang werden.

Sattelkammer und Treffpunkt

Sattelkammer

Die Sattelkammer dient der Aufbewahrung der Ausrüstung. Wichtig ist die gute Belüftung, ebenso wie ein Waschbecken mit Kalt- und Warmwasseranschluss, empfehlenswert weiterhin der Einbau einer Heizung und eventuell eines Luftentfeuchtungsgerätes.

Abb. 49: Maße Sattel und Trense

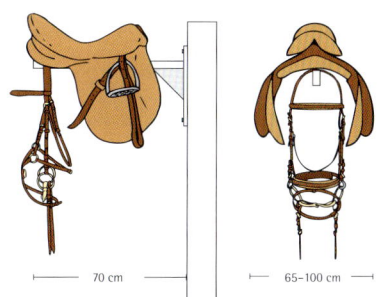

Halterung mit Trense

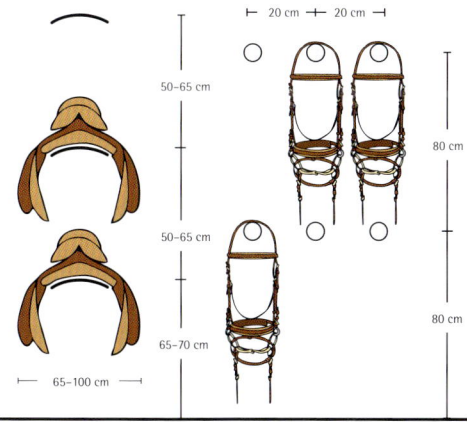

Halterung ohne Trense

Je nach Größe und Schwerpunkt(en) des Betriebes dient die Sattelkammer der Aufbewahrung folgender Ausrüstungsgegenstände: Sättel, Zaumzeuge, Hilfszügel, Longen, Putzzeug, Voltigiergurte nebst Zubehör, Geschirre.

Sinnvollerweise werden für Schul- und Pensionspferde getrennte Sattelkammern vorgesehen. Pferdebesitzer bringen ihre Ausrüstungsgegenstände gerne in Sattelschränken oder in Drahtgeflechtboxen unter, die einzeln abschließbar sind. Diese sollen genügend Platz für zwei Sättel und Trensen, Halfter, Pferdedecken, Longen, Ausbinder, Gamaschen und Bandagen usw. bieten (1,5 bis 2,5 m^2 pro Pensionspferd). In der Sattelkammer soll außerdem genügend Platz für die Pflege der Utensilien, besonders des Lederzeugs, für einen Putzbock und ein Regal oder Schrank für die Pflegeutensilien (Lederfett, Sattelseife, Schwämme, Lappen etc.) sowie Regale oder Schränke für Pferdedecken, zusätzliche Satteldecken, Bandagen etc. vorgesehen werden.

Oft wird außerdem Raum für weitere Ausrüstungsgegenstände, eine Waschmaschine für Pferdedecken und zum Beispiel Turnierkisten benötigt. Der Platzbedarf für Ausrüstungs- und Pflegeutensilien wird häufig unterschätzt, sodass Sattelkammern oft zu klein konzipiert werden.
Der Platzbedarf für Sättel und Trensen kann der Abbildung 49 entnommen werden. Die Wandbreite für ein Fahrgeschirr beträgt ungefähr 60 cm, je Voltigiergurt werden etwa 55 cm benötigt.

Nebenräume für Pferdepflege

Putzplatz

Häufig werden Pferde in der Stallgasse geputzt, aber empfehlenswert ist das wegen der Staubentwicklung und Blockierung der Stallgasse nicht. Besser ist es, einen gesonderten überdachten Putzplatz vorzusehen, empfehlenswert ist ein Putz-(Sattel-)platz je sechs bis acht Pferde.

Auf jeden Fall werden außerhalb des Stalles befestigte Flächen mit geeigneten Anbindevorrichtungen benötigt, damit die Pferde zumindest bei gutem Wetter draußen gepflegt werden können.

Der Boden des Putzplatzes soll griffig und leicht zu reinigen sein und etwa zwei Prozent Gefälle haben. Empfehlenswert sind Wasser- und Stromanschluss zum Beispiel für Pferdestaubsauger, die Schermaschine. Steckdosen müssen sich außerhalb der Reichweite der Pferde befinden.

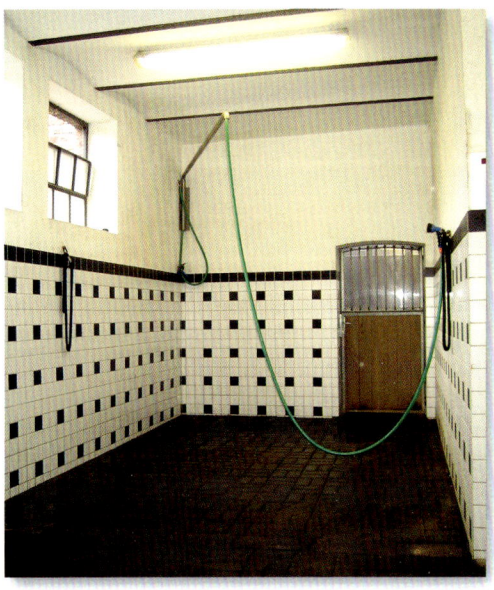

Waschplatz

Konstanthalter empfehlenswert. Der Boden muss auch bei Nässe rutschfest bleiben, mit Gefälle zum Abfluss mit Schmutzfangsieb.

Abb. 50: Waschplatz

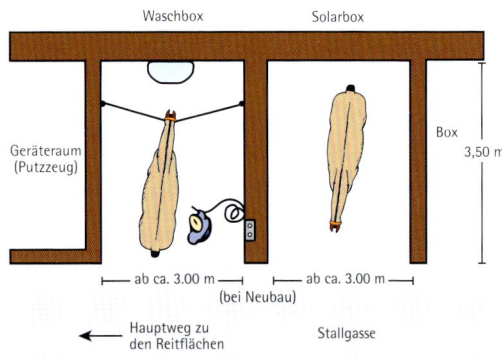

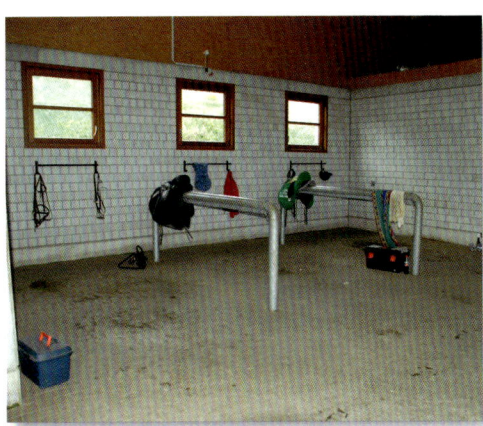

Putzplatz

Waschplatz

Zum Abspritzen der Beine nach dem Reiten oder zum Waschen verschwitzter Pferde dient ein Waschplatz (3,00 x 3,50 m) mit beidseitiger Anbindevorrichtung sowie Wasseranschluss, möglichst kalt und warm. Ein Beispiel zeigt Abbildung 50. Damit nicht unnötig Wasser verschwendet wird, ist der Einsatz druckunabhängiger Durchfluss-

Solarium

Solarien haben sich in der Pferdehaltung bewährt. Die Lampen erzeugen ein Strahlungsfeld, welches dem Sonnenlicht ähnlich ist. Bestrahlte Pferde sind in der Arbeit lockerer und trocknen nach der Arbeit oder dem Waschen schnell wieder ab. Benötigte Breite: mindestens 2,50 m, damit das Pferd leicht gewendet werden kann, Länge etwa 3 m, beidseitige Anbringung, zur Stallgasse hin.

Schmiede

In jeder Pferdehaltung wird eine Arbeitsstätte für den Hufschmied benötigt, wo er gute Arbeitsbedingungen vorfindet.

In größeren Anlagen wird der Beschlagraum der Reitanlage am Besten an einer Stelle untergebracht, wo die Pferde möglichst wenig abgelenkt werden, da jede Ablenkung oder Beunruhigung der Pferde die Arbeit des Schmiedes verzögert. Es müssen immer mindestens zwei Pferde ausreichend Platz finden, da ein Pferd allein oft unruhig steht. Sofern ein Anbindeplatz im Freien genutzt wird, muss die genügend große windgeschützte Fläche überdacht sein, damit witterungsunabhängig ausgeschnitten oder beschlagen werden kann.

Außerdem gilt:
- Arbeitsbreite: 3 bis 4 m, hinter dem Pferd mindestens 2,50 Meter Freiraum (mindestens 20 m²),
- rutschfester, ebener Boden, z. B. Asphalt, Gummiestrich,
- sehr gute, blendfreie Beleuchtung, die Leuchten sollen so angebracht sein, dass sie auch dann nicht erreicht werden, wenn ein Pferd einmal wegspringt.
- Stromanschluss höher abgesichert als sonst in Ställen (16 Ampère).
- In Innenräumen möglichst leistungsfähiger Rauchabzug,
- kein „Durchgangsverkehr".

Der Platz für den Schmied muss so gewählt werden, dass das mobile Schmiedefahrzeug in der Nähe abgestellt werden kann und genügend Arbeitsfläche verbleibt.

Wenn hinter dem Pferd etwa 2,50 Meter Platz bleibt, können Putzplätze auch vom Schmied genutzt werden

Zudem soll eine ebene Fläche zum Vorführen/Vortraben der Pferde unmittelbar zugänglich sein.
In zweireihigen freistehenden Stallgebäuden kann zum Beispiel statt einer letzten Box ein Putz-/Schmiedeplatz eingerichtet werden. Auch die Arbeitsfläche draußen soll möglichst überdacht und windgeschützt sein, damit eine komfortable Arbeit möglich ist.

Stallgerätschaften

Für die Unterbringung der im Stall benötigten Arbeitsgeräte wie Mistforken, Besen, Schaufeln, Schubkarren sollten genügend große Abstellflächen vorgesehen und in größeren Anlagen so verteilt werden, dass nicht zu lange Wege resultieren, weil das die Motivation erhöht, solche Flächen auch zu nutzen.

Wälzplatz

Die meisten Pferde wälzen sich ausgesprochen gerne, es ist daher sehr empfehlenswert, in der Nähe des Stalles einen Wälzplatz von mindestens 5 x 5 m Größe mit einer 20 cm hohen Sandschüttung anzulegen. Wälzplätze tragen nicht nur zum Wohlbefinden der Pferde bei, sondern haben auch den Vorteil, dass sich die Pferde in der Box meistens nicht mehr wälzen und somit die Verletzungsgefahr durch Festliegen sinkt.

Sozialräume

Aufenthaltsräume für Mitarbeiter und Kunden/Mitglieder

In größeren Betrieben trägt ein Aufenthaltsraum (Teeküche) für die Mitarbeiter zu einem guten Arbeitsklima bei, damit sie sich in Pausen oder Freistunden auch mal zurückziehen können. Zweckmäßigerweise wird in diesem Raum der Erste-Hilfe-Kasten für Pferde untergebracht.

Eventuell befindet sich hier weiterhin eine Übernachtungsmöglichkeit für den Fall, dass ein Mitarbeiter nachts nach einem kranken Pferd oder einer fohlenden Stute sehen muss.

Für Mitglieder, Kunden oder Einsteller sind getrennte Aufenthaltsräume und Sitzecken im Freien sinnvoll (siehe auch Kapitel 2). Zumindest ein beheizbarer Aufenthaltsraum ist fast unabhängig von der Betriebsgröße in den meisten pferdehaltenden Einrichtungen sinnvoll.

In größeren Anlagen werden solche Aufenthalts- oder Gasträume und auch das Büro meist der Halle zugeordnet (siehe Kapitel 4).

Umkleideräume, Toiletten

Viele berufstätige Pferdeleute gehen direkt von der Arbeit zum Reiten. Aus diesem Grunde sollen, wie in anderen Sportanlagen längst üblich, Umkleideräume vorgesehen werden, mit abschließbaren Schränken für die persönlichen Kleidungsstücke und Wertsachen.

Weiterhin werden natürlich Toiletten benötigt, getrennt nach Damen und Herren, die Anzahl richtet sich nach der Größe des Stalls; Maße und sonstige Angaben zu behindertengerechten Toiletten finden sich in Kapitel 2.6. Auch Duschen sind mittlerweile vielerorts Standard.

Erste-Hilfe-Raum

Ein Erste-Hilfe-Raum mit Liege und Trage ist sehr zweckmäßig, um die ungestörte Behandlung nach Unfällen zu ermöglichen.

3.10 Behandlungsstand, Isolierbox, Krankenstall

Behandlungsstände können gute Dienste leisten und dem Tierarzt die Arbeit erleichtern.

Zur vorübergehenden Quarantäne neu hinzukommender Pferde, für Gastpferde oder kranke Pferde ist auch in kleineren Beständen eine ständig vorhandene oder schnell einzurichtende Isolierbox nützlich. Isolierboxen sollten so gebaut werden, dass sie mit dem Luftraum des übrigen Stalles nicht in Verbindung stehen und die Ver- und Entsorgung (Füttern und Misten) unabhängig von den anderen Pferden durchgeführt werden kann. Am besten auch durch andere Mitarbeiter. Einfachste Lösung sind einige abseits der Stallanlage aufgestellte Außenboxen mit guter Klimatisierung.

Waschplatz, Behandlungsstand, Solarium und Putzplatz • • •

3.11 Konzipierung und Ausgestaltung eines Deckraums im Pferdezuchtbetrieb

(Prof. Dr. Erich Klug)

Grundsätzliches

Der natürliche Deckplatz ist die Weidekoppel. Ihre Vorteile liegen in der Geräumigkeit des – jeweils wechselnden – Orts und der Trittsicherheit des Bodens sowie in der nicht zu übertreffenden Hygiene. Das Milieu der Grasnarbe, Sonne und Regen verhindern eine bedenkliche Keimanreicherung auf natürliche Weise.

Aus vielerlei Gründen ist eine solche Paarungspraxis im Pferdezuchtbetrieb in unseren Breiten weder üblich noch möglich. Das Deckgeschäft wird daher in einen umschlossenen Raum verlegt. Hierbei haben sich fast traditionelle Einrichtungen entwickelt, die oft weit entfernt von modernen Anforderungen, insbesondere an die Hygiene, sind.

Bei der Erneuerung bestehender und Planung neuer Deckräume sind die nachfolgenden Darlegungen zu berücksichtigen:

Lokalisation des Deckraums

Ein von allen anderen Stallgebäuden getrennt liegender **Standort** des Deckraums wäre wünschenswert. Jedoch ist ein unmittelbarer Anschluss an den Hengststall durchaus vertretbar. Der Standort in sofortigem Anschluss an einen Stutenstall sollte nur ausnahmsweise gewählt werden und nur dann, wenn in der Decksaison **keine hochtragenden Stuten** im benachbarten Stallkomplex untergebracht sind.

Die **Größe** des Deckraums soll eine Grundfläche von circa 8 x 8 m haben und eine Fläche von 6 x 6 m nicht unterschreiten, wobei ein annähernd quadratischer Grundriss beibehalten wird. Die lichte Höhe des Raumes muss in allen Bereichen mindestens 4 m betragen und zum Zentrum hin, dort wo das Deckgeschäft stattfindet, nach Möglichkeit größer sein. Nur bei ausreichender Deckenhöhe werden Verletzungsrisiken ausgeschlossen.

Die **Belichtung** erfolgt durch ein hoch angebrachtes Fensterband; die künstliche Belichtung wird durch ein mildes, streuendes Licht von oben, das einer mittleren Tageslichtstärke entspricht, sichergestellt.

Die **Seitenwände** können aus einfachem Mauerwerk bestehen. Die Wandoberfläche muss leicht zu reinigen sein (wasserabweisender Latexanstrich). Eine Verkleidung der Wände mit Holz oder Gummipolsterplatten – wie gelegentlich anzutreffen und oft empfohlen – bietet keine Vorteile. Eher sind Nachteile hygienischer Art zu befürchten. Die Hohlräume zwischen Verkleidung und Mauerwerk sind nur schlecht zu belüften und begünstigen die Ansiedlung und Überdauerung von Keimen aller Art. **Fensterluken und Türöffnungen** sind so anzulegen, dass eine gründliche Durchlüftung des gesamten Deckraums jederzeit möglich ist.

Dem **Bodenbelag** ist besondere Aufmerksamkeit zu schenken. Die bequeme Sägemehl- oder Sandschicht im Deckraum ist unter neuzeitlichen Hygieneaspekten nicht mehr zu vertreten. Moderner Bodenbelag in einer Deckhalle muss beide Prinzipien, Hygiene und Trittsicherheit, vereinigen. In nachfolgender Übersicht 24 sind die Vor- und Nachteile verschiedener Bodenbeläge dargestellt.

Bei allen Belagarten ist für ein ausreichendes Grundgefälle zu einem Gullyrinnensystem Sorge zu tragen. Das bei der Rohrentsorgung übliche Gefälle von ein Prozent reicht für das Flächengefälle nicht aus. Dies sollte bis zu drei und abschnittsweise sogar vier Prozent betragen. Neben dem schnellen Wasserabfluss bieten sich dadurch willkommene Gelegenheiten, vorkommende Größenunterschiede zwischen Hengst und Partnerstute ausgleichen zu können. Das Gullyrinnensystem sollte großzügig angelegt

Übersicht 24: Bodenbelagsbeschaffenheit von Deckräumen, qualifiziert nach Trittsicherheit und Hygiene

Art des Belages[1]	Trittsicherheit	Hygiene	Nachteile
Kunststoff-Faserfliesen auf Rost	sehr gut	sehr gut	teuer
Kunststoff-Faserfliesen auf Estrich, lose	sehr gut	sehr gut	teuer
Bitumenestrich	gut	sehr gut	regelmäßige Aufrauung erforderlich
Kunststofflagen, geklebt	gut	gut	teuer, Klebfestigkeit?
Kunststofflagen, lose auf Estrich	gut	gut[2]	arbeitsaufwendig
Verbundpflaster, rau	gut	gut	
Betonestrich, rau	gut	befriedigend	
Kiesschüttung, 0,7–9,5 Korngröße	gut	befriedigend	laut

1 Im einschlägigen Fachhandel erhältlich
2 Hygiene bedenklich, wenn Lagenunterseiten nicht regelmäßig gelüftet und getrocknet werden

sein, damit ein rascher Abfluss gewährleistet ist und ein Stau von Flüssigkeitslachen etc. vermieden wird. Es ist selbstverständlich, dass die Entsorgung mit den kommunalen Behörden abgestimmt ist.

Zur Deckhalle gehört der **Probierstand**. Er sollte nach Möglichkeit außerhalb des eigentlichen Deckraums angebracht sein, und zwar an einer Seite einer geräumigen Pferdebox, in der sich der Probierhengst aufhalten und durch eine zu öffnende Luke freien Probierkontakt zur Stute im Probierstand haben kann. Innerhalb des Deckraums sollte der Probierstand platzsparend an eine Wandseite verlegt werden. Die Probiertrennwand hat die Höhe von ca. 1,35 und eine Länge von 2,00 m. Sie muss robust sein und sollte an den Flächen aus gutem langfaserigem Holz (Pappel) gefertigt sein. Der Probierstand muss Anschluss an das Gullyrinnensystem haben.

Zur Einrichtung eines Deckraums gehört eine Kalt- und Warmwasserdusche, die an eine Wasch- und Spüleinrichtung (Edelstahl) angeschlossen ist. Ferner ist eine kräftige Kaltwasserversorgung sicherzustellen. Für die Utensilien im normalen Handhabungsbereich (Ausbindestricke, Nasenbremse etc.) ist eine gut zu belüftende Unterbringung in einem Halbschrank o. Ä. zu empfehlen. Andere Gerätschaften (Einmalhandschuhe, etc.) sind in einem leicht zu reinigenden Schrank (Veterinärschrank) unterzubringen. Diese „Hygieneecke" ist im „Aktionsschatten" des Deckraums zu platzieren und möglichst raumschonend zu planen. Ein nach diesen Plänen ausgeführter Deckraum kann jederzeit auch als Samenentnahmeeinheit in der Samenübertragung genutzt werden.

(Weitere Informationen siehe Broschüre „Sicherstellung eines Qualitätsmanagements in Besamungsstationen für Pferde", FN, Bereich Zucht.) Die Elektroinstallation darf nur durch einen anerkannten Elektrofachmann erfolgen.

Probierstand • • • • • • • • • • • • • • •

3.12 Elektrische Anlage, Beleuchtung

Pferde sind stromempfindlich, daher darf die gesamte elektrische Anlage nicht in Reichweite der Pferde verlegt werden, auch nicht „unter Putz". Das gilt für alle Leitungen, Schalter und Steckdosen. Außerdem müssen die elektrischen Installationen den Vorschriften für nasse Räume (VDE 0100) – hierunter fallen auch Stallungen – entsprechen. Leitende Einrichtungsteile sind mit Fehlerstrom (FI)-Schutzschaltung zu erden, die bei Überschreiten eines definierten Fehlerstromes abschaltet.

Die ausreichende Belichtung am Tage soll über die Fenster, eventuell zusätzliche Lichtplatten oder Oberlichter gewährleistet sein. Für die künstliche Beleuchtung wird grundsätzlich der Einsatz von Energiesparlampen empfohlen. Die Leistung von Energiesparlampen soll bei gleicher Lichtausbeute etwa ein Fünftel derjenigen von Glühlampen betragen. Energiesparlampen oder moderne Leuchtstoffröhren mit elektronischen Vorschaltgeräten arbeiten flimmerfrei und ohne Einschaltverzögerung.

Leuchtstofflampen benötigen zum Betrieb ein Vorschaltgerät, das einen erheblichen Einfluss auf den Stromverbrauch hat, siehe Übersicht.
Bei Neuanschaffung sollen daher elektronische Vorschaltgeräte verwendet werden, die nicht nur die Effizienz der Lampe erhöhen, sondern auch die Lichtqualität verbessern und die Nutzungsdauer durch schonenden Verbrauch um etwa 50 Prozent erhöhen, außerdem entstehen keine Probleme durch häufiges Schalten. Eine Umrüstung bestehender Anlagen ist möglich, aber oft aufwendig, sodass meistens eine komplette Neuinstallation zu bevorzugen ist.

Die Leuchten müssen so angebracht werden, dass die Luftführung nicht beeinträchtigt ist, sie müssen für Ställe zugelassen sein. Außerdem sind Brandschutzanforderungen zu beachten, siehe Kapitel 2.7. Eine Übersicht der unterschiedlichen lichttechnischen Eigenschaften verschiedener Lampentypen findet sich in Kapitel 4.

Für größere Stalleinheiten empfiehlt sich eine Blockschaltung zur Energie- und Kostenersparnis. Für nächtliche Kontrollgänge, zum Beispiel um nach einem kranken Pferd zu sehen, ist eine Nacht-Sparlampe empfehlenswert.

Alle Nebenräume der Reitanlage, zum Beispiel Sattelkammer, Toiletten, sollen über Bewegungsmelder geschaltet werden, da man sich sonst nicht darauf verlassen kann, dass das Licht tatsächlich ausgeschaltet wird.

Übersicht 25: Anschlussleistung einer 58-Watt-Leuchtstoffröhre an verschiedenen Vorschaltgeräten

konventionelles Vorschaltgerät (KVG)	verlustarmes Vorschaltgerät (VVG)	elektronisches Vorschaltgerät (EVG)
100 %: 71 Watt	93 %: 66 Watt	77 %: 55 Watt

4. Reit- und Longierhallen

Veranstaltungshalle in Redefin

Die Reithalle ist für viele pferdehaltende Betriebe heute betriebswirtschaftliche Notwendigkeit. Ihre sinnvolle Anordnung innerhalb des Geländes und in der Gesamtanlage soll gewährleisten, dass Reithallen nicht, wie leider in der Vergangenheit häufig der Fall, wie hässliche Fabrikhallen wirken. Besonders die Dacheindeckung beeinflusst die Beziehung zur Umgebung und zur Landschaft.

Daneben tragen gegliederte Außenwände, zum Beispiel durch Holz, Fach- oder Mauerwerk und Fensterflächen, sowie die Beachtung regional- oder ortstypischer Bauweisen zu einer attraktiven Gesamtgestaltung bei.
An neuen Reithallen sollen keine anderen Gebäude seitlich angeschleppt werden, da dann die Beleuchtung und Luftführung einfacher sind.

Reithallen werden heute freundlich und hell gebaut

4.1 Größe und Konstruktion

Für die Größe der Halle sind wieder die Anzahl der Pferde und die Schwerpunkte des Betriebes maßgeblich: Eine moderne Reithalle soll mindestens 20 x 40 m (Hufschlagmaß) groß sein, besser ist 25 x 45 m, damit um ein Dressurviereck herumgeritten werden kann und erweiterte Möglichkeiten für den Parcoursaufbau bestehen.
Schon Dressurprüfungen der Klasse L werden teilweise auf einem Viereck von 20 x 60 m ausgetragen, daher geht der betriebliche Bedarf heute zur Reithalle mit einer Reitfläche von 20 x 60 m oder besser 25 x 65 m. Für Neubauten wird empfohlen, Erweiterungsmöglichkeiten von vornherein mit zu überlegen.
Die Mindestmaße für Turnierprüfungen in der Halle sind Anhalt für die Größe, denn das, was im Wettkampf verlangt wird, spielt für Vorbereitung und Training vieler Mitglieder und Kunden eine wichtige Rolle.

Übersicht 26: Mindestmaße für Turnierprüfungen in der Halle nach LPO

Springen	bis Kl. M*	Kl. M** und höher	international
	800 m² (Mindestbreite 20 m)	1.000 m² (Mindestbreite 20 m)	1.200 m² (Mindestbreite 20 m)
Reitpferde	20 x 40 m (Mindestgröße)		
Dressur	Allgemein: die Umgrenzungen (Zuschauerabgrenzung) sollen mindestens 2 m vom Viereck entfernt sein.		
	national		international
Ponys	20 x 40 m oder 20 x 60 m je nach Ausschreibung und Klasse		20 x 60 m
Pferde	20 x 40 m oder 20 x 60 m je nach Ausschreibung und Klasse		20 x 60 m
Einspänner	20 x 40 m (Mindestgröße)		40 x 80 m (Mindestgröße)
Zweispänner	20 x 40 m (Mindestgröße)		40 x 100 m (Ausnahme 40 x 80 m)
Vier- und Mehrspänner	30 x 60 m (Mindestgröße)		40 x 100 m
Gebrauchsprüfungen	Je nach Ausschreibung, jedoch 20 x 40 m (Mindestgröße)		
	bis Kl. M		Kl. S
Hindernisfahren	800 m² 20 m (Mindestbreite)		1.200 m² 25 m (Mindestbreite)
Vorbereitungsplatz	20 x 40 m (Mindestgröße)		
Voltigieren	20 m (Mindestdurchmesser, zusätzlich 2 m Freiraum bis Platzabgrenzung) 5 m (lichte Mindesthöhe)		
Western (EWU Regelbuch Teil 2 §§ 7710, 7601)	C-/D-Turniere 20 x 40 m		A/Q, A-, B-Turniere 20 x 45 m

Die bisher angegebenen Maße bezeichnen das **Hufschlagmaß**, das an der Bandenunterkante gemessen wird. Die Spannweite einer Konstruktion wird von Mitte zu Mitte des Binderfußes angegeben, daher ist das Maß für die Konstruktion mindestens 1,20 m breiter als das Hufschlagmaß, da die Schräge der Binder und der Bande berücksichtigt werden müssen.

Die **lichte Seitenhöhe** soll über dem Hufschlag mindestens 4, besser 5 Meter betragen. Dabei ist zu beachten, dass die größten Höhen im Pferdesport nicht etwa die Springreiter, sondern Voltigiergruppen im Leistungssport erreichen: Hier werden heute sogar lichte Höhen von 5,50 bis 6,00 m empfohlen. Das wird durch das Foto auf Seite 116 belegt.

Reithallen bedürfen zur Überbrückung der großen Spannweiten relativ aufwendiger Fachwerk-, Leimbinder-, Beton- oder Stahlträgerkonstruktionen oder deren Kombinationen.

Unterschiedliche Konstruktionen stellen unterschiedliche Anforderungen an das Fundament, das ein wesentlicher Kostenfaktor ist. Also gilt auch hier, dass verschiedene Angebote eingeholt werden sollen.

Beim Vergleich der Angebote muss darauf geachtet werden, dass alle Kostenfaktoren wie Fundament, Bande, Regenrinnen, Strom, Lampen, Wasser, Beregnung, Belag auch aufgeführt sind, denn sonst ist kein seriöser Vergleich möglich. Fundamente dürfen den Bodenaufbau der Reitflächen nicht behindern.

Alle verwendeten Baumaterialien müssen feuchtigkeits- beziehungsweise korrosionsbeständig sein, da zeitweise hohe Luftfeuchtigkeit in Reithallen unvermeidbar ist.

Für eine problemlose Verlängerung der Halle in einem späteren Bauabschnitt ist es sinnvoll, einen Endfeld-Binder in den Giebel einzubauen.

Ab etwa 50 Pferden ist eine zweite Reithalle zu empfehlen.

Longierhallen

Sofern die Reithalle durch feste Stunden, zum Beispiel Schulbetrieb, Voltigieren, Therapeutisches Reiten, gerade in den Nachmittags- und Abendstunden stark belegt ist, empfiehlt sich neben dem witterungsunabhängig nutzbaren und beleuchteten Außenplatz (Kapitel 5) zusätzlich die Anlage einer Longierhalle. Ihr Durchmesser beträgt mindestens 14, besser 18 oder 20 m, sofern diese für das Voltigieren genutzt werden soll, damit gefahrlose Abgänge der Voltigierer – freiwillig wie unfreiwillig – auch nach außen hin möglich sind und die Voltigierer sich außerhalb des Zirkels aufstellen können.

Fachgerechtes Longieren wird durch eine runde oder zumindest weitgehend runde Konstruktion der den Longierzirkel umgebenden Bande erleichtert. Spezielle Longierhallen sind mindestens acht-, besser vieleckig oder noch besser rund. Sie können im Rahmen der Gestaltung eine attraktive bauliche Auflockerung darstellen, insbesondere wenn die Fassade gegliedert ist. Am Eingang ist ein Vorbau zweckmäßig, damit Ausrüstungsgegenstände wie Halfter, Decken oder Longen trocken abgelegt werden können. Ein Beispiel zeigt Abbildung 51.

Leistungsvoltigiergruppen erreichen beachtliche Höhen

Abb. 51: Longierhallen

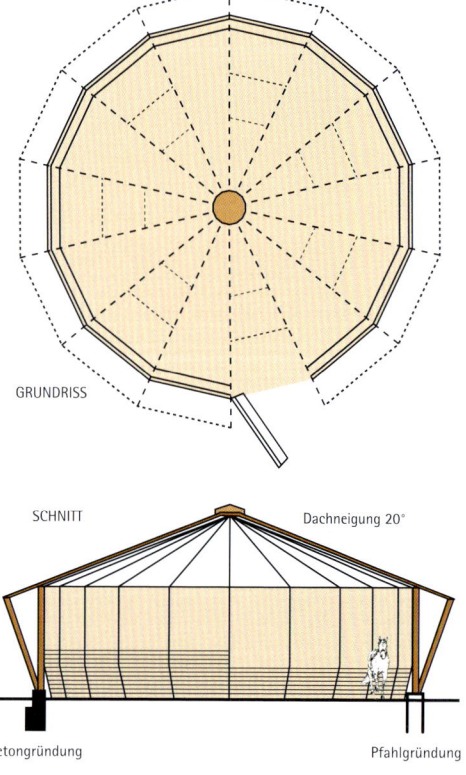

Reit- und Longierhallen

Offene Reithalle

Belüftung, Wärmedämmung

Der Belag in Reithallen muss zur Vermeidung hoher Staubentwicklung ständig feucht gehalten werden, außerdem geben die Pferde in Ruhe und noch mehr in Bewegung beachtliche Wasserdampfmengen ab. Also entsteht ständig erhebliche Feuchtigkeit, die zum Schutz der Reiter und Pferde sowie der Konstruktion abgeführt werden muss.

Ein weiterer Belastungsfaktor ist Staub bei der Bewegung der Pferde in der Halle. So gelangen zwangsläufig in der Luft enthaltene Staubpartikel, die eventuell mit Pilzsporen, Bakterien, Allergenen besetzt sind, beim Atmen in die Atemwege. Die Belastung bestimmt die Partikelkonzentration und die eingeatmete Luftmenge.

Das Atemminutenvolumen steigt bei körperlicher Belastung: In Ruhe beträgt es bei einem 500 Kilogramm schweren Pferd nur etwa 60 Liter pro Minute, schon im Schritt steigt es auf das Doppelte, im Trab auf etwa 300 Liter/Minute und im Galopp beträgt es sogar 2.000 Liter/Minute und mehr. Schätzungsweise atmet ein Pferd somit bei 90 Minuten Arbeit je nach Intensität etwa ein Drittel seiner während des ganzen Tages verbrauchten Luftmenge ein (Rapp et al. „Untersuchungen in Reithallen ..." siehe Literaturverzeichnis). Das zeigt deutlich, wie wichtig „saubere" Luft auch in der Halle ist.

Wie im Stall ist in geschlossenen Hallen also eine gute Belüftung ausgesprochen wichtig. Außerdem vermindert die gute Belüftung eine zu starke Aufheizung im Sommer und den Niederschlag von Kondenswasser im Winter. Daher wird die Trauf-First-Lüftung auch für geschlossene Reithallen empfohlen.

Eine Wärmedämmung besonders an der Decke ist vorteilhaft, da sich die Halle im Sommer weniger stark aufheizt und im Winter der Boden seltener gefriert. Außerdem verringert eine Wärmedämmung das Geräusch von Regen oder Hagel. Eine gute Hinterlüftung des Daches muss jedoch gewährleistet werden, sinnvoll ist darüber hinaus ein Licht-/Luftfirst im Dach. Aus Kostengründen wird im ersten Bauabschnitt mitunter auf die Wärmedämmung verzichtet, jedoch sollte von vornherein darauf geachtet werden, dass eine spätere Ergänzung ohne aufwendige Konstruktionsänderung möglich ist.

Hauptzugangstor

Das Hauptzugangstor der Reithalle soll mit einem Lkw befahren werden können, also mindestens 3,00 x 3,00 m groß, besser 3,50 breit, 4,00 m hoch sein, damit die tägliche Pflege und das Einbringen oder die Ergänzung des Belages arbeitssparend möglich sind.

Überdachte Verbindung zwischen Stall und Reithalle

4.2 Belichtung, Beleuchtung

Belichtung

Wie erwähnt, haben neu gebaute Reithallen heute meist großzügige Fensterflächen oder werden sogar ganz oder teilweise offen gelassen. Durch beidseitige Anordnung der Fenster und zusätzliche Beleuchtung von oben sowie lichtstreuende Verglasungen, ausreichende Dachüberstände und/oder Sonnenschutzeinrichtungen oder Windschutznetze lassen sich Blendung und Silhouetteneffekt vermindern. Helle Farben unterstützen die Belichtung und freundliche Ausstrahlung.

Wo Fenster bis zur Bandenhöhe herabgeführt werden, sind die Fensterflächen zu sichern, um das Überspringen durch die Pferde auszuschließen.

Beleuchtung

Kennzeichen moderner Beleuchtungsanlagen sind:
- an Nutzung angepasste Leuchtenanordnung
- Vorsehen unterschiedlicher Beleuchtungsstärken für Training oder Wettkampf
- Steuerung durch geeignete elektrotechnische Schaltungen
- Einsatz wirtschaftlicher Betriebsgeräte und Leuchten
- Neuanlagen nur mit elektronischen Vorschaltgeräten (siehe hierzu Kapitel 3.12)

Zum Verständnis: Das auf eine Fläche auftreffende Licht wird als Beleuchtungsstärke [E] bezeichnet und wird in der Regel vertikal (senkrecht) am Boden gemessen [Ev]. Die Einheit Lux [lx] bezeichnet ein Lumen pro Quadratmeter [1 lx = 1 lm/m²] und kann mit einem Luxmeter gemessen werden. Lumen ist die Einheit für den Lichtstrom, d. h. die sichtbare Strahlung. Die horizontale, also waagerechte, Beleuchtungsstärke wird in Augenhöhe gemessen [Eh], hieran orientieren sich zum Beispiel Fernsehanstalten. Die Gleichmäßigkeit der Beleuchtungsstärke kann per Messraster ermittelt werden. Der für den Wettkampf angegebene Wert berücksichtigt auch die Sehanforderungen der Zuschauer (siehe folgende Übersichten).

Abb. 52: Vertikale, horizontale Beleuchtungsmessung

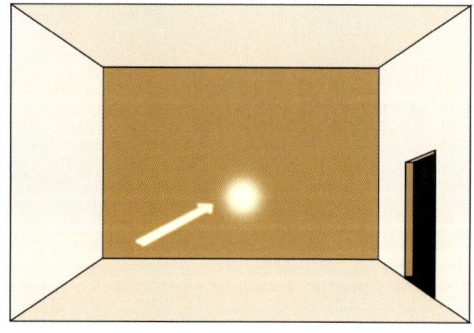

in 1m Höhe

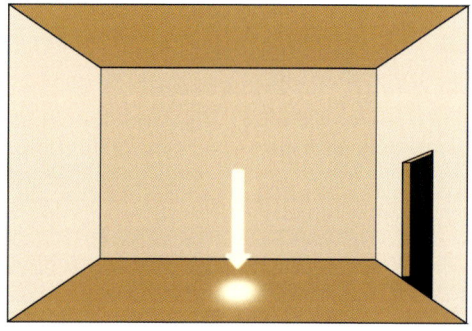

am Boden

Anders ausgedrückt, kann die Helligkeit in der Halle also unterschiedlich sein: weniger hell, wenn nur einzelne Reiter ihre Kreise ziehen (hier können bereits 75 Lux ausreichend sein), und besser ausgeleuchtet, wenn Springunterricht gegeben oder eine Veranstaltung durchgeführt wird. Es empfiehlt sich deshalb der Einbau von Schaltgruppen, um je nach Nutzung Strom zu sparen. Es gibt auch Lux abhängige Schaltungen, die sich automatisch den herrschenden Lichtverhältnissen anpassen.

Ungleichmäßige Beleuchtung ● ● ● ●

Reit- und Longierhallen

Eine Schlüsselschaltung kann sinnvoll sein, damit die Einschaltung der hellsten Beleuchtungsstufe nur besonders autorisierten Personen vorbehalten bleibt. Die Leuchten müssen zumindest staub- und spritzwassergeschützt oder staub- und spritzwasserdicht sein.

Die Überprüfung und gegebenenfalls Sanierung alter Anlagen rechnet sich häufig bereits nach wenigen Jahren, da moderne Leuchtmittel und Schaltungen wesentlich effizienter sind und viel weniger Strom verbrauchen.

Die in der Übersicht angegebenen 500 Lux als höchste Beleuchtungsstärke dürfte nur in Ausnahmefällen benötigt werden.

Übersicht 27: Auswahl der Beleuchtungsklassen, horizontale Beleuchtungsstärken und Gleichmäßigkeit (Dressur, Springen, Leichtathletik)

Wettbewerbsniveau	Beleuchtungsklasse		
	I	II	III
International/National	★		
Regional	★	★	
Lokal	★	★	★
Training		★	★
Schul-/Freizeitsport			★

Beleuchtungs-klassen	Horizontale Beleuchtungsstärke und Gleichmäßigkeit	
	E_{av} lx	E_{min}/E_{av} *
III	100	0,5
II	200	0,5
I	500	0,7

* E_{min} bedeutet minimale und E_{av} mittlere Beleuchtungsstärke

Übersicht 28: Lichtausbeute, Lebensdauer, Farbqualität und Startzeit verschiedener Leuchtmittel

Lampentyp	Lichtausbeute (lm/W)	Lebensdauer (h)	Farbwiedergabequalität	Startzeit
Glühlampe	6–16	1.000	gut	sofort
Halogenglühlampe	14–22	2.000	sehr gut	sofort
Kompakt-Leuchtstofflampe	40–76	8.000	gut	schnell
Leuchtstoff	43–104	10.000	gut	schnell
Halogen-Metalldampf	57–100	9.000	gut	3 Min.
Quecksilberdampf	32–60	10.000	genügend	5 Min.
Natrium-Hochdruck	70–150	10.000	mäßig	8 Min.
Natrium-Niederdruck	100–200	12.000	keine	15 Min.

Die Bemessung, Installation und Einstellung im Detail sind Sache von Fachfirmen, die die gesetzlichen und behördlichen Vorschriften beachten müssen, zum Beispiel VDE-Normenreihe 0100.

4.3 Bande, Aufsitzhilfen, Reitbahneingänge, Spiegel

Die **Bande** erleichtert die Dressurarbeit, indem die Einwirkungsmöglichkeit des äußeren Reiterschenkels erhalten wird, auch wenn das Pferd an die Wand drängt. Hierzu wird eine nach außen geneigte Holzwand erstellt, mit einer empfohlenen Bohlenstärke von 4 cm, siehe Abbildung.

Abb. 53: Bande der Reitbahn

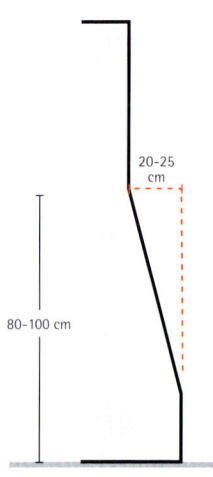

Da der untere, im Bereich des Belages liegende Teil der Bande besonders verrottungsgefährdet ist, hat sich ein Betonsockel als Abschluss bewährt. Eine andere Möglichkeit ist eine waagerecht angebrachte, leicht auszuwechselnde Bohle aus Hartholz, etwa 30 cm hoch. Diese muss allerdings regelmäßig überprüft werden, weil das Hindurchtreten und Hängenbleiben eines Hufes in eine zum Beispiel durch Pflegegeräte oder Fäulnis beschädigte Bohle zu erheblichen Verletzungen führen kann. Stabile Kunststoffbretter aus hochwertigen Recyclingkunststoffen können ebenfalls verwendet werden.

Betonsockel als Abschluss

Die **Höhe** der Bande hängt vor allem von der Konstruktion der Halle ab, so müssen eventuell nach innen ragende Pfeiler oder Binder berücksichtigt werden. Die Bande soll mindestens 1,60 besser 1,80 bis 2,00 m hoch sein. Außerdem muss sichergestellt sein, dass sich Pferd und Reiter nicht den Kopf stoßen können, wenn auf dem Hufschlag geritten oder gesprungen wird, d. h. bis in mindestens 3,00 m Höhe keine vorspringenden Bauteile. Je nach Konstruktion der Halle muss die Bande gegebenenfalls erhöht oder nach innen gezogen werden.

Die Bande sollte gut hinterlüftet, eventuell oben offen sein.

Das **Bandentor** muss für die Pferde mindestens 1,20 m breit sein, mit einer lichten Durchgangshöhe von mindestens 2,75 m. Das Bandentor wird so angebracht, dass die Reiter in der Bahn möglichst wenig gestört werden, siehe Abbildung.

Abb. 54: Platzierung des Bandentores

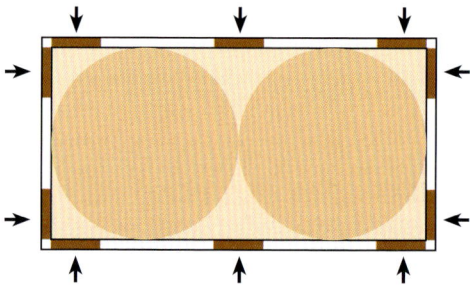

Aus Sicherheitsgründen wird nur ein Tor vorgesehen beziehungsweise benutzt. Der Eingang, der mit dem Schlepper oder Lkw befahren werden soll, muss eine lichte Durchfahrweite von mindestens 3,00 x 3,00 m haben, in diesem Fall sind zwei Torflügel der Bande vorzusehen.

Das Bandentor muss das gleiche Profil wie die Bande selbst haben, gut abschließen und nach außen aufschlagen. Auch Lösungen, in denen die Bandentore zur Seite geschoben werden, sind möglich. Dagegen sind Drehtore, die nach innen aufgehen, nicht empfehlenswert.

Reit- und Longierhallen

Bandentor, das zur Seite geschoben werden kann • • •

Beschläge dürfen nicht hervorstehen. Bei über mannshohen Toren ist eine Sichtöffnung anzubringen. Frei stehende Tore oder Banden sind gegen Überspringen zu sichern, zum Beispiel durch über der Bande angebrachte 1,60 m hohe Querstangen.

auf der Plattform, etwa 60 bis 80 cm über dem Hufschlag, zwei bis drei Personen bequem Platz finden, um schwer gehbehinderten Patienten/Reitern sicher auf das Pferd helfen zu können. Wichtig ist auch eine stabile Begrenzung am Ende, damit eine Gehhilfe oder ein Rollstuhl nicht leicht über den Rand rutschen oder rollen kann. Ein Beispiel zeigt das Foto.

Der eigenen Kontrolle des Reiters dienen **Spiegel**, die in der Mitte und möglichst in einer oder mehreren Ecken der kurzen Seiten angebracht sind. Eventuell ist zusätzlich ein Spiegel in der Mitte der langen Seite wünschenswert.

Es gibt Spiegel aus Folie oder Glas, Letztere müssen aus Sicherheitsglas bestehen. Folie oder Gläser müssen spannungsfrei gerahmt sein, wobei eine angepasste Hintergrundkonstruktion sicherstellt, dass die erheblichen Temperaturunterschiede sicher verkraftet werden. An die optische Qualität der Spiegel sind hohe Anforderungen zu stellen, da schon geringe Unebenheiten auf große Entfernungen zu starken Verzerrungen führen.

Der Spiegel in der Mitte der kurzen und langen Seite soll mindestens 2,50 m breit sein, die Spiegel für den Hufschlag mindestens 1,00 m, Höhe: etwa 2,00 m. Aus Sicht der Reiter sind größere Spiegel wünschenswert.

Zweiflügeliges Bandentor und Einfahrt für Lkw • • •

Aufsitzhilfen dienen nicht nur dem Reiter sondern auch dem Pferd, da der Pferderücken entlastet wird. Sind in der Halle Behindertenreitsport oder Hippotherapie geplant, dann müssen die Aufsitzrampen besonders stabil sein, damit

Spiegel müssen mit einem Vorhang oder Rollladen verdeckt werden, wenn Pferde frei laufen oder frei springen. Leider kommen immer wieder schwere Unfälle durch ein in den Spiegel springendes Pferd vor.

Aufsitzrampe • • • • • • • • • • • • • • • •

Dieser Spiegel verzerrt ziemlich • • • • • • • • •

4.4 Boden, Belag

Der Bodenbelag soll rutschfest und möglichst staubfrei sein. In der Halle besteht der Aufbau zum Beispiel aus:

Tragschicht
Ist der anstehende Untergrund nicht tragfähig, wird eine geeignete Tragschicht, meist aus gebrochenem Material, benötigt, zum Beispiel qualitätsgeprüftes Recyclingmaterial.

Trennschicht
Sofern eine Trennschicht erforderlich ist, muss sie zur Tragschicht und Tretschicht passen.
Sie besteht zum Beispiel aus:
- Kalkbrechsand
- geeigneter Lava
- Recyclingmaterial
- Gummiplatten oder -raster
- Kunststoffraster

Als **Tretschicht** sind Sand, Sand-Holzschnitzel-Gemische (Gatterspäne, Hackschnitzel, Schälspäne) oder Sand-Kunststoff-Gemische üblich.

Unter **Holzschnitzel** werden hier die für diesen Zweck geeigneten entrindeten relativ groben, flachen Weichholzspäne verstanden, die etwa 1,0 bis 2,0 mm stark, 2,0 bis 5,0 cm lang und 0,5 bis 3,0 cm breit sind. Wichtig ist, dass Anbieter und Kunde dasselbe unter dem gewünschten Produkt verstehen, da die Begriffe nicht genormt sind und regionale wie mundartliche Unterschiede in der Bezeichnung bestehen – siehe auch Kapitel 5.4.

Sägespäne, Abfall von Hobelmaschinen und groben Sägen, entstaubt, werden im Stall häufig als Einstreu verwendet, für den Belag in der Reitbahn eignen sie sich nicht, da sie relativ schnell verschleißen. Alle Materialien mit Rindenanteil neigen angefeuchtet zu schnellerer Verrottung als entrindete Holzpartikel.

Das Mischungsverhältnis Sand-Holzschnitzel richtet sich nach der Beschaffenheit der örtlich zur Verfügung stehenden Sande und nach der Nutzungsart: Springreiter und Fahrer wünschen sich einen „härteren" Boden, also „festeren" Sand, wohingegen Dressurreiter und Voltigierer eine „weichere" Bodenbeschaffenheit bevorzugen.

Bei allen **Recycling- oder Abfallprodukten** wird dringend empfohlen, vor Anschaffung die Gesundheitsunbedenklichkeit und Umweltverträglichkeit des Materials sowie die spätere Entsorgung zu prüfen. Leider kommen immer wieder bedenkliche Produkte auf den Markt. Zum Beispiel stellte sich bei Ledermehlen heraus, dass die Chromgehalte hoch und teilweise giftig waren, Kunstfasern wurden eingesetzt, die, mit der Zeit, klein gerieben, eingeatmet werden konnten, oder es wurden Kabelreste angeboten, die Schwermetalle enthielten. Ist eine Entsorgung nur auf Spezialdeponien erlaubt, kann es richtig teuer werden: teilweise wurden bereits 300 Euro pro Kubikmeter fällig, das sind für ein 20 x 40-m-Viereck allein etwa 25.000 Euro! Es ist Sache der Hersteller, entsprechende Nachweise und Empfehlungen zu liefern. Auskunft über die gegebenenfalls vorhandenen Auflagen und die zu erwartenden Kosten erteilt die zuständige Behörde, zum Beispiel das Amt für Abfallwirtschaft der Stadt oder des Landkreises.

4.5 Beregnung, Pflege

Die Haltbarkeit des Belages wird wesentlich verbessert, wenn dieser gleichmäßig feucht gehalten wird. Unabhängig vom verwendeten Belag ist eine regelmäßige Beregnung außerdem zur Vermeidung von zu hoher Staubentwicklung außerordentlich wichtig. Die tägliche leichte Befeuchtung ist einer starken Bewässerung in großen Abständen unbedingt vorzuziehen. Für die Beregnung gibt es diverse Systeme mit beachtlichen Unterschieden hinsichtlich des Wasserverbrauchs und benötigten Wasserdrucks. Einzelheiten müssen beim Hersteller erfragt werden. Folgende Möglichkeiten bestehen:

Automatische Beregnung

▸▸ An der Decke längs installierte **Düsenrohre**, die mit Gefälle eingebaut sind. Der durch die Düsen erzeugte Sprühnebel ermöglicht eine gleichmäßige Befeuchtung der Halle. Die Rohrstränge werden über getrennte Zuleitungen mit Wasser versorgt, am Zulauf sollte ein Feinfilter die Gefahr des Verstopfens der Düsen vermindern. Nachtropfen muss wegen Vernässung kleinerer Stellen vermieden werden. Wichtig ist auch die Entleerungsmöglichkeit, damit überschüssiges Wasser bei Frostgefahr vollständig abgelassen, nötigenfalls per Kompressor ausgeblasen werden kann. Die Steuerung erfolgt entweder manuell oder elektronisch, auch zeitgesteuert.

▸▸ In der Hallenmitte läuft ein **Deckenwagen** über eine Schiene zwischen den Giebelseiten. Dieser Trägerwagen mit Sprühkreuz oder Düsenbalken wird durch einen Elektromotor angetrieben. Beim Sprühkreuz können Druckschwankungen eventuell dazu führen, dass die Befeuchtung nicht mehr ganz bis zur Bande reicht, dagegen ist der über die gesamte Hallenbreite geführte Deckenbalken unempfindlicher. Durch die Düsen wird bei beiden Varianten ein Sprühnebel erzeugt, wobei die Bewässerungsmenge durch die Geschwindigkeit des Wagens verändert wird. Durch eine separate Ansteuerungsmöglichkeit der Düsen kann die Beregnung in einzelne Abschnitte aufgeteilt werden, was bei Reithallen mit unterschiedlicher Abtrocknung von Vorteil ist. Ein Nachtropfen muss ebenfalls, zum Beispiel mittels Magnetventilen, verhindert werden. Die Elektro- und Wasserzuleitung verläuft entweder über einen Schlauchwagen oder verdeckt in einer Schiene oder Wanne. Kompressoranschluss zur Entleerung bei Frostgefahr ist vorzusehen.

Schlauchwagen am Hallenfirst

▸▸ **Unterflurbewässerung**: Verlegung von Bewässerungsrohren in ein Bodenraster.

▸▸ An den Längsseiten der Bahn in die Bande eingelassene oder in Traufenhöhe angebrachte **Halbkreisregner** mit einem Radius von mindestens 10 m bei einer 20 m breiten Halle. Ausreichender Wasserdruck ist sicherzustellen, damit zu starke Tropfenbildung verhindert wird. Da die Sprenger leicht zugänglich sind, ist zwar die Durchführung von Wartungs- oder Reparaturarbeiten einfacher, aber die beregneten Flächen überschneiden sich zum Teil, was zu einem erhöhten Wasserverbrauch und zu einer ungleichmäßigen Befeuchtung führt.

Die Steuerung der Anlagen erfolgt entweder per Hand, Zeitschaltuhr oder Computer mit mehreren Programmen. Auch die Ansteuerung per Fernbedienung ist möglich.

- **Wassertank auf Reitbahnplaner:** Mit dem Wassertank, der zusätzlich zu den Pflegegeräten am Schlepper angebaut ist, kann die Befeuchtung ebenfalls erfolgen, die Genauigkeit bestimmt dann das Können und die Erfahrung des Fahrers.
- **Beregnung von Hand:** Auch bei Anschlüssen mit hohem Wasserdruck bleibt die Gleichmäßigkeit fraglich, außerdem kann die problematische Tropfenbildung meist nicht vermieden werden.

Neben der Befeuchtung ist die **regelmäßige Pflege** für die gleichbleibende Qualität und lange Lebensdauer des Belages unerlässlich. Im Wesentlichen geht es hierbei um das Einebnen des Belages, eventuell Lockerung. Dabei muss darauf geachtet werden, dass die Geräte nicht zu tief eingestellt werden, damit die unter der Tretschicht liegende Schicht nicht beschädigt wird. Üblicherweise wird hierfür ein an den Schlepper angebautes Planierschild teilweise in Verbindung mit Striegelzinken und Krümelrollen eingesetzt.

Von Zeit zu Zeit soll an verschiedenen Stellen die Schichtdicke überprüft werden, um eventuelle Verlagerungen des Belages wieder ausgleichen zu können. Empfehlenswert ist also die regelmäßige Nivellierung des Belages. Das Absammeln von Pferdeäpfeln verlängert die Lebensdauer des Belages, da durch zu viel organische Substanz die Reiteigenschaften auf Dauer verloren gehen. Der Tretschichtbelag verschleißt in Abhängigkeit von Nutzungsfrequenz und -art und muss daher von Zeit zu Zeit ergänzt und ausgewechselt werden. Zur Pflege einer Reithalle gehört auch die Beseitigung von „Staubnestern" und die Reinigung von Flächen zum Beispiel auf Tribüne/Hindernissen, auf denen sich feiner Staub abgesetzt hat, der bei Luftbewegung aufgewirbelt wird.

Reit- und Longierhallen

4.6 Nebenräume

Warte- und Aufsitzraum

Vor dem Reitbahneingang soll ein genügend großer Raum vorgesehen werden, in dem Pferde/Reiter warten oder Pferde, die nicht in der Anlage selbst eingestellt sind, aufgezäumt und aufgesattelt werden können. In diesem Raum werden Anbindemöglichkeiten sowie Regale oder Haken für Ausrüstungsgegenstände, wie zum Beispiel Pferdedecken, Mäntel der Reiter etc., benötigt. Die Warte- oder Aufsitzräume sind in der Praxis häufig reichlich knapp bemessen, daher soll, auch aus Sicherheitsgründen, genau überlegt werden, wie groß der Bedarf tatsächlich ist.

Hindernisse brauchen Platz

Hindernismaterial

Der Abstellraum für Hindernisse und sonstiges Material wie Kegel, Tonnen soll von der Halle aus gut zugänglich sowie trocken und luftig sein. Die Größe richtet sich in erster Linie danach, für welche Reiterspiele, Geschicklichkeits- oder Springprüfungen die Kundschaft vorbereitet beziehungsweise welche Geschicklichkeitswettbewerbe oder Springen in der Halle veranstaltet werden sollen. Die Anzahl der in den verschiedenen Klassen in der Halle gemäß Leistungsprüfungsordnung (LPO) benötigten Hindernisse zeigt Übersicht 29.

Neben Hindernissen müssen zum Beispiel Fänge, Bodenricks, das Holzpferd für Voltigierer und Utensilien für Reiterspiele Platz finden. Während sich Hindernisstangen platzsparend und gut erreichbar in Wandhalterungen unterbringen lassen, benötigen Ständer, Fänge oder Unterstellelemente mehr Raum. Angaben zum Hindernismaterial (Bauteile, Hindernistypen etc.) können der Veröffentlichung „Parcoursaufbau – faszinierend logisch" entnommen werden. Utensilien für Reiterspiele oder Geschicklichkeitswettbewerbe finden sich zum Beispiel in „365 Ideen für den Breitensport" und in „Gelassenheit im Pferdesport" (FNverlag, siehe Literaturverzeichnis).

Als Richtwert wird von etwa 65 m² ausgegangen. Soll auch der Bahnplaner hier abgestellt werden, ist mehr Raum erforderlich. Bei der Planung ist zu bedenken, dass kleinere Räume zwar Platz sparen, aber das Heraus- und Hineinräumen unter beengten Raumverhältnissen sowie die Reinigung ständig deutlichen Mehraufwand nach sich ziehen.

Die Unterbringung selten oder nur für Turniere verwendeter Hindernisse kann in einem separaten Raum vorgesehen werden, der nicht der Halle zugeordnet werden muss.

Dagegen sollte für im täglichen Gebrauch häufig benutzte Gegenstände, wie einige Stangen, Bodenricks, ein Hindernis, Hallenpflegegeräte (Planierschild, Schaufel, Rechen, Schubkarre), etwa im Eingangsbereich der Halle eine genügend große, zusätzliche, offen zugängliche Abstellfläche vorgesehen werden.

Übersicht 29: Benötigte Hindernisse und Abmessungen für Springprüfungen in der Halle

Hindernisse	E	A*	A**	L	M*	M**	S*	S**	S***	S****
Mindestzahl	6	6	6	7	8	9	9	9	10	10
Höhe/Weite	0,85	0,95	1,05	1,15	1,25	1,35	1,40	1,45	1,50	1,55

Zuschauerplätze
Die Ausstattung mit Zuschauerplätzen richtet sich ebenfalls nach dem Nutzungsschwerpunkt. Selbst in Arbeitsbahnen, die für keine Veranstaltungen vorgesehen sind, sollen für Unterrichtszwecke und für Eltern, Angehörige oder Freunde wenigstens einige Plätze eingeplant werden.

Normalerweise werden in der Reithalle zumindest von Zeit zu Zeit gesellige Veranstaltungen, wie Weihnachts-/Faschingsreiten durchgeführt, Sonderprüfungen abgenommen, zum Beispiel „Kleines Hufeisen", Reitabzeichen, oder Reitertage veranstaltet. Solche Aktivitäten sind für den Zusammenhalt wichtig.

Die mögliche Anordnung von Zuschauerplätzen oder Tribünen zeigt Abbildung 55.

Abb. 55: Mögliche Anordnung der Tribünen

Bei der Planung der Tribüne ist zu berücksichtigen, dass die Zuschauer bei Pferdesportveranstaltungen ihren Standort normalerweise relativ häufig wechseln. Der Abstand zwischen den Sitzreihen ist daher so groß zu bemessen, dass ein geräuscharmes Verlassen und Betreten möglich ist.

Ein Beispiel für einen Zuschauerumgang und eine Tribüne an der kurzen Seite zeigt die nebenstehende Abbildung. Diese Anordnung ergibt bei einer 20 x 40 m großen Halle eine Kapazität von etwa 200 Sitz- und Stehplätzen.

Bei über 200 Plätzen sieht das Bauordnungsrecht der Länder spezielle „Richtlinien über den Bau und Betrieb von **Versammlungsstätten**" (VStättVO) vor. Das hat weitreichende bauliche Konsequenzen zur Folge, zum Beispiel hinsichtlich der Feuerbeständigkeit der verwendeten Baustoffe, der Gestaltung der Rettungswege, der Anzahl und Ausführung von Türen und Toren, der Anordnung und Befestigung der Sitzplätze und Geländer, der Anzahl der Toiletten sowie Auflagen zu sicherheitstechnischen und Feuerschutz-Anlagen.

Die Tribüne soll etwa 1,00 bis 1,20 m über dem Hallenboden liegen, um einen guten Überblick zu gewährleisten. Obergeschosstribünen sind dagegen nicht günstig, da die Sicht von oben insbesondere beim Dressurreiten weniger interessant und außerdem der davorliegende Hufschlag nicht einzusehen ist, siehe Abbildung 57.

Weitere Nebenräume
Der Halle zugeordnet werden außerdem mit Blick in die Halle:
▸▸ Aufenthaltsraum, Reiterstube oder Kasino, wo möglich mit Sitzgelegenheiten im Freien,
▸▸ Büro für Betriebsleiter,
▸▸ Lehr-/Unterrichtsraum,
▸▸ Raum für Musik-/Lautsprecheranlage, möglichst auch als Richterkabine nutzbar, d. h. Mitte der kurzen Seiten.

Eventuell ohne Blick in die Halle:
▸▸ Erste-Hilfe-Raum,
▸▸ Ausweichräume für Veranstaltungen, Meldestelle, Richter, Presse etc.,
▸▸ Umkleideräume, eventuell Duschen und Toiletten, getrennt für Damen und Herren,
▸▸ Jugendraum, zweckmäßigerweise „im Hintergrund".

Reit- und Longierhallen

Abb. 56: Tribüne an der kurzen Seite

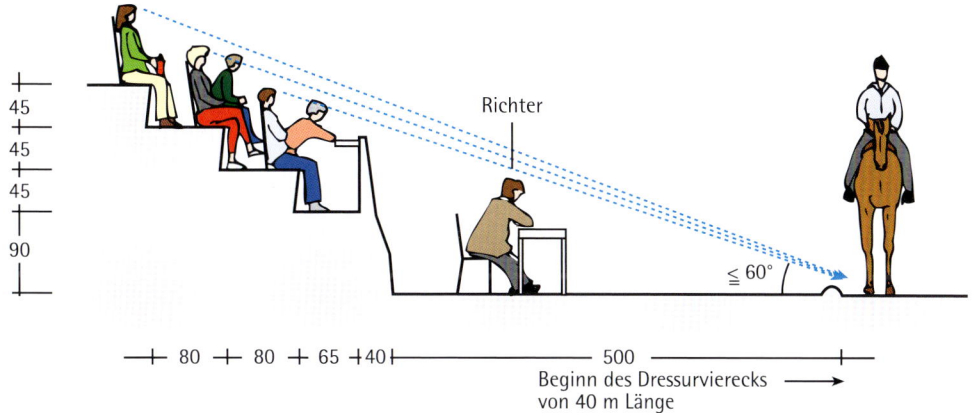

Abb. 57: Ungünstige Obergeschosstribüne

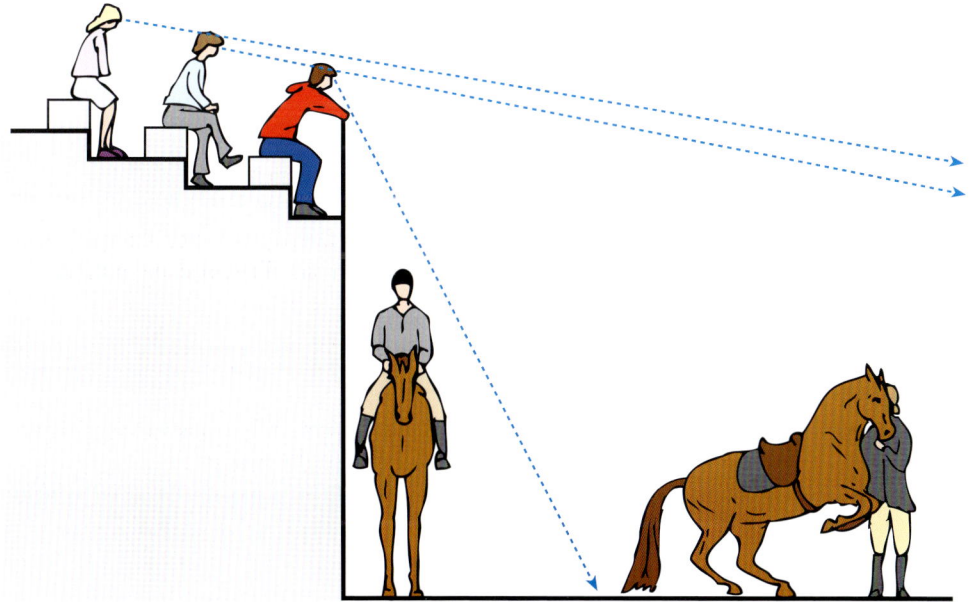

5 Reitplätze

5.1 Größe und Lage

Großzügige Reitplätze erhöhen die Attraktivität einer Anlage

Die Mindestmaße für klassische Turnierplätze können Übersicht 30 entnommen werden. Für ein kleines Turnier werden normalerweise bereits ein Dressurplatz (25 x 45 m), ein Springplatz (40 x 70 m) und ein Vorbereitungsplatz (40 x 80 m) benötigt.

Bei größeren Starterfeldern und parallel laufenden Prüfungen werden schnell ein weiteres Dressurviereck und ein weiterer Vorbereitungsplatz fällig. Sollen größere Turniere veranstaltet werden, erhöht sich der Platzbedarf entsprechend.

Wie bereits in Kapitel 2.5 beschrieben, muss nicht nur die Anordnung der Gebäude und sonstigen Flächen, sondern auch die Lage der Reitplätze zusammen mit der Gestaltung der Außenanlagen geplant werden, damit sich ein insgesamt rundes, funktionelles Konzept ergibt.

Nur ein Reitplatz für Dressur und Springen reicht eventuell in kleineren Betrieben, dieser sollte dann möglichst mindestens 30 x 40 m groß sein. Besser ist es, zwei verschiedene Plätze einzuplanen, welche getrennt für Dressur und Springen genutzt werden können, da die auf dem Springplatz aufgebauten Hindernisse dann auf dem Platz verbleiben können. Sind Turniere vorgesehen, dann sollen Dressurplätze möglichst räumlich entfernt vom Springplatz liegen.

Bei der Neuanlage von Reit- oder Turnierplätzen können auch andere als rechteckige Formen in Betracht gezogen werden, besonders wenn die umgebende Landschaft das anbietet.

Abb. 58: Dressurplatz-Abmessungen

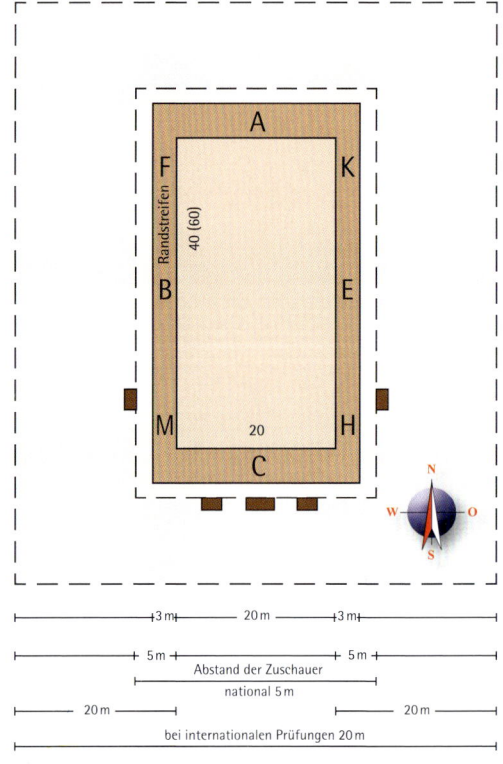

Reitplätze

Übersicht 30: Mindestmaße von Außenplätzen auf Turnieren

SPRINGEN	Kl. E bis M*	Kl. M** und höher
Mindestgröße	2.800 m²	4.000 m²
Mindestbreite	40 m	50 m
Sonstiges		Ein Springplatz, auf dem Springprüfungen der Kl. M und/oder Kl. S ausgetragen werden, muss über mindestens einen, ggf. mobilen Wassergraben verfügen.
REITPFERDEPRÜFUNGEN		
Mindestgröße	1.200 m²	(Empfehlung: 25 x 50 bis 30 x 60 m)
Mindestbreite	20 m	

DRESSURPRÜFUNGEN: Der Dressurplatz im Freien ist in geeigneter Weise zu umgrenzen.

	national	international
Reitponys	20 x 40 m oder 20 x 60 m je nach Ausschreibung	20 x 60 m
Reitpferde	20 x 40 m oder 20 x 60 m je nach Ausschreibung	20 x 60 m
Einspänner	40 x 80 m	40 x 80 m
Zweispänner	40 x 80 m oder 40 x 100 m je nach Ausschreibung	40 x 100 m
Vier- und Mehrspänner	40 x 100 m	40 x 100 m, Abstand zu Zuschauern möglichst 10 m an drei Seiten, 20 m bei Einfahrt bei A
Gebrauchsprüfungen	30 x 60 m	

HINDERNISFAHREN	Kl. E bis M	Kl. S	international
Mindestgröße	4.000 m²	5.000 m²	70 x 120 m
Mindestbreite	50 m	50 m	
VORBEREITUNGSPLÄTZE	Die Vorbereitungsplätze müssen in der Nähe des Prüfungsplatzes liegen und im angemessenen Verhältnis zum Prüfungsplatz stehen, in der Regel 20 x 60 m. (Bei größeren Veranstaltungen sollte auch der Vorbereitungsplatz größer sein.)		
VOLTIGIEREN	Prüfungs- und Vorbereitungsplatz Durchmesser: mindestens 20 m, zusätzlich 2,0 m Freiraum bis zur Platzabgrenzung; international: 20 x 25 m		
WESTERNREITEN (EWU)	C-/B-Turniere	A-/Q-Turniere	
	45 x 20 m	45 x 20 m	
	Vorbereitungsplatz: 20 x 40 m		
ISLANDPFERDE (IPZV)	zusätzlich mindestens 200 m lange Ovalbahn benötigt, zusätzlich eine Passbahn		

Dressurplätze, die für Turnierprüfungen genutzt werden, sollen möglichst in Nord-Süd-Richtung angelegt sein, damit die Richter am Bahnpunkt C nicht gegen die Sonne blicken müssen. Neben der reinen Reitfläche, 20 x 40 m in den Klassen E bis L, 20 x 60 m in den Klassen L bis S soll möglichst zusätzlich ein bereitbarer Randstreifen an den Seiten von mindestens 3,00 m und am Einritt von mindestens 5,00 m vorgesehen werden.

Für Zuschauer ist ein Mindestabstand vom Hufschlag von 5,00 m bei nationalen und von 20 m bei internationalen Prüfungen vorgeschrieben. Außerdem muss Raum für Richterkabinen eingeplant werden. Plätze für Gespanne sind 40 x 80 oder 40 x 100 m groß, Maße und Bezeichnungen eines Dressurplatzes für Gespannfahrer zeigt Abbildung 59.

Abb. 59: Dressurplatz Fahren

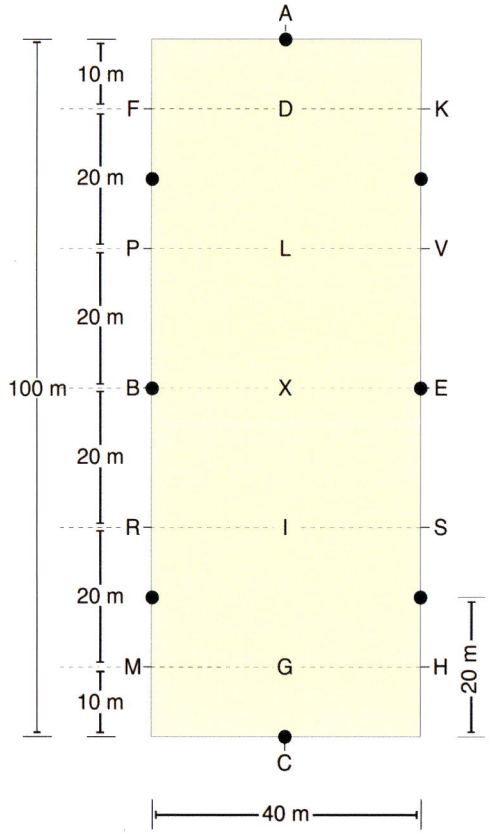

Auch bei den **Island- und anderen Gangpferden** gibt es Dressurplätze mit den Abmessungen 20 x 40 oder 20 x 60 m. Gangpferde verfügen über die zusätzlichen Gangarten Tölt und Pass. Diese werden auf ovalen Töltbahnen oder geraden Passbahnen trainiert und in Turnierprüfungen bewertet. In verschiedenen Kategorien bestehen unterschiedliche Bahnbreiten und -längen, maßgeblich ist die Islandpferdeprüfungsordnung für Sportpferde (FIPO).

Für Qualifikationen muss die **Ovalbahn** mindestens 200 m (Kategorie C) oder besser 250 m lang sein (Kategorie B und A), die Breite der Bahn beträgt 4,00 beziehungsweise 6,00 m. Zur Innenseite wird eine Gefälle vorgesehen, das auf den geraden Strecken 3,75 Prozent und in den Kurven 7,5 Prozent beträgt. Der innere Radius der Kurven beträgt 13, der äußere 17 m. Die zugelassenen Bahnen nach FIPO zeigen die nachstehenden Abbildungen.

Die **Passbahn** muss gerade, 250 m lang, eben und fest sein und eine Breite von mindestens 2,00 m pro Pferd aufweisen. Sie darf auf 100 m nicht mehr als 0,2 Prozent Gefälle haben und soll circa 8,00 m Einreitweg und circa 50 m Auslauf aufweisen.

Prüfungsplätze für **Westernreiten** sind mindestens 20 x 40 beziehungsweise 20 x 45 m groß.

Longierzirkel tragen zur Entlastung der Halle bei, sie sollen mindestens 14 besser 18 oder mehr Meter Durchmesser haben, Letztere können dann auch für das Voltigieren genutzt werden.

Wird der Longierzirkel eingezäunt, kann man ein Pferd frei laufen lassen oder ohne Longe arbeiten, im Westernreitsport nennt sich diese Variante „**Round Pen**". Die Höhe der Einzäunung soll gegebenenfalls mindestens 0,9 mal Widerristhöhe betragen.

Reitplätze

Abb. 60: Töltbahn nach FIPO

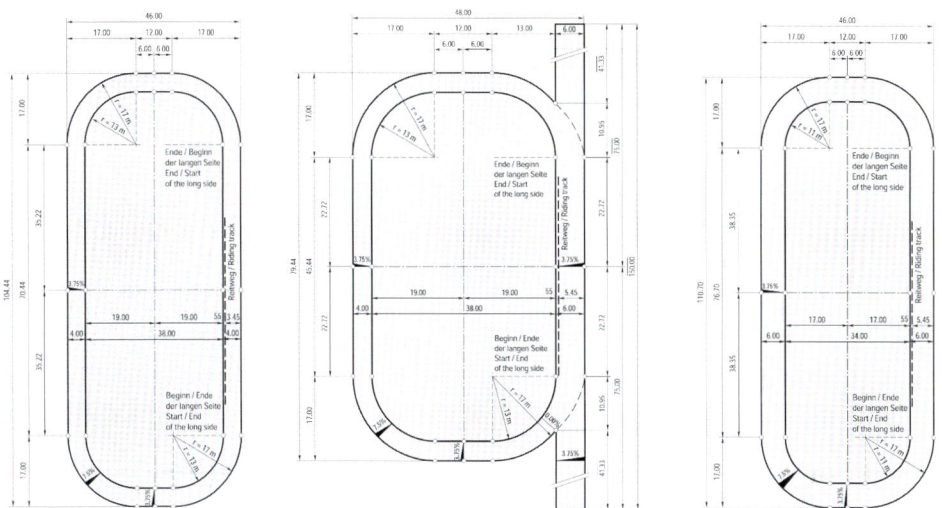

Abb. 61: Passbahn nach FIPO

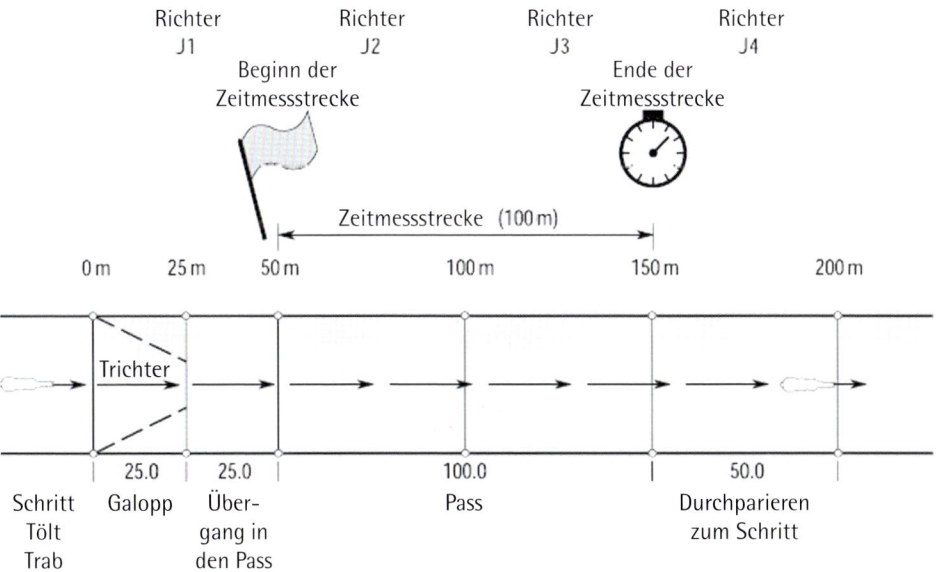

5.2 Einzäunung, Abgrenzung, Richterkabine

Einzäunung

Stabile Reitplatzeinzäunung

Wird ein Reitplatz für Anfängerunterricht oder für die Arbeit mit jungen Pferden verwendet oder sollen dort Pferde freilaufen, wird der Reitplatz eingezäunt, etwa 1,20 m hoch. Die Einzäunung soll stabil, pflegeleicht und dauerhaft sein. Sie muss auch Zuschauer verkraften, die sich darauflehnen. Die verwendeten Pfosten und Stangen müssen möglichst abgerundet sein.

Abgrenzung

Bei reinen Dressurvierecken reichen auch tiefer liegende Begrenzungen. Für Turnierprüfungen in der Dressur ist eine deutliche Markierung des Vierecks, bis zu 40 cm hoch national beziehungsweise 30 cm hoch (international, gemäß Artikel 429 FEI-RG Dressur) verlangt, die so beschaffen sein muss, dass sich ein Huf nicht verfangen kann. In der Regel dienen tragbare weiße Gatter aus Holz oder Kunststoff der Abgrenzung eines Dressurviereckes auf größeren Sand- oder Rasenplätzen.

Für die Umzäunung von Ovalbahnen gilt: „Die Umzäunung soll niedrig sein und darf die Pferde und die Richter nicht behindern." Passbahnen müssen an beiden Seiten der Bahn genau am Rande der Strecke eingezäunt sein. Darüber hinaus soll eine der beiden Seiten im Abstand von 5,00 bis 10,00 m mit einem zweiten Zaun versehen sein, hinter dem sich während des Rennens die Zuschauer befinden (FIPO, 2008).

Überschaubare Hecken sind insbesondere für Longierzirkel eine weitere sehr gute Möglichkeit der Abgrenzung. Schön und praktisch ist es, um den Reitplatz einen Wall aufzuschütten, der Zuschauern als natürliche Tribüne dient.

Wall als natürliche Tribüne

Richterkabine

Beim gemeinsamen Richten von Dressurprüfungen sitzen die Richter am Bahnpunkt C. Beim getrennten Richtverfahren sind folgende Richterpositionen möglich:
- drei Richter an den Bahnpunkten H-C-M, H-C-B, M-C-B oder B-C-E
- fünf Richter an den Bahnpunkten E-H-C-M-B

Wegen des besseren Überblicks werden die Richter etwa 5 m vom Hufschlag entfernt und möglichst 30 bis 50 cm erhöht platziert. Die Richterkabinen müssen drei Personen (zwei Richter, ein Protokollführer) und mindestens einer weiteren Person ausreichend Platz bieten, zum Beispiel Ansager, Nachwuchsrichter, Helfer für Eingabe der Noten in den Computer.

Benötigt wird eine stabile Schreibtischplatte, groß genug, damit der Protokollführer in bequemer Haltung schreiben kann, für das Abstellen von Getränken oder Verpflegung und zusätzlich für die Technik, die längst auch in der Richterkabine Einzug gehalten hat, zum Beispiel Computer, Musik-, Lautsprecheranlage, Mischpult. Der Einbau von Fensterscheiben (Schiebe- oder Klappfenster in der Vorderwand) und Regenablauf ist empfehlenswert.

Richterkabine

5.3 Beleuchtung

Der Gebrauchswert von Außenplätzen erhöht sich durch die Installation einer künstlichen Beleuchtung wesentlich, weil sich Reiter und Pferd so zusätzlich im Freien bewegen können und die Reithalle in der dunklen Jahreszeit entlastet wird. Dieses Ziel kann schon mit einfacher Beleuchtung ohne eine Flutlichtanlage erreicht werden. Werden jedoch Reitunterricht oder Veranstaltungen bei Dunkelheit im Freien angeboten, ist eine Flutlichtanlage wünschenswert. Für deren Konzipierung soll eine Fachfirma zurate gezogen werden. Auch für Außenplätze ist im Übrigen die bereits im Kapitel Reithallen erwähnte Norm DIN EN 12193 maßgeblich.

Allgemein gilt:
- Die horizontale Beleuchtungsstärke soll je nach Nutzung zwischen 75 und 100 Lux (freizeitsportliche Betätigung, Training, einfache Wettbewerbe) und 200–300 Lux (Wettkämpfe auf mittlerem Niveau) betragen.
- Bei Neubau oder Modernisierung werden nur noch asymmetrische Planflächenstrahler eingesetzt, weil Lichtimmissionen und Blendwirkung geringer sind und die Ausleuchtung trotz niedrigerer Masthöhe präziser ist (statt der früher üblichen symmetrischen Scheinwerfer).
- Wenn die Strahler einzeln geschaltet werden können, lässt sich die Ausleuchtung dem Bedarf anpassen und der Anlaufstrom ist geringer.
- Die Beleuchtung soll möglichst insektenfreundlich sein: waagerechte Anbringung und Abdichtung nach oben, da nach oben abgestrahltes Licht mehr Insekten anzieht; insgesamt gute Abdichtung der Lampe, damit Insekten nicht eindringen können.

Bei Dressurplätzen oder allgemein kleineren Reitplätzen werden die Masten mit mindestens einem Meter Abstand außerhalb der Reitfläche aufgestellt. Die Höhe richtet sich nach der Anzahl der Masten, der Art der verwendeten Strahler und der Lichtpunkthöhe. Der Begriff Lichtpunkthöhe beschreibt, aus welcher Höhe das Licht auf die zu beleuchtende Fläche fällt. Bei einer Lichtpunkthöhe unter 16 Meter nimmt die Gleichmäßigkeit der Ausleuchtung ab und die Blendgefahr zu.

Bei größeren Springplätzen muss der Standort der Masten und deren Lichtpunkthöhe individuell unter Berücksichtigung der Abmessungen geplant werden. Sinngemäß gelten ansonsten die zur Halle niedergelegten Hinweise, siehe Kapitel 4.2.

5.4 Anlage von Reitplätzen im Freien

Reitplätze sollen:
- pferdegerecht,
- umweltgerecht und
- möglichst witterungsunabhängig nutzbar sein.

Aufbau und Materialien richten sich nach dem Verwendungszweck, den Ansprüchen und den finanziellen Möglichkeiten. Aufwendig gebaute Reitplätze haben ihren Preis, also muss der Pferdesportverein oder Pferdebetrieb abwägen, welche Lösung für das eigene Angebot sinnvoll und realisierbar ist. Ein Patentrezept für einen billigen Allwetter-Reitplatz gibt es ebenso wenig wie einheitliche Bauanleitungen oder DIN-Normen. Dagegen sind ehrgeizige Werbeversprechungen in der Fachwelt verbreitet und es gibt eine bunte Vielfalt von Anbietern und Systemen. In den „Empfehlungen für Planung, Bau und Instandhaltung von Reitplätzen im Freien" der Forschungsgesellschaft Landschaftsentwicklung Landschaftsbau (FLL) – im Folgenden kurz „FLL-Empfehlungen Reitplätze" genannt – sind eine Reihe allgemeiner Grundsätze und diverse Richtwerte zusammengetragen. Die Lektüre sei daher nicht nur Reitplatzbauern empfohlen. Jedoch konnten auch hier mangels objektiver Beurteilungskriterien (noch) nicht alle Systeme behandelt werden.

Somit bleibt die Empfehlung, Fachplaner und Firmen zurate zu ziehen, die Erfahrungen mit dem Bau von Reitplätzen haben, und Reitplätze persönlich anzusehen, die in der angebotenen Weise gebaut wurden. Nur so kann beurteilt werden, ob der geplante Platz zu den eigenen Vorstellungen passt und sich ein Platz auch noch nach einigen Jahren bewährt.

Turnierplätze müssen mitunter schwere Regenfälle verkraften

Nutzungsart und -frequenz müssen dabei natürlich berücksichtigt werden. Viele Beispiele aus der Praxis zeigen, dass zunächst billig erscheinende Lösungen letztlich doch teurer werden, wenn der Platz entweder bei ungünstiger Witterung nicht zur Verfügung steht oder immer wieder neue Kosten durch Sanierungsversuche auftreten.

Bauweisen, Schichtenfolge und Aufgaben

Grundsätzlich werden Ein-, Zwei- und Drei-Schicht-Bauweisen unterschieden. Welche dieser Bauweisen favorisiert wird, hängt von der Nutzungsart ebenso ab wie von der Nutzungsfrequenz, der Beschaffenheit des Baugrundes und den vorgesehenen Baustoffen, eine Entscheidungshilfe findet sich in Abbildung 62.
Konventionelle Reitplätze entwässern das Niederschlagswasser zu einem mehr oder weniger großen Anteil senkrecht durch die Schichten.

Einige Anbieter fassen allerdings Schichten zusammen, entwässern überwiegend über die Oberfläche der Tretschicht oder gehen mit dem Anstausystem ganz andere Wege. Nachstehend zunächst die Erläuterung der Fachbegriffe und einige grundlegende Informationen für konventionelle Bauweisen.

Reitplätze

Abb. 62: Entscheidungspfad zur Auswahl der Bauweise von Reitplätzen ohne Rasendecke

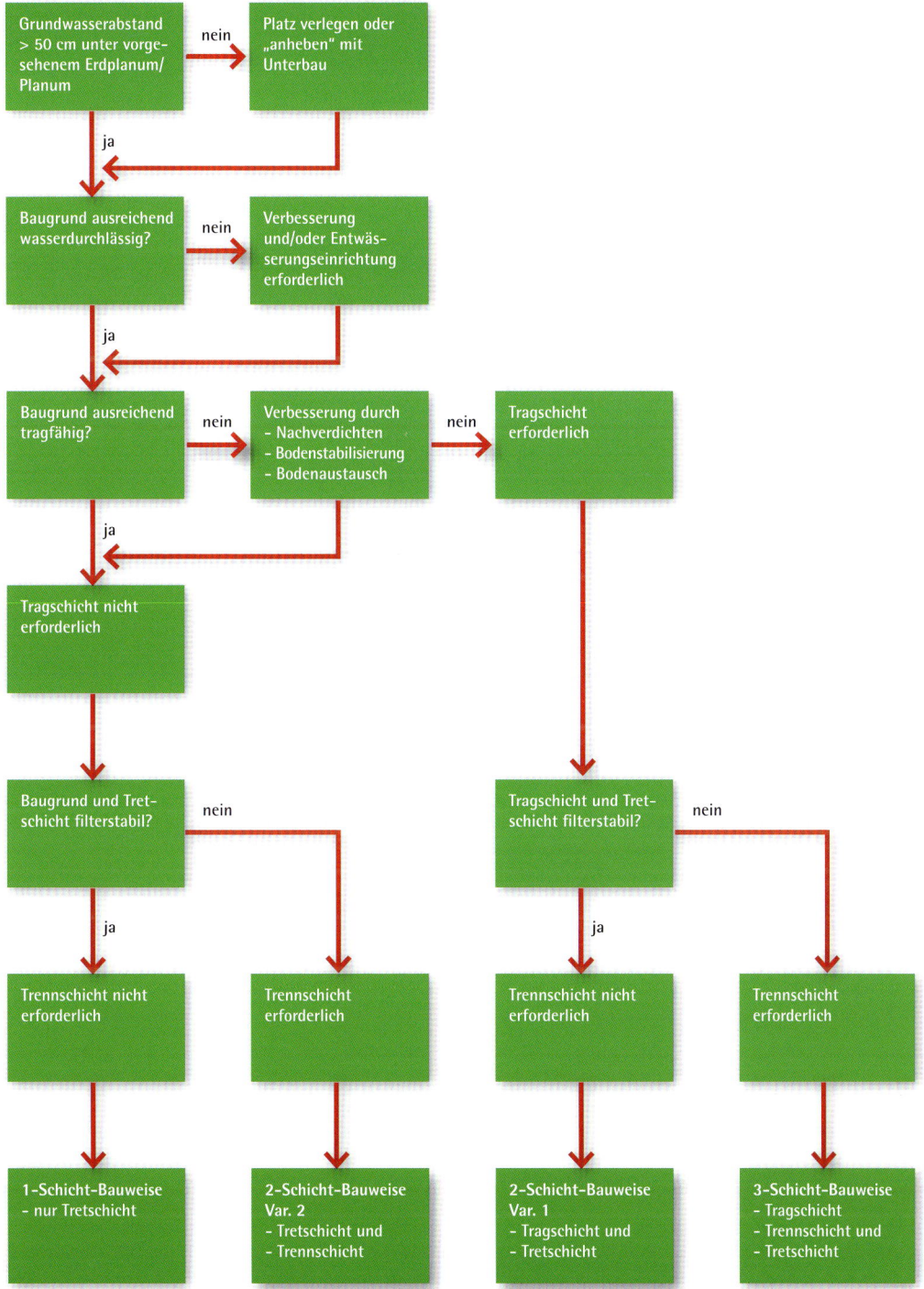

Baugrund

Der Baugrund besteht aus dem Untergrund, dem natürlich anstehenden Boden und dem eventuell erforderlichen Unterbau, das sind Aufschüttungen auf dem Untergrund zum Höhenausgleich (Einebnung) oder Verbesserung der Tragfähigkeit (man spricht auch von „verbessertem Unterbau"). Die erhöhte Anlage des Reitplatzes gegenüber dem angrenzenden Boden um 35 bis 50 cm gewährleistet eine bessere Abführung des anfallenden Oberflächenwassers. Für den Unterbau ist ein einbaufähiger, gut verdichtbarer, wasserdurchlässiger Boden zu verwenden.

Wesentliche Eigenschaften des Baugrundes/Unterbaus sind dessen Standfestigkeit und Tragfähigkeit. In den Baugrund wird die eventuell erforderliche Drainage verlegt.

Unter **Baugrundplanum** oder Erdplanum versteht man die ebenflächig planierte, mit Gefälle angelegte Oberfläche des Baugrundes. Das Baugrundplanum muss ebenfalls tragfähig sein und seine Tragfähigkeit und Ebenflächigkeit auch während der Bauzeit trotz der eventuell stärkeren Belastung durch das Befahren mit schweren Maschinen behalten. Das Baugrundplanum wird mit **Gefälle** von 0,8 bis 2 Prozent angelegt. Möglich sind (siehe Abbildung 63):
- Pultdachgefälle
- Satteldachgefälle

Abb. 63: Gefällearten

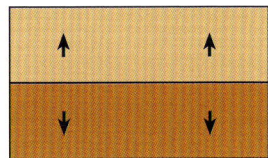

Satteldach

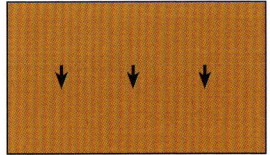

Pultdach

Für Plätze bis etwa 30 m Breite empfiehlt sich das Pultdach, für breitere Plätze werden meist Satteldachgefälle eingesetzt. Walmdachgefälle eignen sich nicht, da sie in der Pflege in der Regel nicht beibehalten werden können. Bei allen Gefällearten können sich bei schweren Regenfällen Feinteile außen absetzen.

Auf den Baugrund werden folgende Schichten aufgebaut:
- **Tragschicht**
- **Trennschicht**
- **Tretschicht**

Abb. 64: Schichtenfolge

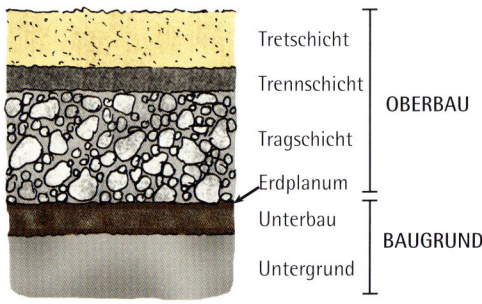

Tragschicht

Die Tragschicht dient der Tretschicht als standfeste Unterlage. Sie muss wasserdurchlässig und frostbeständig sein sowie überschüssiges Wasser abführen. Die Dicke der Tragschicht ist von der Tragfähigkeit des Baugrundes und vom verwendeten Material oder System abhängig. Auf eine Tragschicht kann eventuell verzichtet werden, wenn der Baugrund selbst den vorbeschriebenen Anforderungen genügt.

In der Regel besteht die Tragschicht aus einem wasserdurchlässigen Schottergemisch, je nach Baugrund 15 bis 40 cm dick, welches durch weitgestuften Kornaufbau und ein in sich verkeilendes Korngerüst den ausreichenden Verbund sicherstellt, ohne dass die Wasserdurchlässigkeit beeinträchtigt wird. Der Verdichtungsgrad muss hoch sein, Gefälle: 0,8 bis 1,5 Prozent. Es soll gebrochenes Material verwendet werden.

Tragschichten aus Beton oder Asphalt werden für den Neubau nicht mehr empfohlen. Bestehende Plätze können natürlich weiter verwendet werden, eventuell ist zur Wasserableitung das Einfräsen von Schlitzen erforderlich oder der Einsatz angepasst dimensionierter Tretschichten. Spezielle konstruierte Gitterplatten übernehmen teilweise zugleich Trag- und Trennschicht-Funktionen.

Trennschicht

Die Trennschicht soll die Vermischung von Tret- und Tragschichtbestandteilen verhindern, sie muss also filterstabil gegenüber der Tragschicht und der Tretschicht sein, außerdem wasserdurchlässig und frostbeständig und darf nicht zur Porenverstopfung neigen. Sie soll Wasser speichern, überschüssiges Wasser abführen und punktueller Druckbelastung standhalten.

Abb. 65: Scherfestigkeit

Die Trennschicht muss Scherfestigkeit (Widerstandsfähigkeit gegen schräg wirkende Kräfte) aufweisen, damit die Hufe das Korngerüst der Tragschicht nicht beschädigen (Abbildung 65).

Die Oberfläche der Trennschicht muss griffig sein, damit die Tretschicht nicht auf der Trennschicht rutscht.
Trennschichten sind in der Regel 4 bis 10 cm dick und können aus Baustoffgemischen mit oder ohne Bindemittel hergestellt werden, hierzu wird ein weit abgestufter Kornaufbau zum Beispiel 0/11 bis 0/16 mm verwendet (z.B. Kalkbrechsand, Lava, Ziegelbruch).
Trennschichten aus Matten und Gittern bestehen aus Kunststoff oder Gummi, sie müssen chemisch und physikalisch stabil, schlag- und stoßfest sein sowie sicher gegen Versprödung (keine scharfkantigen Bruchstellen). Auch bei Hitze, Nässe oder Frost dürfen sie ihre Lage nicht verändern.

Die Gitter werden je nach Anbieter mit Kies, Lava oder gewaschenem Sand verfüllt.
Werden Geokunststoffe eingesetzt, müssen sie, wie zuvor beschrieben, hohe Punktbelastung vertragen und bei unterschiedlichen Witterungsverhältnissen dauerhaft lagestabil und wasserdurchlässig bleiben. Vliese haben sich als Trennschicht in der Praxis nicht bewährt, da sie diese Anforderungen nicht erfüllen und durch Pflegemaßnahmen oder Beritt nach einiger Zeit verzogen oder beschädigt wurden.

Tretschicht

Die Tretschicht ist die oberste Schicht des Reitplatzes. Die Tretschicht muss bei gewisser Nachgiebigkeit trittfest und rutschsicher sein, dabei Wasser speichern und dennoch das Niederschlagswasser möglichst schnell ableiten. Außerdem soll sie die Hufe/Beschläge nicht zu stark abnutzen, pflegeleicht sein und lange halten. Wesentlich ist, dass die Trenn- und Tretschicht aufeinander abgestimmt sind. Viele Probleme entstehen im Übergangsbereich, wo sich zwischen den beiden Schichten mit der Zeit verdichtete wasserundurchlässige Zonen bilden. Das Übel liegt dann nicht, wie oft fälschlich angenommen, in einer nicht funktionierenden Dränage.

Die Schichtdicke beträgt je nach eingesetztem Material und der Nutzungsart 8 bis 12 cm. Die Eindringtiefe des Hufes soll zwischen 1 und 6 cm betragen, abhängig vom Baustoff, der Gangart und vom Wassergehalt.

Hufspur

Tretschichten bestehen in der Regel aus:
- **Sand:** Plätze mit reinem Sandbelag sind im Vergleich zu Mischungen mit Holz- oder Kunststoffpartikeln weniger scherfest und neigen bei trockenem Wetter vermehrt zum Stauben.
- **Sand mit Zuschlagstoffen:** Zuschlagstoffe wie Holzschnitzel (Weichholz) oder Kunststoffmaterialien dienen der Verbesserung der Trittfestigkeit und der Wasserspeicherfähigkeit (Staubbindung).

Bei der Zusammensetzung der Tretschicht sollte der Nutzungsschwerpunkt berücksichtigt werden: für Springen und Fahren etwas fester, für Dressur und Voltigieren etwas elastischer. Diese Eigenschaften werden durch den eingesetzten Sand und den Anteil an Zuschlagstoffen variiert.

Die Verwendung **geeigneten Sandes** ist entscheidend! Es werden Flusssande (eventuell gewaschen) mit der Körnung von 0/1 bis 0/4 mm mit geringen Nullanteilen verwendet. Als Nullanteile bezeichnet man Partikel mit einer Korngröße von unter einem Millimeter. Die Kornform soll überwiegend gedrungen sein, mit nicht mehr als 25 Prozent gebrochenem Material, damit die Hufe nicht zu sehr abgerieben werden und die Zuschlagstoffe nicht zu früh verschleißen.

Entscheidend wichtig für die Beurteilung ist die **Korngrößenverteilung** innerhalb der Sandmischung.

Denn die Bezeichnung von zum Beispiel 0/3 sagt zwar aus, dass in der Mischung sehr feine bis 3 mm große Sandkörner enthalten sind, nicht jedoch, wie groß der Anteil der einzelnen Korngrößen in der Sandmischung ist. Die Körnungslinie stellt also grafisch dar, welche prozentualen Anteile verschiedener Korngrößen die Sandmischung enthält. Die Verteilung wird mithilfe von Sieben mit unterschiedlichen Maschenweiten ermittelt und daher auch als Sieblinie bezeichnet. Die Kornabstufung soll im Bereich der in Abbildung 66 angegebenen Grenzen liegen, damit sich die Mischung zur Trittfestigkeit genügend verzahnt und dabei trotzdem wasserdurchlässig und „elastisch" bleibt.

Abb. 66: Körnungslinienbereich

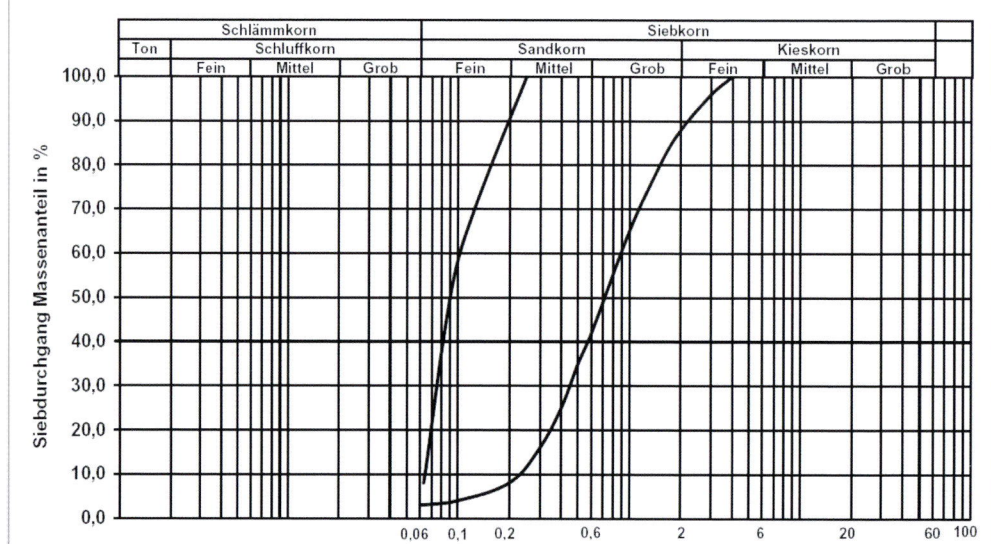

Neben der Korngröße, der Kornform und der Kornabstufung ist noch die chemische Zusammensetzung wichtig, insbesondere soll der Sand keine oder nur wenige Kalkanteile enthalten, da diese zusammen mit Wasser harte und wasserundurchlässige Stellen bilden können (< fünf Massenprozent löslichen $CaCO_3$).

Hinsichtlich der **Holz-Zuschlagstoffe** gibt es keine einheitliche Verwendung der Begriffe (Holzschnitzel, Sägespäne, Hackspäne, Gatterspäne etc.), daher muss vor Beschaffung von Holz-Zuschlagstoffen geklärt werden, ob Besteller und Lieferant das Gleiche unter dem verwendeten Begriff verstehen. Hier werden unter „Holzschnitzeln" die für Reitplätze geeigneten flachen, 1 bis 2 mm dicken, etwa 2 bis 5 cm langen und 0,5 bis 3 cm breiten Holzteilchen verstanden. Je nach Qualität des Sandes, den verwendeten Schnitzeln und der Art der Nutzung beträgt der Anteil 10 bis 50 Volumenprozent, wobei mindestens 50 Prozent gröbere Bestandteile und höchstens 25 Prozent feinere Teile (grobe Sägespäne) enthalten sein sollten. Holzschnitzel mit Rindenanteilen eignen sich auf dem Außenplatz weniger, da sie relativ schnell verrotten und bei Nässe rutschig werden.

Verschiedene Bestandteile sollen möglichst vorgemischt aufgebracht werden, da sich die gewünschte Mischung durch das Bereiten nicht oder erst nach langer Zeit ergibt.

Bei Verwendung von **Recyclingmaterialien**, zum Beispiel Kunststoffschnitzel, Granulate, Vliesstoffe, ist darauf zu achten, dass sie unbedenklich für die Gesundheit von Mensch, Tier und Umwelt sind, auch unter Einfluss von Sonne, Frost und Ausscheidungen – weitere Aspekte hierzu finden sich zum Reithallenbelag in Kapitel 4.4.

Es gibt auch Tretschichten, die nur aus synthetischen Stoffen bestehen. Neben den sportfunktionellen Anforderungen wie Rutschfestigkeit, Elastizität müssen auch hier umwelt- und gesundheitsrelevante Aspekte beachtet werden.

Gefälle und Entwässerung

Die Entwässerung erfolgt bei konventionellen Systemen durch waagerechtes und senkrechtes Versickern der Niederschläge durch die Tret- und Trennschicht sowie, soweit vorhanden, die Tragschicht. Der Abfluss überschüssigen Wassers erfolgt über die Platzoberfläche sowie das Gefälle auf dem stabilisierten Baugrundplanum, je nach Aufbau des Reitplatzes oder System entweder direkt ins Umland, in Entwässerungsgräben oder in ein Dränleitungssystem (bei ungünstigen Baugrundverhältnissen).

Drängräben werden je nach Bodenart in einem Abstand von 3,00 bis 12,00 m in den Baugrund verlegt, bei einem Durchmesser der Dränrohre von möglichst 10 cm. Über die Dränstränge wird das anfallende Sickerwasser einem Vorfluter zugeführt. Die Einbautiefe (Sohle) der Dränstränge soll 30 bis 60 cm betragen. Die Dränstränge müssen über Kontrollschächte an den Enden außerhalb des Platzes gespült werden können. Das Gefälle soll 0,33 bis 0,5 Prozent betragen. Die Drängräben müssen mit wasserdurchlässigem Material verfüllt werden. Der äußere Drängraben soll möglichst außerhalb des Hufschlages liegen. Den Verlauf von Dränsträngen zeigt schematisch Abbildung 67.

Wie erwähnt, wird die Bedeutung von Dränagen mitunter überschätzt. Bei vielen Plätzen mit Entwässerungsproblemen zeigt eine Untersuchung, dass die Dränleitungen in Ordnung sind und Verdichtungen und Wasserundurchlässigkeit nicht im Baugrund vorliegen, sondern in den darüberliegenden Schichten.

Abb. 67: Anordnung der Dränage

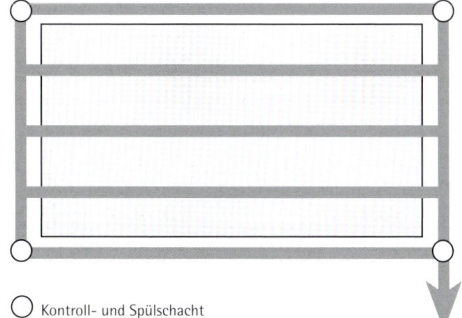

○ Kontroll- und Spülschacht

Liegt der Reitplatz an einem Abhang, dann ist das hangseitig zu erwartende Oberflächenwasser außerhalb des Platzes abzuleiten. Weitere Hinweise können der DIN 18035-3 Sportplätze – Entwässerung entnommen werden.

Anstausystem

Anstausysteme beschreiten andere als die zuvor beschriebenen Wege: In einer Wanne aus stabiler Folie werden Kunststoff-Rohre verlegt, die der Be- und Entwässerung dienen. Die Wanne wird dann mit Sand verfüllt. Die Trittfestigkeit der Tretschicht wird durch den Wasserstand über eine Pumpe von einem Schacht aus geregelt.

Anlage eines Platzes mit Anstausystem

Rasenplätze

Es ist durchaus möglich, Rasenplätze anzulegen, die strapazierfähig sind und neben dem „Allwetterreitplatz" ihre Berechtigung haben. Aber natürlich müssen Witterungsverhältnisse und Regenerationszeiten beachtet werden.

Auch bei Rasenplätzen gibt es unterschiedliche Bauweisen:
- Die Zweischicht-Bauweise mit zwei Varianten: Dränschicht- oder Speicherschicht-Bauweise und
- die Einschicht-Bauweise, die oberhalb des Baugrundes nur aus einer sogenannten Rasentragschicht besteht.

Für den Baugrund gilt zusätzlich zu den Ausführungen in diesem Kapitel, dass Rasen darauf wachsen kann. Er muss also durchwurzelbar sein, Wasser und Nährstoffe aufnehmen und speichern können. Erforderlichenfalls muss der Baugrund dazu verbessert werden (zum Beispiel durch Einbringen von Sand) oder es ist die Erstellung einer gesonderten Drän- oder Speicherschicht notwendig.

Rasenplätze haben ihre Berechtigung

Im Gegensatz zu den Begriffen und Definitionen des künstlichen Platzes wird die oberste Schicht des Rasenplatzes nicht als Tretschicht, sondern als Rasentragschicht bezeichnet. Damit der Rasen gut gedeihen kann, muss die Rasentragschicht ausreichende Wasserkapazität haben und Nährstoffe speichern können.

Für die Neuansaat oder Nachsaat sind Mischungen aus intensiv- und tief wurzelnden sowie ausläufertreibenden Gräsern besonders geeignet. Hierfür hält der Fachhandel strapazierfähige Sorten in speziellen Mischungen bereit, zum Beispiel mit Rohrschwingel (Festuca arundinacea) und Wiesenrispe (Poa pratensis) oder Weidelgras (Lolium perenne). Neben Neuan- oder Nachsaat ist im Sportplatzbau der Einsatz von Rollrasen weitverbreitet, weil er wesentlich schneller belastet werden kann, auch hier gibt es spezialisierte Anbieter.

Ein strapazierfähiger Rasen kann nur durch angepasste Düngung (nach Bodenuntersuchung) und regelmäßiges Mähen erhalten werden. Außerdem muss Rasen stets ausreichend bewässert werden, das soll je nach Witterung weniger oft, aber mit größeren Wassermengen erfolgen, um die Wurzeln anzuregen, in die Tiefe zu wachsen und nicht an der Oberfläche zu bleiben. Unmittelbar nach einer Benutzung wird durch Walzen der Anschluss eventuell gelockerter oder ausgerissener Pflanzen wieder hergestellt. Mindestens einmal im Jahr muss der Rasenfilz durch Vertikutieren herausgearbeitet werden. Außerdem muss der Platz regelmäßig belüftet, eventuell besandet werden, zur Verminderung von Verdichtungen und damit die Wurzeln wieder besser wachsen können.

Weitere Hinweise finden sich in der DIN 18035, Teile 2 Bewässerung und 4 Rasenflächen sowie in den „FLL-Empfehlungen Reitplätze".

5.5 Pflege, Beregnung

Pflegemaßnahmen

Jeder Reitplatz bedarf regelmäßiger Pflege. Umfang und Art der Pflegemaßnahmen hängen ab von:
- der Intensität der Nutzung
- der Art der Nutzung (Schulstunde, Einzelreiter, Dressur, Springen, Longieren)
- den Witterungsverhältnissen
- der Zusammensetzung der Tretschicht

Bei stärkerer Frequentierung soll die Tretschicht täglich eingeebnet werden. Hierfür wird zweckmäßigerweise ein Planierschild eingesetzt, welches einen verstellbaren Neigungswinkel hat und nach Möglichkeit mit Zusatzgeräten (Zinken, Walze) kombiniert werden kann. Hindernisse müssen bei den Pflegemaßnahmen versetzt oder vom Platz gebracht werden. Das Entfernen der Pferdeäpfel verlängert die Lebensdauer der Tretschicht.

Die Tretschichtdicke soll immer gleichmäßig bleiben, damit die Pferdehufe nicht auf die Trennschicht hindurchtreten und Teile aus dem Verbund lösen. Die Schichtdicke wird mithilfe eines Zollstocks kontrolliert und nötigenfalls korrigiert. Je länger eine Tretschicht genutzt wird, je „verbrauchter" sie also ist, desto mehr Schmutz- und Feinbestandteile bilden sich. Das trägt zu höherer Staubbildung bei und kann dazu führen, dass sich die Trennschicht zusetzt. Ist eine Trennschicht zugesetzt, kann eine Sanierung aufwendig, eventuell unmöglich werden. Also ist wichtig, die Tretschicht von Zeit zu Zeit zu ergänzen und rechtzeitig auszuwechseln, in der Regel nach drei bis fünf Jahren (etwa 5.000 bis 10.000 Betriebsstunden).

Beregnung
Zur Staubvermeidung, Erhöhung der Haltbarkeit und Verbesserung der Trittfestigkeit sollen Außenplätze möglichst gleichmäßig feucht gehalten werden. Die Tretschichten von Plätzen mit Anstausystem sind bei richtigem Management systembedingt ständig feucht. Die Kriterien zur Planung sind ansonsten:
- der Wasserbedarf und -entnahmemöglichkeiten
- die Investitionskosten
- die Betriebskosten (Strom- und Wasserverbrauch)
- die Gleichmäßigkeit der Bewässerung

Folgende Möglichkeiten bestehen:
- Beregnung per Hand mittels Wasserschlauch
- Regner auf Stativen
- Einsatz von Wasserwagen oder Wassertanks
- halb automatischer Beregnungswagen (Einzugsregner)
- Unterflurbewässerung
- stationäre Beregnungsanlagen mit Halbkreis- oder Vollkreisregnern

Eine Beregung von Hand erfordert viel Zeit, außerdem ist fraglich, ob eine genügende Gleichmäßigkeit erreicht werden kann. Das gilt ebenso für den Einsatz von Stativregnern, die umgesetzt werden müssen und zudem zum Tropfen neigen. Die Bewässerung mithilfe von Wasserwagen ist ebenfalls arbeitsaufwendig und die Gleichmäßigkeit fraglich. Wird ein Bahnplaner eingesetzt, auf dem ein Wassertank montiert werden kann, wird die ohnehin notwendige Pflege und Beregnung in einem Arbeitsgang zeitsparend erledigt.
Bei sogenannten Einzugsregnern ist ein Schwinghebelregner auf einer Maschine montiert, die sich selbst an einem Drahtseil geradeaus über den Platz zieht. Ist der Wagen am Ende angekommen, stellt er sich automatisch ab. Solche Wagen werden von Vereinen/Betrieben eingesetzt, denen eine fest eingebaute Regneranlage zu teuer ist.
In Beregungsanlagen werden Halbkreisregner und/oder bei größeren Plätzen auch Vollkreisregner so angeordnet, dass eine möglichst gleichmäßige Bewässerung erreicht wird. Je nach Anzahl der verwendeten Regner und Systeme resultieren bei verschiedenen Anbietern unterschiedliche Gleichmäßigkeiten und unterschiedlicher Wasserverbrauch, daher sollten mehrere Varianten verglichen werden.

Schwinghebelhalbkreisregner

Die Regner können je nach Platzverhältnissen auf Stativen oder Pfosten angebracht oder versenkt eingebaut werden. Versenkt eingebaute Regner fahren mit der Wasserzufuhr aus einem Schacht heraus und versenken sich nach Beendigung automatisch wieder. Sie müssen aus korrosionsbeständigen Materialien bestehen und werden in der Regel außerhalb der Reitfläche eingebaut. Es werden Schwinghebel- und Getrieberegner unterschieden, Letztere erreichen eine bessere Gleichmäßigkeit und arbeiten geräuschärmer. Voraussetzung für eine funktionierende Beregnungsanlage ist ein ausreichender und konstanter Wasserdruck.

Außerdem muss die Wasserqualität berücksichtigt werden, so sind zum Beispiel bei kalkhaltigem Wasser zusätzliche Filter nötig, eisenhaltiges Wasser führt unter Umständen zu erhöhter Belastung der Düsen und sonstiger Anlagenteile und ist daher eventuell nicht geeignet.

Reitplätze

Auf großen Außenplätzen kommen Vollkreis- oder Halbkreisregner zum Einsatz

Abb. 68: Halbkreisregner

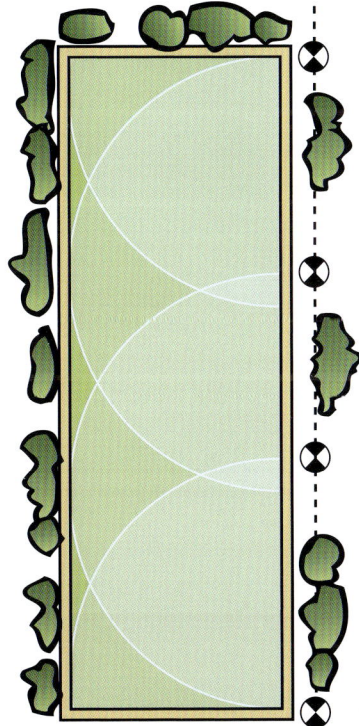

Steuerung

Beregnungsanlagen können von Hand, halb automatisch durch Zeitschaltuhr oder vollautomatisch gesteuert werden. Eine vollautomatische Steuerung beginnt bei der Koppelung mit Regenmesser oder Feuchtigkeitssensor und reicht bis zum Einsatz einer computerüberwachten Wetterstation.

Aufwendige Anlagen senden bei Störungen qualifizierte Meldungen auf ein Handy, PDA (Personal Digital Assistant/„Organizer") oder einen Computer, sodass der Betreiber oder die Wartungsfirma schon aus der Entfernung abschätzen kann, welcher Fehler vorliegt.

Beregnungsanlagen im Freien sind windempfindlich, wie stark, hängt von der gewählten Wurfweite, dem Wurfwinkel, dem Wasserdruck und der Höhe ab, in der die Regner angebracht sind. Das ist zu bedenken, wenn automatische Steuerungen eingesetzt werden. Aus Kosten- und Umweltgründen sollen Beregnungsanlagen nur abends, nachts oder früh am Morgen laufen.

5.6 Sanierung von Reitplätzen

Es kann viele Gründe haben, wenn ein Reitplatz nicht „funktioniert". Am meisten treten folgende Probleme auf:
- Unebenheit
- ungenügende Wasserableitung nach Regenfällen
- mangelnde Trittfestigkeit (rutschiger Belag)
- Steine in der Tretschicht
- zu tiefes Einsinken

Im Prinzip kann die Ursache eines Problems in jeder Schicht des Reitplatzes liegen, besonders häufig bilden sich jedoch in der Trennschicht wasserundurchlässige Verdichtungen. Mitunter wurden auch falsche oder nicht zusammenpassende Materialien verwendet oder der Platz wurde nicht häufig genug oder nicht richtig gepflegt.

Mulden, in denen Niederschläge stehen bleiben, müssen eingeebnet werden. Liegen Vertiefungen in der Tragschicht vor, muss diese ausgebessert werden. Plätze mit ungleichmäßiger Feuchtigkeit weisen unter feuchteren Stellen wasserundurchlässige Verdichtungen auf. Sofern die darunterliegende Bodenschicht wasserdurchlässig ist, hilft eventuell ein punktuelles Durchstoßen.

Es kommt auch recht häufig vor, dass die Tretschicht nicht richtig zusammengesetzt ist. Böden mit hohem Sandanteil und wenig Zusatzstoffen (z.B. Holzschnitzel) sind zwar gut wasserführend, eventuell jedoch zu tief oder zu locker. Eine Analyse über die tatsächliche Zusammensetzung der Tretschicht kann Aufschluss geben.

Im Einzelfall muss zunächst ermittelt werden, wodurch die Probleme hervorgerufen werden, weiterhin müssen die Benutzungsstärke, die Art der Benutzung, mögliche Eigenleistungen etc. berücksichtigt werden. Wegen der relativ großen Fläche, der hohen Transport- und Arbeitskosten und des großen Materialbedarfs ist es normalerweise günstiger, einen Fachmann zurate zu ziehen, als selbst zu experimentieren.

5 Reitplätze

6. Gestaltung der Außenanlage

Schon mehrfach wurde darauf hingewiesen, dass eine gelungene Gestaltung den Freizeit- und Sportwert einer Anlage wesentlich erhöhen kann und darüber hinaus ihren speziellen Charme ausmacht.

Reiter haben durch die intensive Beziehung zu Pferden und ihr Wissen um deren Bedürfnisse beste Voraussetzungen für einen bewussten Kontakt und eine besondere Verantwortung für Natur und Umwelt. Die aktive Bereitschaft zur Erhaltung des Lebensraumes für Pflanzen und Tiere fängt bei der eigenen Reitanlage an. Stallgebäude und Außenanlagen bieten Lebensräume für Tiere wie zum Beispiel Schwalbe, Igel, Eule, Fledermaus, Siebenschläfer. Damit diese Tiere die Ernährungsgrundlage nicht verlieren, sollten Herbizide oder Insektizide in und an Ställen sowie auf dem Gelände der Reitanlage nicht verwendet werden.

Rauchschwalben wachsen im Pferdestall auf und jagen dort Insekten

Die Reitanlage selbst kann zur Gliederung und Durchgrünung von Siedlungsräumen beitragen und eine positive Wirkung auf Flora und Fauna haben. Sie sollte ökologische Bereicherung sein und auch für die nicht reitende Öffentlichkeit Erholungswert haben. Mit Pflanzen gestaltete Flächen oder Hofräume können die Schönheit und damit die Attraktivität wie das Image des eigenen Betriebs erheblich steigern. Meistens wird das Ergebnis durch Hinzuziehung von Fachleuten überzeugender.

Hasen haben sich auf der Anlage im Ballungsraum angesiedelt

Gestaltung der Außenanlage

6.1 Gliederung und Bepflanzung

Geeignete Gehölzarten

Bäume: Für einzeln oder in Gruppen stehende Bäume sind großkronige Baumarten besonders schön, vorzugsweise Laubbäume wie zum Beispiel Eiche, Ahorn, Linde, Kastanie.

Hecken: Dicht gewachsene Hecken aus verschiedenen, überwiegend heimischen Gehölzarten bieten viele Vorteile, sie:
- erfreuen durch abwechslungsreiche Blütenformen und -farben,
- bieten zahlreichen Tierarten Nistgelegenheiten und Unterschlupf,
- dienen den Tieren mit ihren Früchten und Beeren bis in den Winter hinein als Nahrungsquelle,
- geben Wind-, Schall- und Sichtschutz,
- verbessern das Kleinklima,
- verhindern Erosion auf gefährdeten Standorten (Abhänge, Wälle etc.),
- sind platzsparend, raumgliedernd und ökologisch wertvoll.

An geeigneten Stellen können Hecken und Wälle auch als Naturhindernis dienen.
Hecken bilden sich durch freien Wuchs oder Schnitt. Hinsichtlich der Pflanzenarten müssen Bodenansprüche und das Lichtbedürfnis der auszuwählenden Sträucher berücksichtigt werden. Für regelmäßig geschnittene Hecken eignen sich zum Beispiel folgende laubtragende Gehölze: Feldahorn, Buche, Hainbuche, Feuerdorn, Spierstrauch, Schneebeere, Weiß- und Rotdorn.
Für naturwüchsige Hecken in Mischanpflanzungen können zum Beispiel außerdem: Schwarzdorn (Schlehe), Schneeball, Hartriegel, Kreuzdorn, Sanddorn, Kornelkirsche, Schwarzer Holunder, Apfelrose sowie verschiedene andere Wildrosenarten verwendet werden.
In die Heckenreihe eingefügte kleinwüchsige Bäume, wie Eberesche, Birke, Obstbäume, Mehlbeerbaum, Wildkirsche, führen durch ihren Blütenreichtum zu einer Bereicherung, ergänzen den Baumbestand der Anlagen und sichern mit den anfallenden Fruchtbeständen ein erhöhtes Nahrungsangebot für viele Tierarten.

Giftige Gehölze, Stauden und Kräuter

Für Pferde giftige Pflanzen sollen nicht neu ausgewählt werden. Wenn wertvolle und attraktive Altbestände erhalten werden sollen, obwohl sie giftig sind (zum Beispiel alte Eiben oder Robinien), empfiehlt sich die Anbringung von Informationstafeln, das dient auch der Umweltbildung der Kundschaft. Einige wichtige Giftpflanzen:

Bäume und Sträucher
- Robinie (Robinia pseudoacacia)
- Lebensbaum (Thuja occidentalis)
- Goldregen (Laburnum anagyroides)
- Liguster (zum Beispiel Ligustrum vulgare)
- Eibe (Taxus baccata)
- Buchsbaum (Buxus sempervirens)

Stauden und Kräuter
- Stechapfel (Datura stramonium)
- Bingelkraut (Mercurialis perennis und -annua)
- Herbstzeitlose (Colchicum autumnale)
- Jacobskreuzkraut (Senecio jacobaea)
- Adlerfarn (Pteridium aquilinum)
- Sumpfschachtelhalm (Equisetum palustre)
- Schwarze Tollkirsche (Atropa belladonna)
- Roter Fingerhut (Digitalis purputea)
- Sumpfdotterblume (Caltha palustris)
- Schwarzes Bilsenkraut (Hyoscyamus niger)
- Schierling (Conium maculatum)
- Seidelbast (Daphne mezereum, -cneorum)

Weitere Hinweise zu Giftpflanzen können dem „Notfallratgeber Pferde und Giftpflanzen" entnommen werden (siehe Literaturverzeichnis).

Der schöne Fingerhut ist giftig

Pflanzstreifen und Abstände

Die Pflanzstreifenbreite für eine einreihige Schnitthecke beläuft sich je nach gewünschter Höhe auf etwa 1 m. Naturwüchsige, selten geschnittene Hecken benötigen mindestens 3 m Breite. Für Bepflanzungen, die – am besten in Verbindung mit einem Erdwall – der Lärmminderung benachbarter Flächen dienen sollen, sind in 5 bis 1 m Breite mit dichtzweigigen Pflanzen zu empfehlen.

Der Pflanzenabstand liegt bei einer einreihigen Formhecke je nach Gehölzart bei 50 bis 60 cm. Bei weitgehend ungehindert wachsenden Hecken hängt der Abstand von der Wuchshöhe der verwendeten Gehölze ab und liegt in der Regel zwischen 1 und 2 m. Es dauert drei bis fünf Jahre, bis sich der Bestand schließt. Kleinkronige Bäume können in einem Abstand von fünf bis sechs Metern gesetzt werden, großkronige Bäume in 6 bis 10 m Abstand.

Pflanzzeit/Pflege

Geeignete Pflanzzeiten sind je nach Witterung Ende November bis April. Das Pflanzloch sollte die doppelte Breite des Wurzelstockes haben. Junge Anpflanzungen sind – sofern für Pferde zugänglich – durch Holz- oder Elektrozaun gegen Abfressen zu sichern. In den ersten Jahren müssen die Pflanzen bei Trockenheit gewässert werden, und zwar lieber seltener, aber kräftig: Der Boden sollte mindestens 20 bis 40 cm tief durchfeuchtet werden, damit die Wurzeln angeregt werden, in die Tiefe zu wachsen.

Vom dritten Jahr an trägt der Pflegeschnitt dazu bei, dass die Hecken dichter werden, und so unter anderem Vögeln bessere Nistgelegenheit bieten. Aus Sicht des Vogelschutzes eignen sich insbesondere Dornenhecken wie Rot-/Weißdorn, Schlehen, Stechpalme (Ilex aquifolium, nicht die Gartenformen, Ilex I.C. van Thol).

Die beste Schnittzeit ist während der Winterruhe, d.h. bevor die Pflanze austreibt, also je nach Gegend und Witterung November bis März. Für Höhlen- und Halbhöhlenbrüter können zusätzlich Nistgelegenheiten geschaffen werden, zum Beispiel unter dem Dach von Scheune und Halle Kästen für Schleiereule, an Bäumen Rohre für den Kauz, über die Anlage verteilt Nist- und Schlafkästen für Fledermäuse. Die Pflege wird sinnvollerweise einem interessierten Vereinsmitglied oder einem örtlichen Naturschutzverein übertragen.

Eine weitere Bereicherung stellen naturbelassene Rückzugsflächen dar, wie Wildblumenwiesen, Teiche. Jede kleine Fläche ist besser als gar keine. Holzstapel oder Reisighaufen bieten vielen Insekten, Vögeln und kleineren Säugetieren, zum Beispiel Igel, Wiesel, Lebensraum. Je nach Lage kann es Sinn machen, solche Flächen einzuzäunen.

Die Jugend des Reitvereins Aalen beteiligte sich am Tag der Artenvielfalt • • • • • • • • • • • •

Gestaltung der Außenanlage

6.2 Naturhindernisse und Geschicklichkeitsaufgaben

Auch kleine Hindernisse und Geschicklichkeitsaufgaben bereichern das Angebot enorm • • • • • •

Allgemeine Grundsätze

Durch Naturhindernisse wie Kletterstellen (Hügel, Wall), kleine Sprünge, eventuell Wellenbahn lernen Reiter und Pferd gelassenes Verhalten im Freien. Zudem werden Sicherheit und Gleichgewicht in unebenem Gelände gefördert. Die Pferde lösen sich leichter, die Rücken- und Hinterhandmuskulatur wird gestärkt, die Trittsicherheit verbessert. Geschicklichkeitsaufgaben ergänzen das Angebot und fördern die Abwechslung und Gelassenheit sowohl des Einsteigers wie auch des spezialisierten Reiters und können zur Vorbereitung für den Ausritt dienen.

Naturhindernisse und Geschicklichkeitsaufgaben sollen sich den Geländeverhältnissen harmonisch anpassen, wobei vorhandene Geländeformationen wie Abhänge, Wälle, Gräben und Hecken oder Baumgruppen nach Möglichkeit einbezogen werden. Fest installierte Hindernisse müssen über Jahre hinweg nutzbar sein, daher sind die solide handwerkliche Bauausführung und Befestigung wichtig, außerdem muss die Platzierung der Hindernisse sorgfältig überlegt werden:

Die Hindernisse müssen in gerader Linie angeritten werden können und nach dem Sprung muss ein harmonisches Weiterreiten möglich sein. Die Linienführung soll rhythmisches, flüssiges Galoppieren ermöglichen; Wendungen dürfen nicht nach außen abfallen. Die Kurse werden möglichst so angelegt, dass ein größerer Teil einsehbar ist. Günstig ist es, einen Teil der Hindernisse so anzuordnen, dass kleine Turnierprüfungen, wie zum Beispiel Geländereiterwettbewerb, Stilgeländeritt Klassen E und A, ohne großen zusätzlichen Aufwand möglich sind.

Die sinnvolle Anordnung muss sportfachliche, aber auch landschaftsgestalterische Anforderungen berücksichtigen. Daher wird empfohlen, einen erfahrenen Geländeaufbauer und möglichst auch Landschaftsgestalter zurate zu ziehen. Ideal ist die Betonung landschaftscharakteristischer Merkmale, Planung von Sichtachsen und sinnvolle Anlage von Gehölzen oder Teichen. Der zuständige Landesverband Pferdesport benennt solche Fachleute gerne.

Naturhindernisse •

Hindernisse und Geschicklichkeitsaufgaben

Folgende **Hindernisse** gehören zu attraktiven Anlagen:
- strapazierfähiger Wall, von mehreren Seiten nutzbar, eventuell in Verbindung mit Stufen (Terrassen)
- Billard
- Wasserstelle
- Gräben in unterschiedlicher Weite, offen und/oder überbaut
- unregelmäßig verlegte Baumstämme mit unterschiedlicher Höhe

Geschicklichkeitsaufgaben
- Tor, das vom Pferd aus geöffnet werden kann
- Brücke
- Slalom

Weitere Ideen liefern zum Beispiel die Aufgaben der Wettbewerbe im Orientierungsreiten und Ideen zum Impulsparcours in „Gelassenheit im Pferdesport" (siehe Literaturverzeichnis).

Zusätzlich sind je nach Platz wünschenswert:
- Wellenbahn, besonders in einer ebenen flachen Gegend
- Hindernisse mit tieferer oder höherer Landestelle (Tiefsprünge, Aufsprünge), jeweils möglichst mit leicht geneigter Lande- beziehungsweise Absprungstelle

Tor zum Reitplatz, das vom Sattel aus geöffnet werden kann und sich damit als Geschicklichkeitsaufgabe eignet

- verschieden angeordnete Gräben „Coffins"
- Hindernisse, die besonders gezieltes Anreiten erfordern, zum Beispiel V-Hindernis, Schafstall
- Hindernisse in Verbindung mit Gräben und Wällen

Bei begrenzter Platzverfügbarkeit sollen die Hindernisse so konstruiert werden, dass sie von beiden Seiten gesprungen werden können. Außerdem bereichern Stellteile die Variationsmöglichkeiten.

Billardanlage mit vielen Möglichkeiten

Gestaltung der Außenanlage

Bauweise, Baumaterialien

Allgemeine Anforderungen
- Naturhindernisse sollen einladend sein, jedoch respekteinflößend wirken. Sie müssen massiv und widerstandsfähig gebaut werden, da sie erheblichen Belastungen standhalten müssen (Regen, Frost, Trockenheit, Dagegentreten).
- Die Hindernisse sollen zu jeder Tageszeit und bei jedem Wetter klar erkennbar sein, dass gilt besonders für die Grund- und Oberlinie. Allgemein gilt: je massiver, desto sicherer.

Naturhindernisse

- Breite Naturhindernisse wirken einladend (in der Regel mindestens 4,00 bis 5,00 m). Diesen Eindruck unterstützen natürliche Fänge (eventuell Bepflanzung).
- Fur langlebige, wartungsfreie Hindernisse wird am besten Hartholz (Eichenholz, abgelagert) verwendet.
- Die senkrechten Haltepfosten müssen fest verankert und je nach Bodenart und Hindernistyp tief eingegraben werden mit maximal 3,00 m Abstand. Das obere Ende der Pfosten muss mit der Oberlinie des Hindernisses abschließen und darf keine scharfen Ecken und Kanten haben.
- Für Wasserstelle, Billard, Wall sind andere als rechteckige Formen (zum Beispiel oval, nieren-, trapezförmig) geeigneter als die quadratische oder rechteckige Anlage, da solche Hindernisse vielfältiger genutzt werden können und mehr Variationen, zum Beispiel mit Stellteilen, möglich sind.
- Wo als Verbindung Schrauben bzw. Gewindestangen verwendet werden, sollten sie korrosionsgeschützt (feuerverzinkt) sein. Auf keinen Fall dürfen Nägel- oder Schraubenköpfe hervorstehen und so ein Verletzungsrisiko darstellen.
- Ein neues Hindernis darf so lange nicht benutzt werden, bis sich das Erdreich gesetzt und die Bepflanzung genügend Zeit für die störungsfreie Durchwurzelung hatte.

Treppen, Billard, Gräben
Zu beachten ist besonders:
- Die Kanten bzw. Auf- und Tiefsprünge müssen dauerhaft stabilisiert, klar erkennbar und abgerundet sein.
- Die senkrechten Pfosten müssen angemessen verankert werden, dabei ist die Bodenart zu berücksichtigen.
- Der Unterbau (Schotter, wasserdurchlässig, eventuell durch mageren Beton, Bauschutt oder Feldsteine ergänzt) muss beim Einbau schichtweise verdichtet werden, um spätere Setzungen zu vermeiden.
- Die Distanzen müssen passend gebaut werden. Von den üblichen Weiten (ein Galoppsprung 3,50 m, zwei Galoppsprünge 7,50 m) sind bei Auf- und Tiefsprüngen je nach Höhe des Hindernisses 0,50 bis 1,00 m abzuziehen.

Abb. 69: Treppe

Wasserstellen
Bei Wasserstellen ist zusätzlich wichtig:
- Wasserstellen, in die hineingesprungen wird, sollen mindestens 7,00 m weit sein. Noch besser sind größere Wasserstellen zum Hindurchreiten oder Galoppieren. Wassergräben bis 3,00 m Weite werden so angelegt, dass sie übersprungen werden können (Weiten zwischen 3,00 und 7,00 m also vermeiden, da die Pferde sonst verwirrt werden).
- Mindestens an einer Seite soll ohne Sprung leicht hinein- und herausgeritten werden können.
- Wichtig sind die Bodenqualität und Belastbarkeit (keine Löcher, kein scharfkantiges Material)
- Die Abdichtung erfolgt in der Regel mit Folie. Darauf sorgen eine Kalksplittmischung und Sand, eine fest verschraubte (Kunstrasen-)Matte, mit Quarzsand übersandet oder mit Kies gefüllte Lochmatten für eine griffige Bodenbeschaffenheit.
- Die Entwässerung und der Überlauf der Wasserstellen sollen vorgesehen werden, damit die Pflege und die gleichmäßige Tiefe bis 30 cm sichergestellt werden können.
- In Verbindung mit der Wasserstelle kann ein Wassergraben zum Überspringen (1,00 bis 2,50 m weit) für Trainingszwecke gute Dienste leisten.

Massive Stellteile sind vielseitig einsetzbar • • • • •

Stellteile
Stabile versetzbare Stellteile (Stationata) mit geländemäßigem Aussehen und in unterschiedlicher Größe ermöglichen ständige Variationen der fest installierten Hindernisse. Transportable Hindernisse müssen so konstruiert oder befestigt werden, dass sie nicht nachgeben können.

Naturhindernisse auf Turnierplätzen
Naturhindernisse werden auch auf Turnierplätzen installiert, allerdings ist das nur empfehlenswert, wenn dieser groß genug ist; denn sonst bleibt dem Parcoursbauer nicht genügend Gestaltungsfreiheit.
Bekannte Beispiele sind der Turnierplatz des Aachen-Laurensberger Rennvereins, der Vielseitigkeitsplatz des Warendorfer Bundesleistungszentrums Reiten des Deutschen Olympiade Komitees für Reiterei – siehe Abbildung – oder der Platz des Reitervereins Wiesbaden mit seinem herrlichen Baumbestand und der Derbyplatz des Norddeutschen und Flottbecker Reitervereins in Hamburg. Auch im Hinblick auf die beliebten Hunterprüfungen sind Plätze mit Geländeprofilen empfehlenswert.

An einer solch großzügigen Wasserstelle lässt sich nahezu alles trainieren • • • • • • • • • • •

Gestaltung der Außenanlage

Abb. 70: Trainings- und Turnierplatz in Warendorf

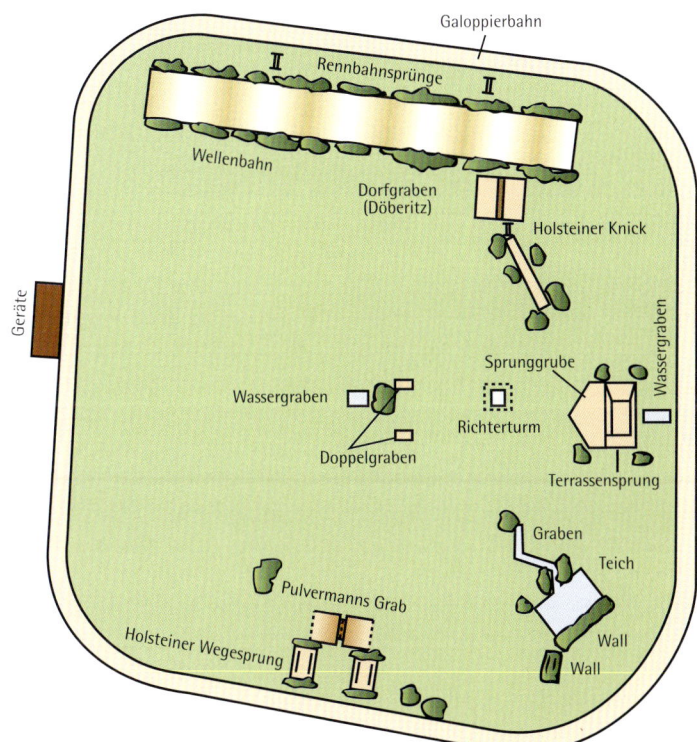

Galoppierbahn

Eine Galoppierbahn, zum Beispiel um die Gesamtanlage oder um Weiden und Reitflächen angelegt, leistet nicht nur für das Training wettkampforientierter Reiter gute Dienste, sondern wird auch von Freizeitreitern gerne genutzt. Sie eignet sich zur Abwechslung vom Ausritt oder der Arbeit auf dem Reitplatz, zum Lösen der Pferde im leichten Trab oder zum entspannten Spazierenreiten im Schritt nach anstrengender Arbeit. Wieder gilt: Je vielfältiger das Angebot in der eigenen Anlage ist, umso wohler fühlen sich Pferd, Reiter, Ausbilder und Besucher.

Wall für Reiter und Fahrer

Fahrhindernisse

Auch Anhänger des Gespannfahrens schätzen Naturhindernisse in oder rund um die Anlage für die Ausbildung von Pferd und Fahrer. Bei rechtzeitiger Berücksichtigung können einige Hindernisse, wie Wall, Wasser, gleichermaßen von Fahrern und Reitern genutzt werden. Bei anderen, zum Beispiel Wendungen, sind gesonderte Angebote empfehlenswert, Hinweise geben Parcoursbauer für Fahr-Gelände.

Fahrhindernisse am Wasser

Gestaltung der Außenanlage

6.3 Kommunikations- und Ausweichflächen

Wo immer genug Fläche vorhanden ist, sollten Kommunikationsbereiche, Ruhezonen und Aktionsbereiche eingeplant werden. Einige Beispiele der Erwartungen der Kunden eines Reitbetriebes finden sich in Kapitel 1.2. Pferdesport ist ein wunderschönes Freizeitvergnügen. Zur positiven Atmosphäre gehören auch jahreszeitlich wechselnde Veranstaltungen ohne Pferd: zum Beispiel Faschingsfest, Stammtisch, gemütliche Grillabende, Ferienlager. An warmen Sommerabenden finden sich auch kleine Gruppen gerne zusammen. Die Reitanlage sollte der nicht reitenden Öffentlichkeit zugänglich sein, um so die Akzeptanz und Attraktivität zu steigern.

Einige Vorschläge für Kommunikations- und Ausweichbereiche:
- Sitzecken und großzügig verteilte Bänke
- eingezäunter Spielplatz für kleine Kinder, zum Beispiel mit Sandkasten, Schaukel, Holzspielgeräten
- strapazierfähige Rasenfläche zum Toben, für Spiele, für den Aufbau eines Zeltes, bei einer Veranstaltung etc.
- Bolzplatz
- Gymnastik-, Fitnessraum
- Tischtennisplatten
- Grillplatz
- Laufparcours
- Liegewiese
- Hundezwinger für mitgebrachte Hunde

7 Auslauf, Führanlage, Koppel

7.1 Freifläche vor der Box, Auslauf

Größe

Wie geschrieben, ist die einer Box direkt zugeordnete Freifläche – auch als Paddock bezeichnet – bereits sinnvoll, wenn sie nur so groß ist wie die Box selbst. Eine solche Fläche bietet zwar noch keinen Bewegungsanreiz, jedoch Umweltkontakt und Klimareize wie Sonne und Regen. Natürlich gilt auch hier der Grundsatz: Je größer die vorgesehene Fläche, umso besser! Ausläufe sollen grundsätzlich eher rechteckig als quadratisch sein, um selbst bei begrenzter Gesamtfläche mehr Bewegungsanreiz zu bieten. Ein Auslauf von etwa 15 x 20 m ermöglicht bereits einige Galoppsprünge. Wegen der Sozialkontakte ist empfehlenswert, zwei oder mehreren Pferden gemeinsamen Auslauf zu ermöglichen. Dann ist es sinnvoll, in der Mitte einen Raumteiler anzubringen, damit rangniedrige Tiere leichter ausweichen können.

Teilweise befestigter Auslauf • • • • • • • • • • •

Befestigung

Wird der Boden naturbelassen, bildet sich in kleinen Freiflächen schnell tiefer Matsch, der mit der Zeit durch den Kot/Urin der Tiere verschmutzt und abgetrocknet bei schwerem Boden recht uneben wird. Aus diesem Grund soll der Boden kleiner Flächen befestigt werden.

Größere Flächen können wie Reitplätze angelegt werden (siehe Kapitel 5). Auf den meisten Untergründen wird zunächst eine Tragschicht mit Gefälle (Pultdach) aufgebracht, darauf eine Trennschicht und die Tretschicht, die jedoch fester als im Reitplatzbau sein kann, besonders an viel belasteten Stellen wie an Hauptverbindungswegen und rund um Futterplätze oder Tränken. Das erleichtert das Trocken- und Sauberhalten der Flächen und fördert das gesunde Hufwachstum. Bewährt haben sich übersandete Betonverbundstein-, Hartbrandziegelpflaster oder Rasengittersteine mit Rautenmuster, die bei sachgemäßer Verlegung eine ebene Oberflächenstruktur für den Einsatz eines Räumschildes aufweisen. Eine Randeinfassung zum Beispiel aus Bordsteinen verhindert, dass Pflaster nach außen weggetreten wird. Zusätzlich zu befestigten Freiflächen ist die Anlage von Wälzplätzen empfehlenswert.

Werden in weitläufigen Auslaufanlagen größere Pferdegruppen zusammen gehalten, ist die Einrichtung einer Schleuse nützlich, damit das Herausnehmen und Hineinbringen einzelner Pferde sicher geleistet werden kann.

Einzäunung

Die Freifläche oder der Auslauf soll verletzungssicher eingezäunt werden. Die Höhe richtet sich nach Rasse und Standort des Auslaufs, innerbetrieblich, arrondiert oder an stark frequentierten Verkehrsflächen, und ist in der Regel ab 0,9 mal Widerristhöhe hoch.
In Frage kommen insbesondere Zäune aus Metallrohren, Hartholz oder Kunststoff. Letzteres muss UV- und frostbeständig sein und darf nicht splittern. Das Eingangstor soll so groß sein, dass es auch mit an den Schlepper angekoppelten Pflegegeräten befahren werden kann (3,00 m breit). Es ist darauf zu achten, dass an Übergangsbereichen oder zu den Toren hin keine Öffnungen oder Spalten mit Abmessungen entstehen, in denen sich ein Huf oder der Kopf verfangen kann.

Weitere Hinweise zur Einzäunung sind in Kapitel 7.3 aufgeführt.

Auslauf, Führanlage, Koppel

7.2 Führanlage, Laufband

Führanlagen leisten für die zusätzliche Bewegung der Pferde sehr gute Dienste. Lange Jahre gab es ausschließlich runde Anlagen mit einem Durchmesser ab 14 m, inzwischen werden jedoch ebenso rechteckige oder ovale Führanlagen angeboten. Grundsätzlich werden Anlagen mit Anbindung und Freilaufanlagen unterschieden, in Letzteren haben die Pferde mehr Freiheit, daher haben sie sich für Neubauten durchgesetzt.

Folgende **Konstruktionen** sind gebräuchlich:

▶▶ Bodenführanlage: An einen Pfosten in der Mitte ist der Antrieb mit einem Drehkreuz angebracht, an dem die Trägerarme für Trenn-/Treibgitter befestigt sind.
▶▶ Deckenführanlage: Der Antriebsmotor befindet sich an der Decke. Deckenführanlagen haben den Vorteil, dass der Innenraum genutzt werden kann. Das Gewicht der Anlage muss statisch berücksichtigt werden.
▶▶ Gleitschienenanlage: An einer oder zwei oberhalb der Lauffläche angebrachten Schienen befindet sich ein Laufwagen mit Halterungen für die Trenngitter. Diese Anlagen können rund, rechteckig oder oval errichtet werden. Auch hier kann der Innenraum genutzt werden.

Antrieb einer Deckenführanlage

Führanlage mit begrüntem Dach

Gleitschienenführanlage mit innen liegender Reitfläche im Hof der Spanischen Reitschule, Wien

Nach außen hin geschlossene oder vergitterte **Wände** sind sicherer, da Kinder oder Hunde nicht in den laufenden Betrieb hineinkriechen können. Türen oder Tore sollen ebenfalls über eine Sicherung verfügen, sodass sie nur geöffnet werden können, wenn die Anlage steht, oder die Anlage anhält, wenn die Tür geöffnet wird. Die äußere und innere Begrenzung der Lauffläche muss schlagfest sein. Wird Holz verwendet, verlängern quer liegende Sockelbohlen oder Betonschwellen die Lebenszeit der Begrenzungswände. Führanlagen können im Freien oder in Hallen betrieben werden. Auch die Überdachung nur der Lauffläche ist möglich. Bewährt hat sich die Anbringung eines Vorraumes oder Vordachs, weil die Pferde so vor Regen oder Sonne geschützt beobachtet werden und Ausrüstungsgegenstände wie Decken, Longen im Trockenen abgelegt werden können.

Durch beweglich aufgehängte **Trenngitter** wird die Lauffläche in Segmente eingeteilt, damit sich die Pferde nicht in die Quere kommen. Sie werden in mindestens 2,20 m Höhe angebracht und bestehen aus Metallgittern, Gummiplatten, Rohren oder einer Kombination.

Die Belastung der **Lauffläche** ist besonders hoch, daher werden hier meist Asphalt, Beton oder Kunststoffelemente plus Tretschicht eingesetzt. Beim Einsatz von Sandtretschichten, empfiehlt sich der Einsatz einer Beregnung.

Die **Steuerungen** sind mindestens so ausgelegt, dass die Pferde im Schritt und/oder bei Anlagen über 18,00 m Durchmesser im Trab auf beiden Händen bewegt werden können, wobei die Laufrichtung automatisch wechselt. Aufwendige Steuerungen enthalten verschiedene Trainingsprogramme. Es ist eine Notabschaltung vorzusehen, zum Beispiel für den Fall, dass ein Pferd stürzt. Die Steuerungseinheiten können bei modernen Anlagen von außen bedient werden, auch per Fernbedienung.

Laufbänder haben sich in Forschung, Rehabilitation und Training bewährt. Sie können einfach nur der zusätzlichen Bewegung dienen oder sehr gezielt für Trainingsprogramme oder zur Rehabilitation nach Verletzungen eingesetzt werden. Vorteilhaft ist besonders, dass die Pferde geradeaus auf planer Fläche laufen. Wichtig ist eine solide, stabile Konstruktion mit bruch- und splittersicheren Wänden.

Es gibt Anlagen, die nur Schrittgeschwindigkeit bieten, oder andere mit verschiedenen Schritt- und Trabgeschwindigkeiten, auch Hochgeschwindigkeitslaufbänder mit Galopptempi sind erhältlich. Die meisten Anlagen lassen sich bis zur maximal verfügbaren Geschwindigkeit stufenlos steuern und verfügen über einstellbare oder programmierbare Trainingsprogramme. Außerdem kann der Steigungswinkel des Bandes variiert und so die Intensität erhöht werden. Selbstverständlich sind Überwachungen und Notabschaltungen vorzusehen, für den Fall, dass ein Pferd scheut, strauchelt oder fällt.

Laufband

7.3 Koppel

Großzügige Weideflächen bereichern die Landschaft

Allgemeine Hinweise

Regelmäßiger Weidegang ist sehr wünschenswert. In der Reitpferdehaltung kommt es neben der Grünfutteraufnahme vor allem auf die Befriedigung des Bedürfnisses nach Bewegung, sozialen Kontakten und frischer Luft an.

Je nach Qualität der Koppel, die wiederum von Jahreszeit, Boden, Nutzungsintensität und Düngung abhängig ist, werden pro Tier 0,5 bis ein Hektar Weide gerechnet, wenn der Erhaltungsbedarf gedeckt und das Winterfutter ebenfalls von diesen Flächen geworben werden soll.

Für die Aufzucht von Jungpferden sollen die Koppeln mindestens je zwei Hektar für bis zu vier Pferde groß sein, damit sie sich ausreichend bewegen können. Werden mehr Pferde gehalten sind größere Flächen empfehlenswert. Eine rechteckige Anlage ist der quadratischen vorzuziehen. Für stundenweisen Weidegang kommen auch kleinere Flächen infrage, hier gilt wiederum: Je größer eine Koppel, desto besser.

Sind die Koppeln durch außen liegende Treibwege erreichbar, können diese im Winter als Auslauf genutzt werden, eventuell auch als Galoppierbahn.

Der für Pferde typische kurze Verbiss der Grasnarbe, die Trittbelastung durch die Hufe und die selektive Futteraufnahme, d.h. Bevorzugung bestimmter Pflanzenarten, führt zu einer starken Belastung von Pferdekoppeln. Das erfordert eine dauernde Beobachtung und entsprechende **Bewirtschaftungs- und Pflegemaßnahmen**. Hierzu gehören:

- Wechsel von Schnittnutzung (Heu-/Silagegewinnung) und Beweidung, mindestens regelmäßiges Nachmähen,
- gemeinsame oder wechselweise Nutzung durch Rinder und Pferde, nicht nur aus Gründen der Weidepflege, sondern auch aus hygienischen Gründen,
- genügend lange Ruhezeiten durch Portionsweiden, Umtriebsweiden – günstig ist zumindest eine Dreiteilung der Flächen,
- Walzen, Abschleppen, Verteilen oder besser Absammeln der Pferdeäpfel,
- bedarfsgerechte Düngung nach Bodenuntersuchungsergebnissen durch die Landwirtschaftlichen Untersuchungs- und Forschungsanstalten (LUFA). Kalkstickstoff oder Branntkalk haben eine reduzierende Wirkung auf Endoparasiten.

Im Frühjahr werden Weiden zum Einebnen von Maulwurfshügeln und Ausreißen alten Grases abgeschleppt und anschließend gewalzt, damit die von Frost oder Schleppe gelockerten Pflanzen wieder angedrückt werden.

Ausgeglichene Pferde auf der Weide

Zuchtpferde

Ausgewinterte oder lückige Bestände werden nachgesät. Die **Nachsaat** erfolgt durch Übersaat – Grassamen wird an besonders belasteten Stellen auf den Boden gestreut – oder Durchsaat: Einbringung des Samens in 1,5 bis 2 cm Tiefe, mittels Spezialsämaschinen. Eine Nachsaat soll, wo möglich, der Neuansaat vorgezogen werden, da sie kostengünstiger ist und die Pferde wieder schneller auf die Fläche können. Es kommt dabei darauf an, dass sich die jungen Gräser im Bestand behaupten, also genügend Licht erhalten, daher sollte der Aufwuchs kurz gehalten werden (< 15 cm). Für eine Nachsaat eignen sich besonders spezielle Fertigmischungen mit einem hohen Anteil des Deutschen Weidelgrases, das eine schnelle Jugendentwicklung hat und konkurrenzstark ist.

Die **Neuansaat** von Weideflächen erfolgt nach bisheriger Ackernutzung, dem Umbruch stark verunkrauteter Flächen oder wenn weniger als 30 Prozent der in der Dauernarbe erwünschten Arten vorhanden sind. Da auch neu angesäte Gräser Licht brauchen, wird die Fläche erstmals bei etwa 15 cm Wuchshöhe gemäht. Danach schließt sich eine schonende Beweidung an.

Im Landhandel sind regionaltypische Sortenmischungen und Standardmischungen für Pferdeweiden mit angepassten Anteilen von Deutschem Weidelgras, Lieschgras, Wiesenrispe, Wiesen-, Rohr- und Rotschwingel erhältlich. Die Mischungen unterscheiden sich in ihrer Zusammensetzung, je nachdem, ob nachgesät oder eine Weide neu angelegt werden soll oder ob es sich um eine Fläche handelt, die der Heu- oder Silagegewinnung dient. Spezielle Mischungen sind auf Sortenechtheit sowie Zusammensetzung der Arten und Zuchttypen geprüft und haben die bestmögliche Ausdauer der Grasnarbe in Abhängigkeit vom Nutzungsschwerpunkt zum Ziel.

Nach neuen Erkenntnissen soll bei der Auswahl der Gräsersorten auch auf den Fruktangehalt (Kohlenhydrate) geachtet werden, da dieser in Verdacht steht, bei empfindlichen Pferden Hufrehe zu begünstigen. Weidelgras oder Wiesenschwingel weisen im Vergleich zu Fuchsschwanz, Knaul- oder Wiesenlieschgras höhere Fruktangehalte auf. Daher soll der Anteil des „Hochleistungsgrases" Weidelgras auf Pferdeweiden nicht zu groß sein, sondern es sollen rohfaserreiche Gräser bevorzugt werden. Allerdings schwanken die Fruktankonzentrationen stark, da sie nicht nur von der Gräserzusammensetzung abhängig sind, sondern durch die Nutzungs- und Düngeintensität und die Außentemperaturen beeinflusst werden: Offenbar steigt der Fruktangehalt an, wenn die Gräser „unter Stress stehen", zum Beispiel wegen Nährstoffmangel oder wenn im Frühjahr und im Herbst auf kalte Nachttemperaturen sonnige Tage folgen. Inzwischen gibt es auch Gräsermischungen, die die Gefahr mindern sollen.

Jakobskreuzkraut gehört nicht auf Pferdeweiden

Auslauf, Führanlage, Koppel

Allgemein gilt, dass das Anweiden im Frühjahr behutsam erfolgen soll, damit die Umstellung der Fütterung von im Winter im Stall gehaltenen Pferden von sechs Kilogramm Heu mit etwa 15 Prozent Feuchtigkeit auf 25 oder mehr Kilogramm Gras mit 85 Prozent Wassergehalt im Frühjahr nicht zu abrupt erfolgt.

Grünland, Koppeln ebenso wie Wiesen, die der Heu- oder Silagegewinnung dienen, sollen regelmäßig auf das Vorhandensein von **Giftpflanzen** überprüft werden. Die meisten Pferde meiden Giftpflanzen zwar, aber verlassen kann man sich darauf nicht, und so kommen immer wieder schwere Vergiftungen vor, die auch zum Tod führen können.

Empfehlungen zur Beurteilung von Wiesen und Weiden, der Neuanlage oder Nachsaat geben Landwirtschaftskammern oder -ämter.

Trinkwasserversorgung

Pferde benötigen je nach Größe, Kondition sowie Feuchtigkeit des Grases und Witterung mindestens 20 bis 60 Liter Wasser pro Tag.

Die ausreichende Trinkwasserversorgung mit sauberem Wasser (frei von Ungeziefer, Algen, Blättern etc.) muss auf jeder Weide und zu jeder Jahreszeit sichergestellt werden.

Hierfür kommen infrage:
- Installation einer Viehtränke (Brunnen oder natürliches Gewässer mit Pumpe),
- fahrbare Wasserbehälter (ohne scharfe Ecken und Kanten).

Natürliche Gewässer eigenen sich nicht immer auch als Tränke • • • • • • • • • • • • • • • • • •

Die Tränke soll an gut zugänglicher Stelle so installiert werden, dass die Pferde um sie herumlaufen und rangniedrige Tiere besser ausweichen können, also nicht direkt an Zaun oder Tor oder unter einem Baum. Kleine stehende Gewässer werden eingezäunt, um eine Verschmutzung auszuschließen. Die Tränken müssen regelmäßig kontrolliert werden.

Einzäunung

Der Koppelzaun soll stabil, verletzungs- und möglichst ausbruchsicher sein, also gut sichtbar und Respekt einflößend, dabei robust, langlebig und kostengünstig. Die Ausführung und Höhe des Zaunes richten sich nach Größe der Koppel, ihrer Lage, der Art und Nutzung der Pferde sowie der Besatzdichte.

Je nach Pferdebestand soll der Zaun zwischen 1,20 und 1,60 m hoch sein (Faustzahl: ab etwa 0,75 bis 0,8 x Widerristhöhe). Da die Zaunpfähle zu cirka einem Drittel ihrer Länge eingegraben werden, ergibt sich eine Pfahllänge von 2,00 bis 2,50 m.

Die **Zaunpfähle** bestehen meistens aus Hartholz, zum Beispiel Rund- oder Spaltholz aus Eiche oder Robinie (jeweils ohne Rinde), Metall oder Beton und werden mit einem Abstand von 2,50 bis 5,00 m gesetzt.

An den Pfosten werden mit 40 bis 60 cm Abstand von innen angebracht:
- **Rund- oder Halbrundhölzer**, mindestens 12 cm Durchmesser oder Planken, mindestens 4 cm stark
- **stabile Metallrohre**
- **Bänder aus Förderbandgummi**, 7 bis 10 cm breite Streifen, die stark gespannt werden
- **Elektrobänder**, gewebte Kunststoffbänder mit eingeflochtenen Edelstahldrähten, 4 bis 7 cm breit, mittels Isolatoren an den Pfosten befestigt
- **Kunststoffrohre oder -bretter**, wenn frost- und UV-beständig
- **Kunststoff ummantelter stabiler Draht**

Auch Kombinationen sind möglich.

Die **Eck- und Torpfosten** müssen insbesondere bei den Bandzäunen relativ hohe Zugkräfte aufnehmen, also besonders massiv sein und gut versteift werden. Vor Verbiss oder Gegenlehnen schützt ein zusätzlicher Elektrodraht.

Wird Weichholz verwendet, dürfen für die notwendige Imprägnierung der Pfosten aus Umweltschutzgründen keine Teerölsubstanzen eingesetzt werden, in der Regel werden solche Hölzer druckimprägniert.

Als alleinige Einzäunung genügt **Elektrodraht** nicht, auch reine Drahtzäune sind nicht ideal. Wegen erhöhter Verletzungsgefahr soll auf **Stacheldraht** ebenfalls verzichtet werden. **Knotengitter** ist dort sinnvoll, wo Schafe aus weidehygienischer Sicht ebenfalls weiden sollen, es muss jedoch zusätzlich gesichert werden, da für Pferde eine erhöhte Verletzungsgefahr besteht. Das gilt für alle Einzäunungen, in denen sich ein Pferdehuf oder -bein verfangen kann. Für eine Sicherung solcher Zäune können zum Beispiel Abstandshalter eingesetzt werden, an denen Elektrozaun angebracht ist.

Hecken sollen als alleinige Einzäunung mindestens 1,50 m hoch und 60 cm breit sein, Schwachstellen müssen zusätzlich gesichert werden.

Holzzaun mit Abstandshalter

Pferde, die auf der Weide nicht genügend Beschäftigung haben, zum Beispiel wegen zu knappen Futterangebots, oder beunruhigt werden, zum Beispiel durch Insekten, neigen eher zum Ausbrechen.

Bäume oder **Scheuerpfosten** dienen zur Fellpflege, damit wird das Scheuern der Pferde an den Zäunen vermindert, durch das deren Stabilität beeinträchtigt werden kann.

Der Koppelzaun soll in den Ecken abgerundet oder abgeschrägt sein. Die einzelnen Teile des Zaunes, wie Pfähle, Latten und Tore, dürfen keine scharfen Kanten haben.

Stabiler Zaun

Auslauf, Führanlagen, Koppel

Elektrozäune

Zentrale Einheit des Elektrozauns ist das Weidezaungerät, das regelmäßige Stromstöße erzeugt. Diese kurzen Impulse sind ungefährlich, aber abschreckend. Der Impuls (Strom) wird durch isoliert angebrachte Leiter, Draht, Litze, Seile, Bänder weitergeleitet, wobei Isolatoren an den Pfosten die Ableitung des Impulses/der Spannung in die Erde verhindern. Die Energie erhält das Gerät aus dem Stromnetz, aus einer Batterie oder einem Akku, zum Beispiel auch über Solarzellen. Berührt ein Tier den Leiter, dann wird der Stromkreis geschlossen und über die Erde zum Elektrozaungerät zurückgeführt. Dafür wird eine Erdung benötigt: Erdungsstäbe (in der Regel drei Stäbe) sollen mindestens 1,00 m lang sein. Je trockner der Boden ist, umso besser dimensioniert muss die Erdung sein, abgestimmt zum Weidezaungerät.

Die Leitfähigkeit hängt auch von den Drähten ab, die in Bändern oder Seilen verarbeitet sind, es ist also auf gute Qualität zu achten. Auch die Zaunlänge und eventuell Bewuchs haben einen Einfluss, denn alles, was die Strombänder oder -drähte berührt, sorgt für Spannungsabfall, also zum Beispiel auch Gräser, herunterhängende Zweige. Gerissene Bänder sollen mit Zaunverbindern geflickt und nicht einfach verknotet werden.

Für die Errichtung und den Betrieb von Elektrozaunanlagen sind die Vorschriften der DIN EN 60335-2-76 und der VDE 700-76 maßgeblich:

Spannung	mindestens 2.000, besser 3.000 bis 5.000 Volt (maximal 10.000 Volt)
Stromstärke	100 bis 300 Milliampere (maximal bis 1.000 mA)
Impuls	0,02 bis 0,1 Sekunde
Pause	0,75 bis 1,25 Sekunde
Impulsenergie	mindestens 0,5 Joule bis maximal 5 Joule

Weidezaungeräte sollen mit dem VDE-, GS- oder DLG-Prüfsiegel gekennzeichnet sein. Warnschilder sind gut sichtbar alle 100 m anzubringen. Elektrodrähte und -bänder sollen eine hohe Biege- sowie Reißfestigkeit aufweisen, sie müssen die Hütespannung auch noch an vom Stromgeber weit entfernten Stellen aufweisen; das lässt sich mit Prüfgeräten überprüfen. Moderne Zaungeräte regeln ihre Leistung automatisch nach und geben im Falle eines Spannungsabfalls Alarm. Der Verhütung von Blitzschäden und Ausfall der Anlage dient der Einbau einer Blitzschutzeinrichtung.

Das **Weidetor** soll stabil und durch einbetonierte Pfosten gut verankert sein. Es soll sich mit einer Hand leicht bedienen lassen und nicht in einer Ecke liegen. Tore sollen mindestens 3,00 m breit sein, damit man mit Maschinen und zum Beispiel dem Wasserwagen leicht hereinkommt.

Schleusen vor dem Tor erleichtern das Herausnehmen von Pferden aus einer Gruppe. Eventuell wird der Boden vor dem Tor stabilisiert oder befestigt, damit sich hier keine Matschflächen bilden und das Hereinbringen oder Herausnehmen der Pferde sicherer möglich ist. Wegen häufiger Unfälle sei an dieser Stelle noch erwähnt, die Pferde sollen nie einfach in die Koppel rennen dürfen, sondern stets zum Tor hin umgedreht werden, bevor der Führstrick losgemacht wird.

Solarpanel für Weidezaungerät

Alarmanlagen, Diebstahlschutz

Einfache Geräte blinken, wenn 3.000 Volt Hütespannung besteht, und erlöschen, sobald das nicht der Fall ist. Darüber hinaus gibt es heutzutage professionelle Kontrollanlagen, die einen Alarm auslösen, wenn die Hütespannung unter den eingestellten Wert, zum Beispiel 3.000 Volt, sinkt. Der Alarm kann zum Beispiel eine Hupe oder Rundumleuchte sein, zusätzlich wird eine Meldung an ein oder mehrere Mobiltelefone gesandt. Die Geräte werden zwischen Netzeingang oder Batterie des Elektrozaungerätes geschaltet und direkt am Netz angeschlossen oder per Batterie oder Akkumulatoren betrieben. Es gibt auch Geräte, bei denen die Zaunspannung per SMS abgefragt wird und der Zaun von jedem beliebigen Ort an- oder abgeschaltet werden kann. Voraussetzung ist Handyempfang am Standort der Elektrozaunanlage und das eingeschaltete Handy. Auch Weidetore können elektronisch gesichert werden.

Gegen den Diebstahl des Zaungerätes helfen abschließbare, stabile Metallkästen, die in Verbindung mit speziellen Bodenpfählen zumindest den schnellen Raub „im Vorbeigehen" verhindern. Es sind auch Behälter auf dem Markt, die ständig unter Strom stehen, sofern nicht per Spezialschlüssel abgeschaltet wird.

Durch regelmäßige Kontrollgänge zu unterschiedlichen Zeiten auf unterschiedlichen Wegen kann die Sicherheit ebenfalls erhöht und Personen mit unlauteren Absichten können gestört und unter Umständen von ihrem Vorhaben abgehalten werden.

Witterungsschutz, Schutzhütten

Bäume und Sträucher spenden Schatten, bieten Schutz vor schlechter Witterung und starkem Wind, optische Verstärkung und ökologische Bereicherung. Als natürlicher Witterungsschutz eignen sich Baumgruppen oder hochstämmige breitkronige Bäume wie zum Beispiel Hainbuche, Linde, Ulme. Einzelne Obstbäume sind auch möglich, reine Streuobstwiesen jedoch eventuell wegen der Gefahr übermäßiger Aufnahme von Fallobst im Herbst problematisch. Für Hecken eignen sich zum Beispiel Hartriegel, Holunder, Haselnuss, Schlehe, Hainbuche, Rot- oder Weißdorn.

Schutzhütten werden in möglichst luftigen Lagen auf trockenem, etwas erhöhtem Baugrund gebaut, wegen vermehrter Luftbewegung und damit vermindertem Insektenaufkommen möglichst nicht in Talsenken, an Waldrändern oder Gewässern. Die Rückwand soll zur Hauptwindrichtung hin orientiert sein, die Zugangsöffnung gegenüber. Rückwand und Seitenwände sollen nicht mit der Einzäunung abschließen, da sich die Pferde je nach Witterung gern neben oder hinter der Hütte aufhalten.

Sofern die Pferde auf der Weide zugefüttert werden sollen, empfiehlt sich, die Schutzhütte in einen Liege- und einen Fressbereich zu unterteilen. Der Eingangs- und der Fressbereich sollen befestigt werden. Schutzhütten sollen gut in die Landschaft eingebunden werden, denn ungepflegte hässliche Bauten provozieren Ärger mit Nachbarn oder Behörden.

Die Ausführung richtet sich nach der Größe des Pferdebestandes und den Ansprüchen des Halters und reicht von einem einfachen Dach ohne Seitenwände über die dreiseitig geschlossene Weidehütte bis hin zur Gruppenauslaufhaltung, wie in Kapitel 3.4 beschrieben. Eine Beispiel zeigt Abbildung 71.

Schutzhütten werden meist ohne Wärmedämmung gebaut, die Innentemperatur unterscheidet sich also kaum von der Außentemperatur.

Auch im Winter leisten großzügige Weideflächen gute Dienste

Auslauf, Führanlagen, Koppel

Abb. 71 Schutzhütte

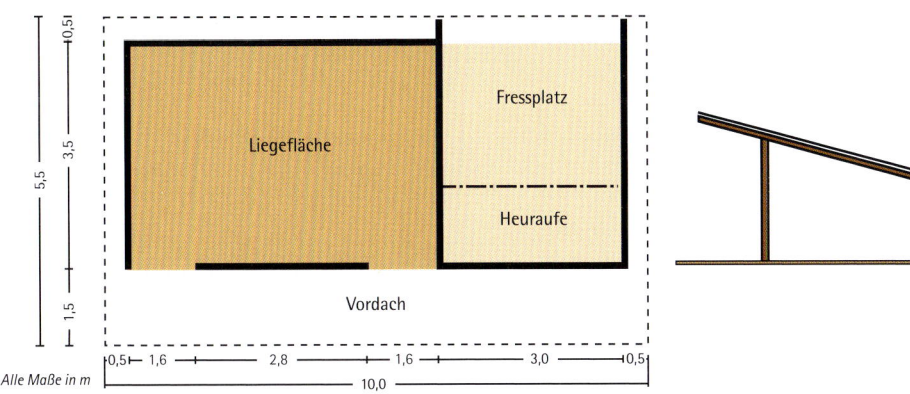

Eine Dämmung der Dachfläche mildert die Aufheizung bei hohen Sommertemperaturen und die Bildung von Schwitzwasser im Winter. Für ausreichenden Luftwechsel sorgen offene Seiten oder Eingänge sowie zusätzliche Lüftungsöffnungen in Traufe und gegebenenfalls First.

Genehmigung

Der Neubau von Schutzhütten ist meist nur im Rahmen der Landwirtschaft möglich, das ergibt sich aus den Bauvorschriften. In der Rahmenvorschrift des Bundes, der Musterbauordnung steht hierzu: „Verfahrensfrei sind: Gebäude ohne Feuerungsanlagen mit einer traufseitigen Wandhöhe bis zu 5 m, die einem land- oder forstwirtschaftlichen Betrieb im Sinne der §§ 35 Abs. 1 Nrn. 1 und 2, 201 BauGB dienen, höchstens 100 m² Brutto-Grundfläche haben und nur zur Unterbringung von Sachen oder zum vorübergehenden Schutz von Tieren bestimmt sind" (MBO, § 61, Abs. 1, Ziff. 1 c).

Das Baugesetzbuch schreibt: „Im Außenbereich ist ein Vorhaben nur zulässig, wenn öffentliche Belange nicht entgegenstehen, die ausreichende Erschließung gesichert ist und wenn es einem land- oder forstwirtschaftlichen Betrieb dient und nur einen untergeordneten Teil der Betriebsfläche einnimmt" (BauGB, § 35 Bauen im Außenbereich, Abs. 1, Ziffer 1).

Zur Landwirtschaft zählt zum Beispiel die Pensionspferdehaltung oder Pferdezucht, inklusive eines landwirtschaftlichen Nebenerwerbbetriebs, wenn dieser auf Dauer angelegt und lebensfähig ist. Die Hobby-Pferdehaltung zählt dazu jedoch nicht. Daher ist hier also eine Genehmigung erforderlich, die oft jedoch nicht erteilt wird. Allerdings sind auch Ausnahmen möglich, denn in Ziffer 4 werden Vorhaben erwähnt, die „wegen seiner ... besonderen Zweckbestimmung nur im Außenbereich ausgeführt werden" können (BauGB, § 35, Abs. 1, Ziffer 4).

Erfolg versprechend können solche Anträge insbesondere dann sein, wenn dargelegt wird, dass die Grünlandfläche nur durch Pferdehaltung erhalten und gepflegt werden kann.

Maßgeblich sind schließlich die Landesbauordnungen, die das Thema meist genauer regeln. Zusätzlich sind naturschutzrechtliche Vorschriften zu beachten, da jeder Bau grundsätzlich ein „Eingriff" in Natur und Landschaft ist. Die hierfür geltenden Grenzwerte und Vorschriften stehen in den Naturschutzgesetzen der Länder. Außerdem bestehen eventuell weitere Vorschriften auf Grundlage von Landschaftsplänen oder Schutzgebietsverordnungen. Über solche regionalen Bestimmungen informieren die Landwirtschafts- oder unteren Landschaftsbehörden der Kreise.

Auch vor der Errichtung vermeintlich genehmigungsfreier „mobiler Weideunterstände" (fahrbare Schutzhütten, Weidezelte etc.) sollte man sich beim zuständigen Bauamt über die Zulässigkeit informieren.

8 Reitwege

8.1 Allgemeine Hinweise

Ausreiten ist für den einen gelegentliche Abwechselung vom Training innerhalb der Reitanlage, für den anderen Mittelpunkt der Aktivitäten am Pferd. Und auch Gespannfahren findet als Freizeitvergnügen immer mehr Anhänger. In Erholungsgebieten stellen Ausreiten und Gespannfahren eine sinnvolle Bereicherung des Freizeitangebotes und des Fremdenverkehrs dar und steigern die Attraktivität des Gebietes.

Der ländliche Raum bietet normalerweise Reitern, Fahrern und anderen Erholungsuchenden genügend Platz, sodass Konflikte zwischen beiden Gruppen selten sind. In stadtnahen Erholungsgebieten jedoch, wo vergleichsweise kleine Flächen von einer großen Zahl Spaziergänger, Feierabendsportler, Radfahrer, Jogger, Wanderer oder Reiter aufgesucht werden, oder in Gegenden mit besonders intensiver landwirtschaftlicher Nutzung und geringem Anteil unbefestigter Wirtschaftswege kommt es mitunter zu Problemen.

Das liegt auch daran, dass im Rahmen der Flurbereinigung das landschaftliche Wegenetz auf ein Drittel der Länge und mehr reduziert und die verbleibenden Wege asphaltiert wurden. Eine traurige Tatsache ist zudem, dass in Deutschland immer noch etwa 100 Hektar Fläche pro Tag verbraucht werden, die auch als Erholungsraum verloren gehen (siehe Kapitel 2.4).

Achtung Reiter kreuzen

In Ballungsgebieten ist die Festlegung der Reiter auf ausgewiesene Wege also oft unvermeidlich. Das führt allerdings zu einer stärkeren Benutzung dieser Wege durch die Reiter und, wenn nicht genügend Wege vorhanden sind, zu einer starken Belastung der Wege, die dann, zumindest in Gebieten mit schwerem Boden, morastig und grundlos, eventuell sogar gefährlich für Pferd und Reiter werden können.

Letzteres führt dazu, dass die Reiter gezwungen sind, auf andere als die ausgewiesenen Wege auszuweichen. Allgemein gilt: Je größer das Reitwegenetz ist, desto eher kann auf eine aufwendige Befestigung der Wege verzichtet werden, denn eine Überlastung der Reitwege bedingt hohe Unterhaltungskosten.

Wo im ländlichen Raum genügend unbefestigte Wege vorhanden sind, soll auf die Ausweisung von Reitwegen verzichtet werden, da bei einer entsprechenden Verteilung der Reiter keine Schäden zu befürchten sind.

Gespannfahren als Freizeitvergnügen

8.2 Bedarfsermittlung, Anforderungen

Zur gezielten Bedarfsermittlung und mittelfristigen Planung der Reit- und Fahrmöglichkeiten gehören:
- Beschreibung von Landschaftsstruktur und -klima
- Auswertung der regionalen Gebietsentwicklungspläne, Berücksichtigung der Bauleitplanung
- Ermittlung von Flurbereinigungsvorhaben (gegebenenfalls)
- Analyse von Orts- und Wanderkarten mit Straßen, Wirtschaftswegen, eingetragenen Wander-, Radwander- und Reitwegen unter Berücksichtigung der Widmung der Wege und der Reiteignung, eventuell kartografische Erfassung
- Erfassung pferdehaltender Betriebe und Ermittlung ihrer Struktur, zum Beispiel wenige größere Betriebe oder viele kleinere Betriebe, Einzelpferdehalter, sowie Anzahl der Reitpferde im gesamten Gebiet
- Erfassung der Schwerpunkte, Möglichkeiten und Anforderungen der Pferdebetriebe
- frühzeitige Einbeziehung zuständiger Behörden wie Amt für Gemeindeentwicklung und Kreisplanung, Landschafts-, Naturschutz-, Landwirtschafts-, Straßenverkehrs-, Forstamt
- frühzeitige Einbeziehung örtlicher Interessenvertreter, Reit-, Heimat-, Fremdenverkehrs-, Wander-, Naturschutzvereine, Pferdebetriebe, Jagdvertreter
- Erarbeitung von Teilzielen, Ortsbesichtigung an problematischen Stellen
- Anschluss an benachbarte Gebiete

Fußgängerampel mit Abrufschalter, der vom Pferd aus bedient werden kann

Fußgänger, Radfahrer und Reiter können ausnahmsweise auch mal gemeinsam geführt werden

Anforderungen an ein Netz von Reitrouten

Zu Reitrouten gehören alle in der Landschaft und im Wald tatsächlich und rechtlich bereitbaren, also von der Bodenbeschaffenheit geeigneten Wege, die bedarfsgerecht miteinander verknüpft sind.

Für ein- bis zweistündige Ausritte ist eine Länge von etwa 10 bis 25 Kilometern vorzusehen, nach Möglichkeit verschiedene Rundkurse. Das einem örtlichen Reitbetrieb zugeordnete Reitwegesystem soll eine Verbindung zu Reitwegen benachbarter Reitanlagen haben. Die Streckenführung muss attraktiv sein, damit die Reitwege angenommen werden (schnurgerade „Reitpisten" parallel zu Straßen sind nicht attraktiv).

Bei Reittouristen gibt es wie bei Radfahrern sehr unterschiedlich ambitionierte Vertreter, außerdem hängen die bevorzugten Streckenlängen natürlich von der Topografie des Geländes ab. Durchschnittlich kann davon ausgegangen werden, dass 25 bis 40 Kilometer am Tag geritten werden. Die meisten Reiter, die zu Pferd in Deutschland Urlaub machen, beziehen ein Standquartier, von dem aus die Gegend erkundet wird. Aber natürlich gibt es auch Wanderreiter, die einen Rundkurs oder eine Fernreitstrecke erleben möchten. Die Strecken sollen so gewählt werden, dass möglichst geringer Ausbau erforderlich ist, denn je mehr Aufwand betrieben werden muss, desto schwieriger und teurer sind die Umsetzung und Unterhaltung.

Eingezäunte Flächen für Wanderreit-Pferde

Vielerorts hat sich die Zusammenarbeit mit Reitstationen bewährt, die mit der örtlichen Mentalität vertraut sind und fachkundige Routenhinweise zu geeigneten Strecken unter Berücksichtigung der Witterungsverhältnisse geben können.

• • • • • • • • • • • • • • • • • • • *Pferdebadestelle*

Abb. 72: Die Warendorfer Reitroute

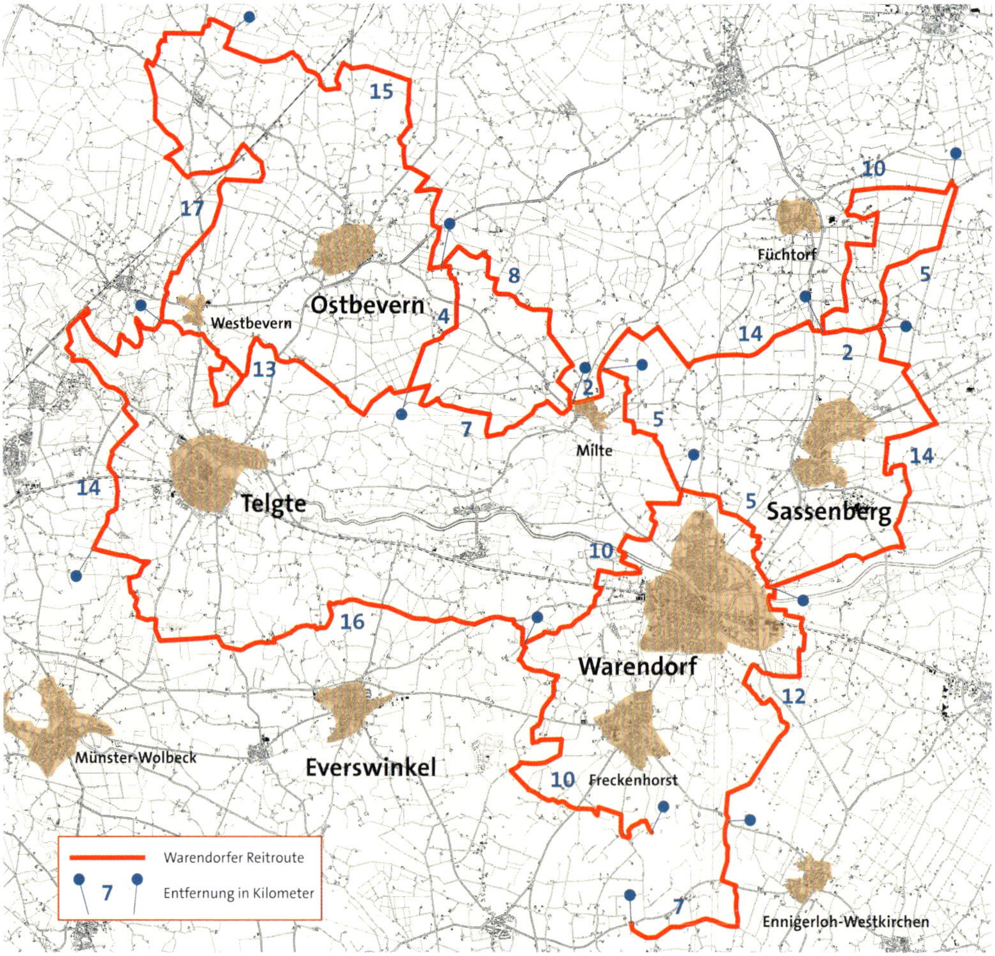

8.3 Anlage von Reitwegen

Wie erwähnt, sollen vorhandene Wege nach Möglichkeit benutzt oder mitbenutzt werden. Die Breite eines speziell angelegten Reitweges sollte 2,50 m betragen, damit eine maschinelle Pflege durchgeführt und erforderlichenfalls Baumaterialien mit dem Lkw direkt aufgeschüttet werden können. Außerdem kommen Reiter und andere aneinander vorbei, ohne den Weg zu verlassen. Wo es sich anbietet, kann die Breite reduziert werden.

Reiter benötigen ein Mindestlichtraumprofil von etwa 3,50 m Höhe, daher ist auf einen ausreichenden Abstand zu Gehölzen ebenfalls zu achten, da sonst vermehrter Aufwand für das Zurückschneiden der Gehölze hinzukommt.

Auf allen Böden mit lockerer Oberfläche, trittfestem Untergrund und guter dauerhafter Wasserableitung, zum Beispiel humusarme Sandböden, sollen Reitwege unbefestigt bleiben. Wo diese Voraussetzungen nicht erfüllt sind und zum Beispiel humusreiche oder schwere Böden vorliegen, kann ein Ausbau der Reitwege an besonders beanspruchten Stellen notwendig werden, damit sie ganzjährig bereitbar bleiben.

Dabei dient die **Tragschicht** der Tretschicht als standfeste Unterlage, die Dicke ist vom Untergrund, dem natürlich anstehenden Boden, abhängig. In der Regel weist sie eine Stärke von 15 bis 25 cm im verdichteten Zustand auf und besteht aus kornabgestuftem Material, zum Beispiel mit der Körnung von 0 bis 45 mm.

Die **Tretschicht** wird in einer Stärke von 8 bis 13 cm aufgebracht und besteht aus nichtbindigem Sand verschiedener Körnung (gewaschen, rundkörnig). In Ballungsräumen kann der regelmäßig auszuwechselnde Sand von Spielplätzen für Reitwege verwendet werden. Wo Reitwege Fußwege kreuzen, wird der Kreuzungsbereich, zum Beispiel mittels Verbundsteinen, gepflastert, um eine Beschädigung der Fußwege zu vermeiden.

Auf eine wirksame **Entwässerung** ist ebenfalls zu achten. In Gegenden mit schweren Böden wird eventuell eine Planentwässerung nötig. Die Art der Entwässerung ist von den topografischen Verhältnissen und dem Längsgefälle des Reitweges abhängig. In der Regel ist die Entwässerung durch Anlage von Querdrainagen im Abstand von 100 bis 150 m in einen vorhandenen oder neu zu bauenden Graben ausreichend. Bei hangparallelen Wegen wird die Entwässerung hangseitig vorgesehen.

Die Einbindung der Reitwege durch **Bepflanzung** mit Einzelbäumen, Strauchgruppen oder Hecken mit bodenständigen Gehölzen ist sinnvoll, auf stark wüchsige Gehölze sollte jedoch verzichtet werden. Zum Wegerand ist mindestens ein Pflanzabstand von 1,50 m einzuhalten. Vorhandener Gehölzbestand soll berücksichtigt und nach Möglichkeit erhalten werden.

Wird eine Reitspur direkt neben einem bestehenden Weg angelegt, soll eine klare Trennung ersichtlich sein: durch Hecken oder Gräben oder bei begrenztem Platz durch Holzpflöcke.

Reitspur neben Wirtschaftsweg

Abb. 73: Reitwegeprofile

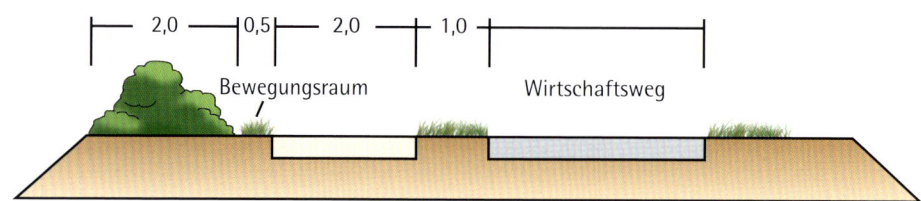

Reitweg ohne Befestigung und Bepflanzung

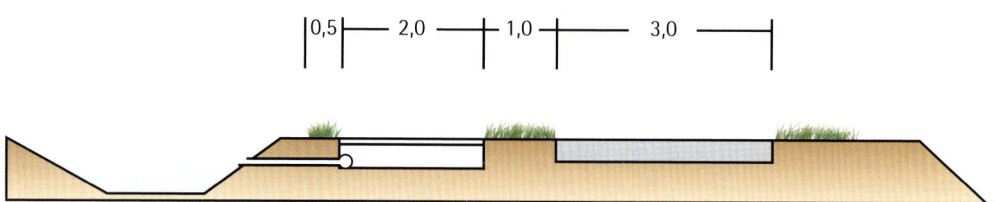

Reitweg mit Befestigung und Planentwässerung

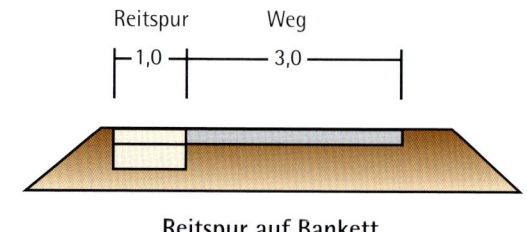

Reitspur auf Bankett

Alle Maße in m

Reitwege

Für die Querung von Bachläufen ist eine **Furt** die beste Variante, da pferdegerecht, kostengünstig und naturnah.

Steigungsstrecken

Stark geneigte Strecken, die nicht umgangen werden können, stellen besondere Anforderungen an die Befestigung. Hierbei soll das Längsgefälle durch Einbau von Baumstammstufen im Abstand von mindestens 5 m, auf etwa 1:10 gemildert werden. Gleichzeitig ist für ein ausreichendes Quergefälle zu sorgen. Kürzere steile Strecken können auch durchgehend befestigt werden.

Furt: Zwei Beispiele

8.4 Hindernisstrecke

Die Anlage von Naturhindernissen im Rahmen des Reitwegenetzes erhöht dessen Attraktivität, erweitert die Ausbildungsmöglichkeiten des Breitensportlers und dient zum Beispiel der Vorbereitung einer Teilnahme an der Reitjagd etc.
Folgende Grundsätze sind zu beachten:

- Die Abmessungen dürfen nicht zu schwer sein, also maximal 0,90 m hoch, 1,20 m tief bei Hochweitsprüngen, maximal 2,50 m bei Weitsprüngen wie zum Beispiel Gräben
- Bauweise: massiv jedoch einladend mit Absprungserleichterung und nach beiden Seiten geneigt
- Hindernisse sollten von beiden Seiten gesprungen werden können und müssen jederzeit zu umreiten sein
- beiderseits sind möglichst natürliche Fänge anzubringen
- Baumstämme mit etwa 60 bis 80 cm Durchmesser können vielfältig eingesetzt werden

Weitere Hinweise finden sich in Kapitel 6.2.

8.5 Beschilderung

Die Orientierung für ortsfremde Reiter wird durch Hinweisschilder erleichtert. Auf diesem Gebiet haben Bundesländer oder Regionen unterschiedliche Wege eingeschlagen, einige Beispiele zeigen die Fotos. Es gibt auch Regionen, die auf eine Beschilderung verzichten und auf die Beratung geschulter Reitstationen setzen, da diese mit ihrer speziellen Ortskenntnis unter Berücksichtigung der Witterungsverhältnisse und den Wünschen der Reiter angepasste Empfehlungen geben können. Diese Variante ist oft leichter und kostengünstiger umzusetzen.

Soweit unbefestigte Teilstrecken nur für Schritt geeignet sind, ist ein zusätzliches Hinweisschild angebracht. An einer Hindernisstrecke kann ein Hinweis sinnvoll sein, die Hindernisse vor jedem Sprung auf Sicherheit zu prüfen, besonders die Absprung- und Landestellen. An den Zugängen sind Informationstafeln zweckmäßig, die über Verlauf und Ausbau der Strecke Auskunft geben und auf Risiko- und Haftungsausschluss hinweisen.

Niedersächsische Routenempfehlungen verwenden ein Piktogramm, in Brandenburg und Mecklenburg findet sich eine langrechteckige Variante, im Münsterland wird ein sechseckiges Schild verwendet • • • • • • • • •

Anhang
Literaturverzeichnis

AID-Informationsdienst (Auswertungs- und Informaionsdienst in der Landwirtschaft), Bonn
- Rechtsfragen beim landwirtschaftlichen Bauen, o.J.
- Sichere Weidezäune, 2000

Allianz Umweltstiftung, München
- „Energie – Informationen zum Thema erneuerbare Energien" (ohne Datum)
- „Wissen – Informationen zum Thema Klima: Grundlagen, Geschichte und Projektionen (02/2007)
- „Information – Sonnenenergie für Schulen" (12/2004)

Arbeitsgemeinschaft für Elektrizitätsanwendung in der Landwirtschaft (AEL),
- 2004, Berechnungs- und Planungsgrundlagen für das Klima in geschlossenen Ställen, Heft 17
- Temperieren von Tränkewasser – Frostschutz wasserführender Leitungen
www.ael-online.de

Arbeitsgemeinschaft Landtechnik und landwirtschaftliches Bauwesen in Bayern (ALB),
2008, „Planungsatlas Pferdehaltung", Freising-Weihenstephan

Bayerisches Landesamt für Umweltschutz,
2004, „Sonnenenergie",
www.bayern.de/lfu

Bayerisches Staatsministerium des Inneren, 2006,
„Der nächste Winter kommt bestimmt … Schnee auf Dächern – Tipps für Hausbesitzer

Beck, Dr. Jürgen, 2008,
„Pferdemist – energetische Verwertung", „Pferdemist – stoffliche Verwertung",
Vorträge SportInfra, Landessportbund Hessen,
www.sportstaetteninfo.de

Berufsgenossenschaft für Fahrzeughaltungen,
2000, „Unfallverhütung in der Pferdehaltung", Hamburg

Berufsgenossenschaftliche Zentrale für Sicherheit und Gesundheit (BGZ), 2004
„Betreiben von Arbeitsmitteln" BGR 500,
www.hvbg.de

Bödicker, Deeg, Strübel, 2006,
„Parcoursaufbau faszinierend logisch, FNverlag, Warendorf

Bundesamt für Bauwesen und Raumordnung (BBR),
- 2005, „Technische Grundsätze zum Barrierefreien Bauen", BBR-Online-Publikation, www.bbr.bund.de
- 2007, Bevölkerungsprognose, www.bbr.bund.de

Bundesamt für Naturschutz/Deutscher Sportbund, 2001,
„Natura 2000 – ein Leitfaden zur Anwendung der Flora-Fauna-Habitat-Richtlinie"

Bundesgesetze und Verordnungen
(die Aufstellung erhebt keinen Anspruch auf Vollständigkeit):
- Arbeitsschutzgesetz (ArbSchG)
- Arbeitsstättenverordnung (ArbStättV)
- Baunutzungsverordnung (BauNVO)
- Bundesnaturschutzgesetz (BNatSchG)
- Gesetz für den Vorrang Erneuerbarer Energien (Erneuerbare-Energien-Gesetz, EEG)
- Musterbauordnung (MBO)
- Mustergaragenverordnung (MGarVO)
- Musterversammlungsstättenverordnung (MVStättV)
- Verordnung über energiesparenden Wärmeschutz und energiesparende Anlagentechnik bei Gebäuden (Energieeinsparverordnung – EnEV)
jeweils gültige Fassung:
www.bundesrecht.juris.de

Anhang

Bundesministerium für Ernährung, Landwirtschaft und Verbraucherschutz (BMELV),
- 1992, „Leitlinien Tierschutz im Pferdesport", Bonn
- 1993, „Pferdehaltung – eine Einkommensalternative für landwirtschaftliche Betriebe, Bonn
- 1995, „Leitlinien zur Beurteilung von Pferdehaltungen unter Tierschutzgesichtspunkten", Bonn

Bundesministerium für Umwelt, Naturschutz und Reaktorsicherheit (BMU), 2008,
Dr. Korinna Schack, Sabine Preußer, Flächenverbrauch und Landschaftszerschneidung – Materialien für Bildung und Information

Bundesministerium für Verkehr, Bau und Stadtentwicklung, 2006,
- „Brandschutzleitfaden", www.bmvbs.de

Bundesministerium des Inneren, 2007,
„Der demographische Wandel in Deutschland – ein Überblick", www.bmi.bund.de

C.A.R.M.E.N. Centrales Agrar-Rohstoff-Marketing- und Entwicklungs-Netzwerk e.V., „Landwirtschaftliche Biogasanlagen", Straubing

Deutscher Behinderten Sportverband e.V. (DBS), 1980,
„Planungshilfen für ein behindertengerechtes Bauen bei Sport- und Freizeitstätten", Duisburg

Deutsches Institut für Normung e.V.
(die Aufstellung erhebt keinen Anspruch auf Vollständigkeit):
- DIN 1055,
  Teil 1 Wichten und Flächenlasten von Baustoffen, Bauteilen und Lagerstoffen,
  Teil 2 Lastannahmen für Bauten,
  Teil 3 Eigen- und Nutzlasten für Hochbauten,
  Teil 4 Windlasten,
  Teil 5 Schnee- und Eislasten,
  Teil 6 Einwirkungen auf Silos und Futterbehälter,
  Teil 7 Temperatureinwirkungen,
  Teil 8 Außergewöhnliche Einwirkungen
- DIN 4108 Wärmeschutz und Energieeinsparung an Gebäuden,
  Teil 1 Wärmeschutz im Hochbau, Größen und Einheiten (1981-1),
  Teil 2 Mindestanforderungen an den Wärmeschutz (2001-03),
  Teil 3 Klimabedingter Feuchteschutz (2001-03),
  Teil 4 Wärme- und feuchteschutztechnische Bemessungswerte (2002-2),
  Teil 10 (2003-06): Anwendungsbezogene Anforderungen an Wärmedämmstoffe – Werkmäßig hergestellte Wärmedämmstoffe
- DIN EN 12193 „Licht und Beleuchtung – Sportstättenbeleuchtung" (2008-04)
- DIN EN 12524 Baustoffe und -produkte – Wärme- und feuchteschutztechnische Eigenschaften – Tabellierte Bemessungswerte; Deutsche Fassung: 2000
- DIN EN 13501-1 Brandverhalten von Baustoffen und Bauteilen
- DIN EN 13501-2 Feuerwiderstand
- DIN 14095 Feuerwehrpläne für bauliche Anlagen
- DIN 14096 Brandschutzordnung, Teile 1, 2 und 3 (2000-01)
- DIN 14210 Löschwasserteich
- DIN 18024 Barrierefreies Bauen, Teile 1 (Januar 1998) und 2 (November 1996)
- DIN 18035 Sportplätze,
  Teil 2 Bewässerung (2003-07),
  Teil 3 Entwässerung (2006-09),
  Teil 4 Rasenflächen (2004-05),
  Teil 5 Tennenflächen, (2007-08)
- DIN 18910-1 Wärmeschutz geschlossener Ställe – Wärmedämmung und Lüftung,
  Teil 1 Planungs- und Berechnungsgrundlagen für geschlossene zwangsbelüftete Ställe, November 2004
- DIN 67526 Blatt 1, Beleuchtung mit künstlichem Licht, Sept. 1973,
  Blatt 3, Beleuchtung mit Tageslicht, Aug. 1976
- DIN VDE 0185 Blitzschutz

Beuth Verlag GmbH, Berlin

Deutsche Reiterliche Vereinigung e.V. (FN),
FNverlag Warendorf:
- Aufgabenheft Fahren, 2008
- Aufgabenheft Reiten, 2008
- Faszination Zukunft, Neue Perspektiven im Pferdesport, CD-Rom, Deutsche Reiterliche Vereinigung e.V, 2003
- „FN-Handbuch Pferdesport", 4. Auflage 2000, Redaktion: G. Hoffmann und Dr. H.-D. Wagner (vergriffen)
- FN-Handbuch Turniersport (Internetversion 2008)
- „Leistungs-Prüfungs-Ordnung (LPO)", Fassung 2008
- Jahresberichte FN – DOKR, 1960–2007
- „Pferdehaltung in Gruppen", 1984, Referate des FN-Seminars, 2. überarbeitete Auflage 1989, Redaktion: Dr. H.-D. Wagner (vergriffen)
- Pferd und Umwelt, Informationsblatt, Hoffmann, Gerlinde, 2007
- Pferde, Unterrichtsmaterialien für die Sekundarstufe 1 (Klasse 5–7), Arbeitskreis Schulsport/Gärtner, Silke
- Pferdesport-Träume verwirklichen – erwachsene Wiedereinsteiger Ü 30, Lange, Christine/Hartmann, Annette von, 2007
- „Reitsport 2000", 1987, Kongressbericht (vergriffen)
- „Richtlinien für Reiten, Fahren und Voltigieren", Band 4, Haltung, Fütterung, Gesundheit und Zucht, 11. Auflage 2003
- „Sicherstellung eines Qualitätsmanagements in Besamungsstationen für Pferde", Warendorf 2002
- „Unterricht für Erwachsene im Reitverein", Hoffmann, Gerlinde/Wackenhut, Dr. K., 1994

Deutscher Olympischer Sportbund (DOSB),
- 2006, „Sportvereine und demographischer Wandel", DOSB, Frankfurt, www.dosb.de
- 2007, „Demographische Entwicklung in Deutschland – Herausforderung für die Sportentwicklung

Deutscher Naturschutzring e.V. (DNR),
- 2000, „Der Naturschutzhelfer"

- 2006,„Älter, weniger, weiter weg – Demographischer Wandel als Gestaltungsaufgabe für den Umweltschutz" Konferenzdokumentation, DNR, Bonn

Dohn, Dr. Hanno, 2008,
„Hinweise zur optimierten Pferdehaltung" (Vortrag unveröffentlicht)

Fink, Georg W., 1990,
„Stallbau und Reitanlagen" in: „Handbuch Pferd, Zucht – Haltung – Ausbildung – Sport – Medizin – Recht", 3. Auflage, BLV Verlagsgesellschaft mbH, München

Fink, Georg, W., 2008,
„Gelassenheit im Pferdesport" FNverlag, Warendorf

Fink, Georg, W., 2008,
„Pferdehaltung, Kosten sparen, Erträge steigern" (Vortrag, unveröffentlicht)

Fischer, Manfred, 2008,
„Planungskonzepte für Reitanlagen", „Anforderungen an den Bodenaufbau bei Freiplätzen und Halle", Amt für Landwirtschaft und Forsten, Fürstenfeldbruck (Vorträge unveröffentlicht)

Fleischauer, Klaus et. al., 1984,
„Umweltverträgliche Reitwegeplanung, Modell Rheinisch-Bergischer Kreis", Bundesministerium für Ernährung, Landwirtschaft und Forsten, Bonn

Fleischauer, Klaus, 1986,
„Reitwegenetze – Ziele und Bedarfsschätzung", „Reitwegenetze-Planung", „Reitwegenetze-Ausführung", KTBL-Arbeitsblätter, lfd. Nr. 3081, 3082, 3083, Kuratorium für Technik und Bauen in der Landwirtschaft, Darmstadt

Forschungsgesellschaft Landschaftsentwicklung, Landschaftsbau, 2007,
„Empfehlungen für Planung, Bau und Instandhaltung von Reitplätzen im Freien", FLL, Bonn

Anhang

Gast, Ulrike und Christiane,
„365 Ideen für den Breitensport", 2005, FNverlag, Warendorf

Habel, Max, 1982,
„Vielseitigkeitsreiten", Limpert Verlag

Hoffmann, Gerlinde, 2004, 2008,
„Pferdehaltung", „Sport und Umwelt" (Vorträge unveröffentlicht)

International Paralympic Committee (IPC), 2008,
„Technical Manual on Accessibility/Technisches Handbuch für barrierefreies Design

Institut für Pferdemanagement, 2008,
„Die neuen Gesetze für erneuerbare Energien", Forum Verlag Herkert GmbH, Mering

IPSOS, 2001,
„Marktanalyse Pferdesportler in Deutschland", Faszination Zukunft, Neue Perspektiven im Pferdesport, CD-Rom, Deutsche Reiterliche Vereinigung 2003

International Federation of Islandic Horse Association (FEIF), 2008,
Islandpferdeprüfungsordnung (FIPO)

Jussen, U., Zeitler, M., Groth, W., 1984,
„Untersuchungen über Haltungs- und Hygieneverhältnisse in bayerischen Pferdebeständen", 1. Mitteilung: Stallgebäude und Haltungssysteme, 2. Mitteilung: Hygienemaßnahmen und Stallklima, Züchtungskunde 56 (2/3), Eugen Ulmer GmbH u. Co., Stuttgart

Kolter, Dr. Lydia, Meyer, Prof. Dr. H., 1986,
„Unterlagensammlung Pferdehaltung", Ernährung und Haltung, Wissenschaftliche Publikation 6, FNverlag, Warendorf (vergriffen)

Kolter, Dr. Lydia,
„Unterlagensammlung Pferdehaltung II", Zucht, Wissenschaftliche Publikation 7, FNverlag, Warendorf (vergriffen)

Krämer, Monika,
„Siege werden im Stall errungen", 2005, FNverlag, Warendorf

Kuratorium für Technik und Bauwesen in der Landwirtschaft e.V. (KTBL), Darmstadt,
- 1976, „Datensammlung Pferdehaltung – Deutsches Warmblut", 2. Auflage, Landwirtschaftsverlag GmbH, Münster-Hiltrup, vergriffen
- 2004, „Pensionspferdehaltung im landwirtschaftlichen Betrieb", Schrift 405
- 2005, Vorbeugender Brandschutz beim landwirtschaftlichen Bauen
- 2005, Faustzahlen für die Landwirtschaft
- 2006, Nationaler Bewertungsrahmen für Tierhaltungsverfahren, Schrift 446

Länderarbeitsgruppe Stallklima,
„Stallklimaprüfung in der landwirtschaftlichen Tierhaltung", 03/2006, www.verbraucherschutz.sachsen-anhalt.de/

Landesanstalt für Umwelt, Messungen und Naturschutz Baden-Württemberg, 2007,
„Dokumentation und Handreichung zur Biotoppflege mit Pferden", Naturschutzpraxis Landschaftspflege 2, Karlsruhe

Landessportbund Hessen (LSBH),
Frankfurt, www.sportstaetten.info
- 1999, „Agenda 21 im Sportverein"
- 2007, Klimaschutzberater Lehrgangsmaterialien
- 2008, Unterlagen zum Öko-Check in Sportanlagen

Lukas, Uwe, 2007 „
Gesunde Hufe – kein Zufall", FNverlag Warendorf

Marten, J.,
„Auslaufhaltung – Artgerechte Pferdehaltung", Bundesministerium für Ernährung, Landwirtschaft und Forsten, Bonn

Marten, Jens, Salewski, Armin, 1989,
„Handbuch der modernen Pferdehaltung, Stallbau, Haltung, Fütterung, Pflege", Franckh'sche Verlagshandlung, Stuttgart

Meyer, Helmut, „Pferdefütterung" 1995,
3. Auflage, Blackwell Wissenschaftsverlag, Berlin-Wien

Ministerium für Ernährung und ländlichen Raum Baden Württemberg, 2008,
„Merkblatt Gülle-Festmist-Jauche-Silagesickersaft-Gärreste, Gewässerschutz"

Mößmer, Reinhard und Ammer, Ulrich, 1976,
„Reiten in stadtnahen Wäldern, Modellplanung, Forstenrieder Park, München, (Heft 35), Forstliche Forschungsanstalt, München

Otto-Graf-Institut der TU Stuttgart, 1975,
„Sport und Freizeitanlagen, Forschungsauftrag Reitbahnbeläge", Bericht B3/74, im Auftrag des Bundesinstitutes für Sportwissenschaft, sb 67 verlags-gesellschaft, Köln

Pahmeyer, Dr. S., 2002,
„Betriebswirtschaftslehre – Modernes Management für Pferdebetriebe und Reitvereine", 2. Auflage 2005, FNverlag, Warendorf

Piotrowski, Prof. Dr. Joachim, 1984,
„Bau- und Haltungstechnische Gestaltung von Pferdeauslaufhaltungen", in „Pferdehaltung in Gruppen", FNverlag, Warendorf

Piotrowski, Prof. Dr. Joachim et. al., 1987,
„Neue Haltungsformen für Pferde unter alten Dächern", Bundesministerium für Ernährung, Landwirtschaft und Forsten, Bonn

Piotrowski, Prof. Dr. Joachim, Pirkelmann, Dr. Heinrich, 1990,
„Extensive Grünlandbewirtschaftung durch Pferdehaltung", KTBL – ALB – Vortragstagung anlässlich der KTBL-Tage 1990 in Würzburg, Arbeitspapier 140, KTBL Darmstadt

Pirkelmann, Dr. Heinrich, 1990,
„Offenlaufställe für Pferde", Arbeitsblatt Landwirtschaftliches Bauwesen, 07.03.06, ALB Bayern, Grub

Pirkelmann, Dr. Heinrich, Ahlswede, Lutz, Zeitler-Feicht, Margit, 2008,
„Pferdehaltung", Verlag Eugen Ulmer, Stuttgart

Poppinga, Prof. Dr. Onno, König, Dr. Kerstin, 2001,
„Pferdesport und Öffentlichkeit – soziale und wirtschaftliche Bedeutung von Pferdehaltung und Pferdesport", Hrsg.: Landessportbund Hessen, Meyer & Meyer Verlag, Aachen

Rapp, H.J. et. al., 1991,
„Untersuchungen in Reithallen und an verschiedenen Reitbahnbelägen unter dem Aspekt der Atemwegsbelastung beim Pferd – Lufthygienische Untersuchungen in Reithallen", Tierärztliche Praxis 19, 74-81, F.K. Schattauer Verlagsgesellschaft mbH, Stuttgart – New York

Schemel, Hans-Joachim, Erbgut, Wilfried,
„Handbuch Sport und Umwelt", 2000,
Herausgeber: Bundesministerium für Umwelt, Naturschutz und Reaktorsicherheit/Umweltbundesamt, Deutscher Sportbund, Deutscher Naturschutzring, Meyer & Meyer-Verlag, Aachen

Schnitzer, Prof. Dr. Ulrich, 1970,
„Untersuchungen zur Planung von Reitanlagen", KTBL-Bauschrift Heft 6, Kuratorium für Technik und Bauwesen in der Landwirtschaft, Frankfurt

Schnitzer, Prof. Dr. Ulrich,
„Der Bau von Reitanlagen", Forschungsauftrag des Instituts für Sportstättenbau, Köln

Schnitzer, Prof. Dr. Ulrich, 1973,
„Reitanlagen – Beispielentwürfe", KTBL-Schrift 162, Landwirtschaftsverlag GmbH, Münster-Hiltrup

Schnitzer, Prof. Dr. Ulrich, 1984,
„Planungserfahrungen mit einigen Pferdeställen

Anhang

für Gruppen-Auslaufhaltung" in „Pferdehaltung in Gruppen", 2. überarbeitete Auflage 1989, FNverlag, Warendorf

Schuchardt, Dr. Frank, 1988, „Versuche zum Wärmeentzug aus Festmist", Landbauforschung Völkenrode, Wissenschaftliche Mitteilungen der Bundesforschungsanstalt für Landwirtschaft, Braunschweig-Völkenrode (FAL), 33. Jahrgang, Seite 169–178

Sportministerkonferenz der Länder (Arbeitsgruppe), Flächensparendes Bauen (ohne Datum)

Statistisches Bundesamt, www.destatis.de

Umweltbundesamt (UBA), 2004, Hintergrundpapier: Flächenverbrauch, ein Umweltproblem mit wirtschaftlichen Folgen

Vogg, Jürgen, 1987, „Lüftung und Klimagestaltung in Pferdeställen – vergleichende Untersuchung", Forschungsberichte VDI, Reihe 14, Nr. 31, VDI-Verlag GmbH, Düsseldorf

Wagner, Dr. Hans-Dietrich, „Argumentationshilfen für den Pferdesport", 6. Auflage 1992, Deutsche Reiterliche Vereinigung (FN), Warendorf

Wenner, Prof. Dr. Heinz-Lothar, et. al., 1980, „Landtechnik – Bauwesen" Teil A, Grundlagen, 3. Auflage, Landwirtschaftsverlag GmbH, Münster-Hiltrup

Zeeb, Prof. Dr. Klaus, „Aktuelle Aspekte der Ethologie in der Pferdehaltung", Wiss. Publ. 2, 1. Auflage 1981, FNverlag, Warendorf

Zeeb, Prof. Dr. Klaus, 1994, „Artgemäße Pferdehaltung und verhaltensgerechter Umgang mit Pferden in „Handbuch Pferd", BLV-Verlag, München

Internet-Informationen zum Einsatz moderner Techniken, erneuerbarer Energien, Fördermöglichkeiten (die Aufstellung erhebt keinen Anspruch auf Vollständigkeit):

» www.bafa.de
(Bundesamt für Wirtschaft und Ausfuhrkontrolle)

» www.biogas.org
(Fachverband Biogas)

» www.bine.info
(Fachinformationszentrum (FIZ) Karlsruhe, Gesellschaft für wissenschaftlich-technische Information mbH)

» www.bmu.de
(Bundesministerium für Umwelt, Naturschutz und Reaktorsicherheit)

» www.erneuerbare-energien.de
(Bundesministerium für Umwelt, Naturschutz und Reaktorsicherheit)

» www.dena.de
(Deutsche Energie-Agentur)

» www.kfw-foerderbank.de
(Kreditanstalt für Wiederaufbau)

» www.solarwirtschaft.de,
www.solarfoerderung.de
(Bundesverband Solarwirtschaft)

» www.umweltbundesamt.de
(Umweltbundesamt)

Verzeichnis der Fotos

Adelheid Borchardt, Warendorf: Seiten 31, 36, 38 o., 50, 60, 61, 70 o., 71, 72, 73, 76, 79 (2), 80, 82, 83, 84 (2), 85, 88, 90, 92 (2), 96 u., 97, 108 o., 110, 114 o., 117 (2), 121 u.li., 156, 159 u., 162 o.
Fotostudio Brenne, Feuchtwangen: Seite 27
Dr. Hanno Dohn, Bad Honnef: Seite 99 (2)
Georg W. Fink, Aufkirchen: Seiten 145
Manfred Fischer, Bruckberg: Seite 100
Gerlinde Hoffmann, Warendorf: Seiten 8 u., 10, 12 o., 19, 28, 34 u., 38 re., 39, 42, 44, 45, 47 o., 49, 52, 58, 59, 63, 70 u., 89, 93, 94, 95, 96 o., 101, 104, 107, 108 u., 112, 114 u., 118, 120, 121 (3), 123, 124, 125, 128, 132 (2), 133, 134, 137, 140 (2), 141, 142, 143, 144, 146 (3), 147, 149 (2), 150 (2), 151, 152 (2), 153, 154 (2), 155 (3), 157 o. (2), 158, 159 o., 160 (2), 161, 162 u., 163, 164, 166 (2), 167 (3), 168, 169, 171 (2), 172 (3)
Stephan Kube, Greven: Seite 12 u.
Uwe Lukas, Warendorf: Seite 109
Christoph Schaffa, Unterhaching: Seite 116
Daniela Schmid, Aalen: Seite 148
Christiane Slawik, Würzburg: Seiten 7 (2), 8 o. (2), 20 (2), 34 o., 173
Archiv Islandpferdereitverein Lingen-Emsland: Seiten 41
Johannes Siepe, Siegburg: Seite 86 (2)
NRW-Landgestüt, Heike Brandenburg: Seite 155 m. u.
Archiv Kraft Führanlagen, Frankenhardt-Honhardt: Seite 157 u.
Foto Seite 64 o. entnommen aus „200 Jahre Landgestüt Celle – 1735 bis 1935" von Hans Stapenhorst
Foto Seite 64 u. entnommen aus „Staatsgestüte" von Gerhard Kapitzke, FNverlag, Warendorf 1989

Verzeichnis der Abbildungen

Kapitel 1
1. Unterschiede bei Haustieren / nach Prof. Dr. Ulrich Schnitzer

Kapitel 2
2. Altersaufbau der Bevölkerung 1910, 1950, 2005 und 2050 in Deutschland / Statistisches Bundesamt
3. Künftige Bevölkerungsdynamik / Bundesamt für Raumordnung und Bauwesen
4. Mitgliederbestand nach Alter / Gerlinde Hoffmann / Jahresberichte der FN
5. Gliederung des Mitgliederbestandes nach Altersgruppen / Gerlinde Hoffmann / Jahresberichte der FN
6. Gliederung des Mitgliederbestandes nach Geschlecht innerhalb Altersgruppen / Gerlinde Hoffmann / Jahresberichte der FN
7. Interessen der Reiter / nach Georg W. Fink
8. Einstellung zum Reiten / IPSOS-Marktanalyse
9. Gesamtdeckungsbeitrag und Festkosten / Dr. S. Pahmeyer
10. Nächtliches Temperaturgefälle, Kaltluftsee / nach Prof. Dr. Ulrich Schnitzer
11. Flächenverbrauch, Siedlungs- und Verkehrsflächen in Deutschland / Bundesumweltministerium
12. Planungskonzepte für Reitanlagen / nach Arbeitsgemeinschaft landwirtschaftliches Bauen Bayern
13. Das Islandpferdestadion in Lingen / Islandpferdereiterverein Lingen-Emsland e.V.
14. Berücksichtigung der Reizzonen / nach Georg W. Fink
15. Behindertengerechte Bewegungsfläche vor Türen / Bundesamt für Bauwesen und Raumordnung (BBR-Online)
16. Unterschneidungen sind Stolperfallen / Gerlinde Hoffmann
17. Toiletten / Bundesamt für Bauwesen und Raumordnung (BBR-Online)
18. Kompromisslösung für seitlich anfahrbares WC / Bundesamt für Bauwesen und Raumordnung (BBR-Online)

Anhang

19. Ausbreitungsverhalten heißer Partikel bei schweißtechnischen Arbeiten und Ausdehnung des durch Funkenflug gefährdeten Bereiches beim thermischen Trennen / Berufsgenossenschaftliche Zentrale für Sicherheit und Gesundheit (BGZ)
20. Verhalten im Brandfall / DIN 14096
21. Globalstrahlung in Deutschland / Deutscher Wetterdienst
22. Funktionsprinzip einer Fotovoltaikanlage / Stadtwerke Karlsruhe, Infobroschüre „Erneuerbare Energien"
23. Standort der PV-Anlage / Walter-Konzept
24. Blockheizkraftwerk / Arbeitsgemeinschaft für sparsamen und umweltfreundlichen Energieverbrauch e.V. (www.ASUE.de)
25. Stromverbrauch von Leuchtmitteln / Gerlinde Hoffmann
26. Euro-Label von Haushaltsgeräten / www.ASUE.de

Kapitel 3
27. Übersicht Haltungsformen / Gerlinde Hoffmann
28. Variables Haltungssystem / Georg W. Fink nach Prof. Dr. Piotrowski
29. Wärmedämmeigenschaften von Baustoffen / DIN 4108, DIN EN 12524
30. aktive – passive Lüftung für den Pferdestall / Gerlinde Hoffmann
31. Schwerkraftlüftungen / Gerlinde Hoffmann
32. Zwangslüftungen / Gerlinde Hoffmann
33. Mehrraumlaufstall mit Fressständen für 5–6 Pferde / nach Prof. Dr. Heinrich Pirkelmann
34. Kombination Boxen- und Gruppenhaltung ... / nach Prof. Dr. Ulrich Schnitzer
35. Durchfressgitter im Laufstall / Gerlinde Hoffmann
36. Rollraufe / nach Prof. Dr. Joachim Piotrowski
37. Fressstände aus Holz / nach Prof. Dr. Ulrich Schnitzer
38. Individuelle Fütterung von Rau- und Kraftfutter / nach Prof. Dr. Joachim Piotrowski
39. Gestaltung der Zwischen- und Vorderwände / nach Prof. Dr. Ulrich Schnitzer
40. Breite von Durchgängen / BMELV
41. Drehrichtung Boxentüren / nach Prof. Dr. Ulrich Schnitzer
42. Futterluke, Tröge / Gerlinde Hoffmann
43. Anbringung von Futtertrögen / nach Prof. Dr. Ulrich Schnitzer
44. Mindestraumbedarf beim Führen und Wenden / nach Prof. Dr. Ulrich Schnitzer
45. Außenklappen (Maße) / nach Prof. Dr. Ulrich Schnitzer
46. Festmistlager ohne Jauchegrube / MELR BW
47. Prinzipskizze Biogasanlage / C.A.R.M.E.N.
48. Schema einer Anlage für Mistverbrennung / Klingler
49. Maße von Sattel und Trense / nach Prof. Dr. Ulrich Schnitzer
50. Waschplatz / nach Prof. Dr. Ulrich Schnitzer

Kapitel 4
51. Longierhallen / nach Prof. Dr. Ulrich Schnitzer
52. Vertikale, horizontale Beleuchtungsmessung / Gerlinde Hoffmann
53. Bande der Reitbahn / Gerlinde Hoffmann
54. Platzierung des Bandentores / nach Prof. Dr. Ulrich Schnitzer
55. Mögliche Anordnung der Tribünen in der Reithalle / nach Prof. Dr. Ulrich Schnitzer
56. Tribüne an der kurzen Seite und Zuschauerumgang / nach Prof. Dr. Ulrich Schnitzer
57. Ungünstige Obergeschosstribüne / nach Prof. Dr. Ulrich Schnitzer

Kapitel 5
58. Dressurplatz-Abmessungen / Gerlinde Hoffmann
59. Dressurplatz Fahren / Aufgabenheft Fahren, FNverlag
60. Töltbahnen gemäß FIPO / Islandpferde-Reiter- und Züchterverband
61. Passbahn gemäß FIPO / Islandpferde-Reiter- und Züchterverband
62. Entscheidungspfad zur Auswahl der Bauweise von Reitplätzen ohne Rasendecke / nach Forschungsgesellschaft Landschaftsentwicklung, Landschaftsbau
63. Gefällearten / Gerlinde Hoffmann
64. Schichtenfolge / Gerlinde Hoffmann
65. Scherfestigkeit / nach Firma Dold

66. Körnungslinienbereich / Forschungsgesellschaft Landschaftsentwicklung, Landschaftsbau
67. Anordnung der Dränage / nach Forschungsgesellschaft Landschaftsentwicklung, Landschaftsbau
68. Halbkreisregner / Deutsches Olympiade-Komitee für Reiterei

Kapitel 6
69. Treppe / Gerlinde Hoffmann
70. Trainings- und Turnierplatz / Bundesleistungszentrum Reiten, Warendorf

Kapitel 7
71. Schutzhütte / Gerlinde Hoffmann

Kapitel 8
72. Warendorfer Reitroute / Kreis Warendorf
73. Reitwegprofile / Gerlinde Hoffmann

Verzeichnis der Übersichten

Kapitel 1
1. Zusammenfassung: Pferde sind Steppen-, Flucht und Herdentiere / Gerlinde Hoffmann

Kapitel 2
2. Marktanalyse Pferdesportler / Ipsos
3. Angebote und Alternativen von A bis Z / Gerlinde Hoffmann
4. Betriebszweige eines landwirtschaftlichen Betriebes / nach Dr. S. Pahmeyer
5. Das Dienstleistungsangebot des Vereins im Baukastensystem / Hans Georg Gerlach (2000)
6. Betriebszweigabrechnungen zur Nach- und Vorkalkulation / nach Dr. S. Pahmeyer
7. Planungsebenen / Gerlinde Hoffmann
8. Glossar „Baurecht" / Gerlinde Hoffmann
9. Einordnung von Brandschutzmaßnahmen / nach KTBL 2005
10. Passive Energienutzung / Gerlinde Hoffmann
11. Checkliste Regenwassernutzung / Landessportbund Hessen
12. Schneelasten / Bayerisches Staatsministerium des Inneren

Kapitel 3
13. Entstehung der wesentlichen Gase im Pferdestall und schädliche Auswirkungen bei zu hoher Konzentration / Gerlinde Hoffmann
14. Wärmedurchgangskoeffizienten bei unterschiedlichen Fenstern / DIN 4108
15. Glossar „Stallklima" / Gerlinde Hoffmann
16. Abmessungen Gruppenauslaufhaltung / Gerlinde Hoffmann
17. Möglichkeiten der Fütterung / Gerlinde Hoffmann
18. Abmessungen Fressstände / Gerlinde Hoffmann (Zusammenfassung)
19. Maße für Boxen / Gerlinde Hoffmann (Zusammenstellung)
20. Verbrauch und Raumbedarf für Futtermittel und Stroh / nach KTBL
21. Nährstoffgehalte in Wirtschaftsdüngern / www.oekolandbau.de,
22. Nährstoffausscheidung von Pferden pro Stallplatz und Jahr – Auszug / nach www.landwirtschaftskammer.de
23. Vergütungen / BMU
24. Bodenbelagsbeschaffenheit von Deckräumen qualifiziert nach Trittsicherheit und Hygiene / Prof. Dr. Erich Klug
25. Anschlussleistung einer 58-Watt-Leuchtstoffröhre / Landessportbund Hessen

Kapitel 4
26. Mindestmaße für Turnierprüfungen in der Halle / Gerlinde Hoffmann (Zusammenstellung)
27. Auswahl der Beleuchtungsklassen und horizontale Beleuchtungsstärke / DIN EN 12193
28. Lichtausbeute, Lebensdauer, Farbqualität und Startzeit verschiedener Leuchtmittel / Landessportbund Hessen
29. Benötigte Hindernisse und Abmessungen für Springprüfungen in der Halle / Leistungs-Prüfungs-Ordnung (LPO), FNverlag

Kapitel 5
30. Mindestmaße von Außenplätzen auf Turnieren / Gerlinde Hoffmann / Regelwerke FN und FEI

Anhang

FN-Kennzeichnung von Betrieben

Nachstehend eine Übersicht des Kennzeichnungssystem für Pferdesportvereine und Pferdebetriebe gemäß APO 2010:

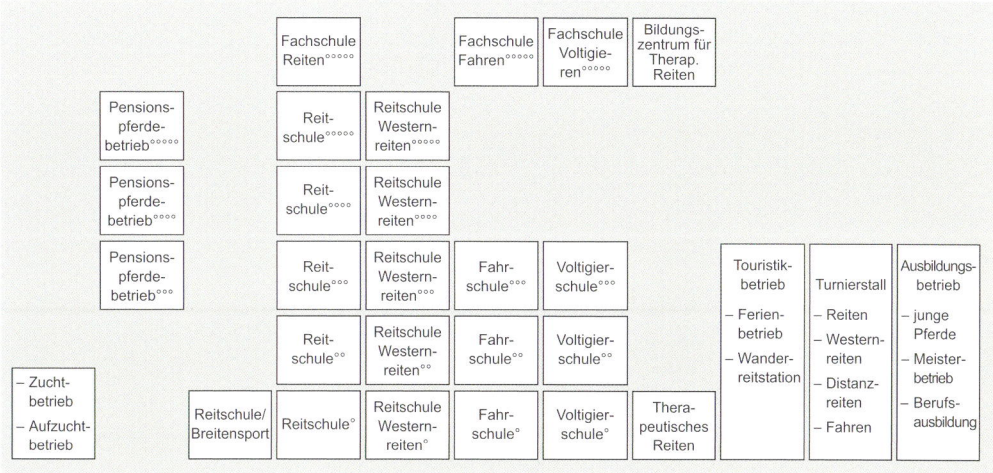

* Die Kennzeichnung „Reitschule Gangreiten" ist im Anhang zur APO geregelt.

Der Antrag auf Anerkennung als FN-geprüfte Pferdehaltung auf den folgenden Seiten kann auch der Überprüfung und Weiterentwicklung des eigenen Betriebs dienen.

Antrag auf Anerkennung als „FN-geprüfte Pferdehaltung"

Deutsche Reiterliche Vereinigung e.V. (FN)
Freiherr-von Langen-Straße 13 ♦ D-48231 Warendorf
☎ 02581 6362-0 02581 62144 fn@fn-dokr.de, www.pferd-aktuell.de

Antrag

auf Anerkennung als

„FN-geprüfte Pferdehaltung"

(zugleich Prüfliste und Protokoll)

Allgemeine Hinweise:

Das Kennzeichnungssystem der Deutschen Reiterlichen Vereinigung (FN) sieht zunächst eine Beurteilung der Pferdehaltung in den Vereinen oder Betrieben vor. **Zur Erfassung der „Grunddaten" und zur Bewertung durch die Prüfungskommission dient dieser Antrag.** (Aufbauend auf der Qualifikation „FN-geprüfte Pferdehaltung" können weitere Schwerpunkte, zum Beispiel Zucht, Pensionspferde, Reit- und Fahrschule, erworben und herausgestellt werden, gegebenenfalls muss zusätzlich der „Zusatz-Antrag" ausgefüllt werden.)

Die nachfolgende Antrags- u. Prüfliste umfasst einzelne Abschnitte, die mit den Buchstaben A–H gekennzeichnet sind. **Vom Antragsteller müssen nur die Angaben zum Betrieb in den Abschnitten A–B ausgefüllt werden.**

Zur Information: *Die Abschnitte C–H unterliegen einer Bewertung durch die Prüfungskommission. Hierbei wird jede zu bewertende Position mit Ziffern von 1–3 bewertet, deren Bedeutung wie folgt festgelegt ist:*

1 = in Ordnung
2 = mit Auflage und Fristsetzung
3 = erfordert Auflage und Nachbesichtigung

Kleinere Mängel (Bewertung 2) können per Auflage mit Fristsetzung dennoch zur sofortigen Kennzeichnung führen. Grobe Mängel (Bewertung 3) erfordern einen anzusprechenden Nachbesichtigungstermin, sodass die Kennzeichnung erst nach geprüfter Abstellung dieser Mängel erfolgen kann. (Die Fristen-Empfehlung beträgt für bauliche Mängel ½ bis 1 Jahr; für hygienische bzw. gesundheitliche oder Bewegungsmängel 4–8 Wochen.)

Anhang

A. Angaben zum Betrieb

1. Betrieb/Verein:

a) Antragsteller/-in:

Name des Betriebs/Vereins: _____

Inhaber
(Eigentümer oder Pächter bzw.
Vorstand oder Gesellschafter): _____

Postanschrift: _____
(Straße)

_____
(PLZ, Ort)

Telefon-Nummer: _____   Fax-Nummer: _____

E-Mail: _____   Homepage: _____

b) Rechtsform: ❏ Verein ❏ Landwirtschaft ❏ Privatstall
❏ Gewerblicher Reit-/Zuchtstall
❏ Sonstiges _____

c) Weitere oder frühere Kennzeichnungen oder Anerkennungen:

_____

2. Personal

a) Betriebsleiter/-in:

_____
(Name)   (Vorname)   (Anschrift)   (Telefon)

geboren am: _____, erlernter/ausgeübter Beruf: _____, im Betrieb tätig seit: _____

Fachliche Qualifikation:

Art der Prüfung	Ort der Prüfung	Datum
_____	_____	_____
_____	_____	_____

b) Weitere Ausbilder/-innen:

(Name, Vorname)	(geboren am)	(Funktion)	(Qualifikation)
_____	_____	_____	_____
_____	_____	_____	_____
_____	_____	_____	_____
_____	_____	_____	_____

c) Begleitung von Ausritten

_____   _____   _____   _____
(Name, Vorname)   (geboren am) (Funktion)   (Qualifikation)

_____   _____   _____   _____
(Name, Vorname)   (geboren am) (Funktion)   (Qualifikation)

d) Weiteres Personal (z.B. Pferdepfleger, Futtermeister etc.)

_____   _____   _____   _____
(Name, Vorname)   (geboren am) (Funktion)   (Qualifikation)

_____   _____   _____   _____
(Name, Vorname)   (geboren am) (Funktion)   (Qualifikation)

e) Betreuender Tierarzt: _____

f) Hufschmied: _____

g) Aushang am Telefon mit Rufnummer
von Arzt, Tierarzt und Schmied: ❏ ja   ❏ nein

3. Art des Betriebes

a) Schwerpunkte *(bitte alle zutreffenden Eigenschaften/Betriebsarten ankreuzen)*

❏ Zucht	❏ Aufzucht	❏ Deckstation
❏ Reiten	❏ Schwerpunkt Turniersport ❏ mit Lehrpferden	❏ Schwerpunkt Breitensport ❏ ohne Lehrpferde
❏ Fahren	❏ Schwerpunkt Turniersport ❏ mit Lehrpferden	❏ Schwerpunkt Breitensport ❏ ohne Lehrpferde
❏ Voltigieren	❏ Therapeutisches Reiten	
❏ Rennreiten (Trab- bzw. Galopprennen)		
❏ Sonstiges		

b) Haltungsformen:

(Anzahl)

❏ Stallhaltung
_____ Innenboxen
_____ Außenboxen ohne direkten Auslauf/Paddock
_____ Außenboxen mit direktem Auslauf/Paddock
_____ Innenlaufstall ohne direkten Auslauf/Paddock
_____ Innenlaufstall mit direktem Auslauf/Paddock
_____ Offenlaufstall

❏ Weidegang bzw. Weidehaltung
  ❏ ja   ❏ teilweise   ❏ nein

Anhang

Die Betriebsart ist maßgebende Grundlage für die nachfolgende Prüfung und Bewertung der Gebäude, Außenanlagen, Haltungsformen

B. Pferdebestand

1. Zucht bzw. Aufzucht

a) <u>Zucht-Stuten</u>:
   Großpferde _____
   Ponys _____

b) <u>Zucht-Hengste</u>:
   Großpferde _____
   Ponys _____

c) <u>Nachzucht</u>:
   Großpferde _____
   Ponys _____

2. Reit- und Fahrbereich

a) <u>Reitpferde</u>:
   Großpferde _____
   Ponys _____

b) <u>Fahrpferde</u>:
   Großpferde _____
   Ponys _____

c) <u>Voltigierpferde</u>:
   Großpferde _____
   Ponys _____

d) <u>Galopprennpferde</u> _____

e) <u>Trabrennpferde</u> _____

f) <u>Gnadenbrotpferde</u> _____

g) <u>Sonstige</u> _____

3. Zusammenfassung

Gesamtzahl der in dem Betrieb vorhandenen Pferde: _____

davon betriebseigene Pferde: _____

davon Privat- bzw. Fremdpferde: _____

Ab hier sind die vorhandenen Betriebseinrichtungen bzw. Positionen ausschließlich ↓ durch die Besichtigungskommission zu erfassen! ↓

C. Bewegungsangebot für die Pferde

- ❏ <u>Weidegang bzw. -haltung</u>:
   ❏ stundenweise
   ❏ nur im Sommer
   ❏ für alle Pferde
   ❏ tagsüber
   ❏ ganzjährig
   ❏ für einige Pferde
   ❏ Tag und Nacht

- ❏ <u>Paddock</u>:
   ❏ stundenweise
   ❏ nur im Sommer
   ❏ für alle Pferde
   ❏ tagsüber
   ❏ ganzjährig
   ❏ für einige Pferde

- ❏ <u>Freilaufen in der Halle</u>:
   ❏ täglich
   ❏ für alle Pferde
   ❏ gelegentlich
   ❏ für einige Pferde

- ❏ <u>Reiten/Fahren</u> ❏ <u>Longieren/Voltigieren</u> ❏ <u>Galopp-/Trabrenntraining</u>

- ❏ <u>Führanlage/Laufband</u>:
   ❏ täglich   ❏ für alle Pferde   ❏ für einige Pferde
   ❏ alle 2–3 Tage   ❏ für alle Pferde   ❏ für einige Pferde
   ❏ ein Mal/Woche   ❏ für alle Pferde   ❏ für einige Pferde
   ❏ im Sommer   ❏ für alle Pferde   ❏ für einige Pferde
   ❏ im Winter   ❏ für alle Pferde   ❏ für einige Pferde

Die Arbeit der Pferde erfolgt durch bzw. unter Anleitung eines Ausbilders: ❏ ja   ❏ nein

Das Bewegungsangebot wird mit folgender Ziffer bewertet: _____

Eventuelle Auflagen:

D. Gebäude und Anlagen

	Bewertungs-Ziffer, gegebenenfalls Auflagen
1. Reit-/Fahr-/Longier-/Spring-Plätze Anzahl: _____ Größe (m): ___x___, ___x___, ___x___, ___x___ *[Kriterien der Bewertung: Größe, Abgrenzung, Einzäunung, Verletzungsgefahren, Beschaffenheit der Tretschicht, (i.O., zu tief, Staub, Nässe, Elastizität, Regelmäßigkeit der Bodenpflege usw.)]*	
2. Reit-/Longierhalle(n) Anzahl: _____ Größe (m): ___x___, ___x___, ___x___, ___x___ *[Kriterien der Bewertung: Größe, Licht, Bande, Verletzungsgefahren, Beschaffenheit der Tretschicht, (i.O., zu tief, Staub, Nässe, Elastizität, Regelmäßigkeit der Bodenpflege usw.)]*	
3. Führanlage/Laufband *[Kriterien der Bewertung: Größe, Beschaffenheit des Untergrunds, Abgrenzung, Verletzungsgefahren]*	
4. Rennbahn *(wenn vorhanden)*: *Kriterien der Bewertung: Größe, Abgrenzung, Einzäunung, Verletzungsgefahren, Beschaffenheit der Tretschicht*	

5) Möglichkeiten zur Ausbildung im Gelände
 	
• Es bestehen Ausreit-/Ausfahr-Möglichkeiten von _____ km Länge
• Kennzeichnungspflicht für Pferde: ❏ ja ❏ nein
  ❏ gesetzliche Kennzeichnung
  ❏ freiwillige Kennzeichnung durch Landesverband Pferdesport	

6. Geländestrecke/Naturhindernisse *(wenn vorhanden)* *(Kriterien der Bewertung: Größe, Abgrenzung, Einzäunung, Verletzungsgefahren, Beschaffenheit der Hindernisse, Beschaffenheit der Tretschicht)*	
7. Hindernismaterial *(Zustand, Sicherheit)*	
8. Paddocks Anzahl: _____ Größe (m): ___x___, ___x___, ___x___, ___x___ *(Kriterien der Bewertung: Größe, Beschaffenheit des Untergrunds, Einzäunung, Verletzungsgefahren)*	
9. Sattelkammer Anzahl: _____ *(Kriterien der Bewertung: Gebisse, Sättel, Geschirre, schonende Unterlagen, sonstige Ausrüstungsgegenstände ⇨ Zustand, Pflege, Sauberkeit)*	

9a. Ausrüstung von Pferden/Ponys zu Lehrzwecken *(nur für die Kennzeichnung als Reitschule/Ferienbetrieb)* *(Kriterien der Bewertung: Trense/Sattel Putzzeug für jedes Pferd, gepflegter Zustand)*	
9b. Ausrüstung von Pferden/Ponys zu Lehrzwecken *(nur für die Kennzeichnung als Fahrschule/Ferienbetrieb)* Ausrüstung *(Kriterien der Bewertung: Trense/Geschirr Putzzeug für jedes Pferd, gepflegter Zustand)*	
9c. Ausrüstung von Pferden/Ponys zu Lehrzwecken *(nur für die Kennzeichnung als Voltigierschule/Ferienbetrieb)* Ausrüstung *(Kriterien der Bewertung: Trense/Voltigiergurt Putzzeug für jedes Pferd, gepflegter Zustand)*	
10. Stall-Apotheke	
11. Futterlagerung Futterkammer, Stroh- und Heulager *(Kriterien der Bewertung: Trocken, Sauberkeit/Hygiene, Umsatzhäufigkeit)*	
12. Dung/Mistlagerung *(Kriterien der Bewertung: Nähe, Entfernung, Windrichtung zum Stall, wegen Beeinträchtigung durch Geruch und Fliegen)*	
13) Sonstige Gebäude und Anlagen Einstellplätze für Gästepferde sind vorhanden: ❑ ja, ❑ nein Ein Quarantänestall ist vorhanden: ❑ ja ❑ nein Ein Unterrichtsraum ist vorhanden: ❑ ja ❑ nein	

E. Boxenstall und/oder Laufstall

1. Lichtverhältnisse [Kriterien der Bewertung: a) im Pferdebereich hell genug, ersatzweise Verbesserung durch Tageslichtlampen b) künstliche Beleuchtung im Pferde-Bereich und auf der Stallgasse ausreichend vorhanden (Absicherung von Kabel und Lampen)?]	
2. Stallklima [Kriterien der Bewertung: a) <u>Luft-Beschaffenheit</u> (relative Feuchtigkeit, Schwitzwasser, Temperatur-Differenz zur Außentemperatur gering, Ammoniak-Geruch?) b) <u>Luftströmung</u> (zu schwach, richtig, d.h. größer 0,3 m/sec) c) <u>Zusätzliche Lüftungsmöglichkeiten</u> bei Bedarf d) <u>Messungen</u> (nur bei Bedarf): – Luftfeuchtigkeit und -temperatur im Verhältnis Stall zu außen – NH_3-Messung (in 30 cm Höhe) – Keimgehalt (in 30 cm Höhe) e) <u>Wärmedämmung</u> (nur bei Haltung im geschlossenen Stall)]	

3. Stallgassen *(wenn vorhanden)*

[Kriterien der Bewertung:
a) Höhe, Breite (der Pferdegröße entsprechend, einreihiger Stall mindestens 2,50 m, zweireihig mindestens 3 m)
b) rutschfester Boden
c) Reinigungsmöglichkeit
d) Verletzungsgefahren]

4. Boxen bzw. Laufstall

a) <u>Laufstall-Größe (m²)</u>: _____, _____, _____
   (Kriterien der Bewertung: Grundfläche und Höhe in angemessenem Verhältnis zur Pferdegröße und zum Bewegungsangebot, d.h. mind. 5 m²/Fohlen, 7 m²/Jährling/Pony, 9 m²/Zweijähriger, 11 m²/ältere Pferde)
b) <u>Boxen-Größe:</u>
   Dauerboxen *(Grundfläche und Höhe in angemessenem Verhältnis zur Pferde-Größe, zur Haltungsform und zum Bewegungsangebot, Wälzmöglichkeit?)*
   kleinere Notboxen *(sind für Turnier, Lehrgang, kurzfristige Unterbringung möglich)*
   Quarantäneboxen *(wenn vorhanden)*
c) <u>Boden</u>
   (etwa niveaugleich mit dem Gang, wenn nicht: Verletzungsgefahr? Untergrund = Naturboden, Steine, Asphalt, Zement, griffig)
d) <u>Boxen-/Laufstall-Zwischenwände:</u>
   – unten/Schlagbereich *(Mauer, Holz mit/ohne Schlitze), Gitterstäbe: lichte Abstände maximal 5 cm oder größer 20 cm, unterer horizontaler Trennwandspalt maximal 5 cm, bei Fohlen maximal 2 cm*
   – oben/Kopfbereich *(Mauer, Holz, Gitterstäbe, lichte Abstände kleiner 5 cm, gleich 17 cm oder größer 35 cm)*
e) <u>Türen</u>
   (stabil, 1–2 Verschlüsse, unten kein Durchtreten möglich, für Menschen leicht und für Pferde schwer zu öffnen, unterer und seitlicher Türspalt maximal 5 cm, bei Fohlen maximal 2 cm, Türbreite mindestens 1,20 m, statt Tür schlauchüberzogene Kette)
f) <u>Luftaustausch im unteren Boxen-/Liegebereich</u>
   (gewährleistet? durch Schlitze, Gitter)
g) <u>Außenfenster</u>
   (mit/ohne Gitter, gesichert gegen Verletzung an Scheibe bzw. Verhängen der Hufe im Gitter, zu öffnen für Kopf und Hals zum Herausschauen, verschließbar)
h) <u>Krippe/Trog/Bodentrog</u>
   (nicht zu hoch, sauber, leicht zu reinigen, leicht beschaubar, möglichst von Stallgasse aus zu befüllen)
i) <u>Tränke</u>
   (nicht zu hoch, sauber, richtige Laufgeschwindigkeit, möglichst weit entfernt von Krippe/Trog, evtl. auch Eimer oder Wanne)
j) <u>Einstreu</u>
   (Dicke/Auflage in der Mitte der Box, Feuchtigkeit der Streu, bei Matratzenstreu muss Oberfläche trocken sein. Untergründe müssen trocken und gut zu reinigen sein!)
k) <u>Sicherheit/Verletzungsgefahren</u> *(an Leckstein, Tränke, Trog, Fenster, Gitterstäben mit falschen Abständen bzw. zu leicht zu verbiegen, Kanten, Splitter, Nägel, fehlende oder defekte Bretter usw.)*

Anhang

l) Sozialkontakte zu Artgenossen
   – *Einzelboxen (zur Seite, zum Stallgang, über Außenbox, Sicht- oder auch Berührungskontakte)*
   – *Laufstall (Wechsel in der Gruppenzusammensetzung häufig = schlecht, selten = gut)*
m) <u>Absonderung</u> *einzelner bzw. kranker Pferde muss im Laufstall möglich sein!*	

5. Fütterung
 	
a) Art und Qualität des Kraftfutters
b) Art/Qualität der Saft- und Ergänzungsfutter
c) Raufutter und dessen Qualität
d) Futtermenge angemessen *(zu wenig/zu viel)*
e) Fütterungs-Intervalle
   - *bei Einzelboxen mindestens 3-mal täglich*
   - *bei Laufstall mit guter Stroh-Einstreu mindestens 2-mal täglich*	

6. Hygiene und Sauberkeit a) Waschbox/Waschplatz *(Möglichkeit zum Abspritzen muss drinnen oder zumindest draußen vorhanden sein)* b) Putzplätze *(nicht in der Box)* c) Sauberkeit im Stallbereich insgesamt d) Reinigung/Desinfektion *(wie oft ?)*	
7. Kontakt zu Menschen *(z.B. täglich, 3-mal wöchentlich)*	

F. Weide/Weidehaltung

1. Größe *(Grundfläche in angemessenem Verhältnis zum Besatz, d.h. für Erhaltungsbedarf in der Vegetationszeit ca. 0,25–0,50 ha/Pferd, bei gleichzeitiger Winterfuttergewinnung ca. 0,50–1,0 ha/Pferd. Bei Weidehaltung muss jede Weide /-Einheit eine Mindestgröße von 2 ha aufweisen, um notwendige Galoppiermöglichkeit zu erfüllen)*	

2. Einzäunung
 	
   - Ausbruch-Sicherheit *(Höhe je nach Größe 1,20–1,80 m, Hengste: höheres Maß, Pfahlabstand 2,50 m bis 4,00 m, Stabilität)*
   - Verletzungsgefahr?	

3. Tore *(Stabil, 1–2 Verschlüsse, für Menschen leicht, für Pferde schwer zu öffnen, abgeschlossen?)*	
4. Tränke/Wasserqualität *(mindestens 20–60 Liter/Tag/Pferd)*	
5. Schutzmöglichkeiten gegen Regen, Wind und Sonne *(Weideunterstände, Größe, Schutzfunktion, Einstreu, baulich sicher, Verletzungsgefahr, Bäume, Knicks, Sträucher)*	

6. Zustand *(Nässe, Zustand der Grasnarbe, Art der Gräser, Weidel-, Liesch-, Knaul-Gras und Wiesenschwingel, Kräuter)*	
7. Bewirtschaftung/Pflege der Weiden *(Bei Wechsel von Heugewinnung/Beweidung, gemeinsame/wechselweise Nutzung mit Rindern, Ruhephasen, d.h. mindestens Dreiteilung der Fläche, rechtzeitige Nachsaat, regelmäßiges Nachmähen, Walzen, Abschleppen, Verteilen oder Absammeln der Pferdeäpfel)*	
8. Nährstoffversorgung/Düngung *(Nach Ausbringung 5-10 Tage keine Beweidung, Bedarf/Mengen über Bodenprobe ermitteln. Streuzeitpunkte: N = ganzjährig, P = Frühjahr/Herbst, Ka = Frühjahr, Ca = alle 3–4 Jahre im Herbst)*	
9. Zufutter *(sofern erforderlich)* - Trocken unter Dach - Art/Qualität des Kraft- bzw. Ergänzungsfutters - Raufutter und dessen Qualität	
10. Möglichkeit zur Absonderung einzelner z.B. kranker Pferde	
11. Wechsel in der Gruppenzusammensetzung *(häufig = schlecht/selten = gut)*	

G. Zustand der Pferde

1. Ernährungszustand	
2. Pflege	
3. Hufe, Ausschneiden, Beschlag *(wie oft?)*	
4. Haut und Haarkleid	
5. Grobsinnlich wahrnehmbare Schäden *(z.B. Mauke, Sattel- oder Geschirr-Druck, Verletzungen Maulwinkel, Flanken, Extremitäten)*	
6. Atmungsapparat *(Nasenausfluss, Husten?)*	
7. Häufige Krankheiten	
8. Tierärztl. Betreuung *(regelmäßig/nur nach Bedarf)*	
9. Gesundheitsvorsorge *(Entwurmung/Impfungen = bestandsweise, Dokumentation?)*	
10. Verhalten der Pferde *(ruhig, schreckhaft, Störungen wie Koppen, Weben usw.)*	

H. Gesamteindruck des Betriebes

- Zufahrt - Ordnung, Sauberkeit - Abstellung von Material und Maschinen - Sicherheit/Verletzungsgefahren	

Unterschrift des Betriebsleiters bezüglich der Richtigkeit seiner Angaben:

_____
(Datum/Name)

Prüfungs-Ergebnis:

Der Betrieb hat folgende Bewertung erreicht:

❏ Gesamtbewertung ohne die Vergabe der Bewertungsziffer 2 oder 3 und damit Kennzeichnung des Betriebes als **„FN-geprüfte Pferdehaltung"**

❏ Durch die ein-/mehrmalige Vergabe der Bewertungsziffer 2 hat der Betrieb die Anforderungen der Kennzeichnung mit Auflagen erfüllt, erhält aber dennoch das Prädikat **„FN-geprüfte Pferdehaltung"**, wobei die protokollierten Auflagen bis zum _____ erfüllt werden müssen.

❏ Durch die ein-/mehrmalige Vergabe der Bewertungsziffer 3 erfüllt der Betrieb die Anforderungen der Kennzeichnung z. Zt. nicht, so dass zunächst keine Kennzeichnung erfolgt.
Der Betriebsinhaber/-leiter beabsichtigt, die festgestellten Mängel nicht/bis zum _____ zu beheben und meldet den Vollzug unaufgefordert.

Ort: _____ Datum: _____

Unterschrift der Prüfer:

_____

Stichwortverzeichnis

Abluftöffnung 71, 73, 74
Abmessungen 76, 79, 82, 87, 89, 90, 96, 111, 115, 125, 129, 131
Abrufstation 83, 84
Absauganlage 100
Aktive Lüftung 70, 73
Alarmanlage 50, 163, 164
Alterspyramide 15
Angebot 13, 17, 21 ff, 35, 149, 155, 167
Anlagenmanagement 56
Anstausystem 140
Aufenthaltsraum 13, 74, 110, 128
Aufsitzhilfe 45, 121
Aufwendungen 24
Ausgleichsmaßnahme 31, 32
Auslauf 7, 11, 61, 77, 79, 156, 158
Ausmisten 95, 99
Ausreiten, Ausreitgelände 23, 34, 166, 168
Ausrüstung, Ausrüstungsgegenstände 107, 118, 125
Außenanlage 38, 128, 146, 148
Außenbereich 29, 30 ff, 38, 165
Außenfläche 61, 96
Außenklappen 70, 73 f, 96
Außenklimastall 63
Außenplatz 129, 133
Außentür 95
Ausweichfläche 155
automatische Fütterung 80, 83, 84, 93
automatische Entmistung 99

Bande, Bandentor 120
barrierefrei 43
Bauantrag 31, 32
Baugenehmigung 29, 31, 33, 47, 165
Baugesetzbuch 29, 30, 32, 165
Baugrund 135, 136, 139, 140, 165
Baugrundplanum 136, 138, 139
Bäume 38, 147, 148, 162, 165
Bauordnung 29, 43, 48, 94, 101, 128
Bauordnungsrecht 29, 31, 128
Bauplanungsrecht, Baurecht 29
Bauvoranfrage 31
Bauweise 114, 134, 140, 151, 173
Bebauungsplangebiet 29, 30, 32

Bedarfsermittlung 22, 167
Befestigung 61, 79, 96, 103, 108, 156, 158, 164, 168, 171
Behandlungsstand 110
behindertengerecht 43
Belag 43, 96, 111, 122
Beleuchtung 43, 56, 67, 113, 118, 133
Beleuchtungsklasse 119
Beleuchtungsstärke 67, 118, 119, 133
Belichtung 111, 113, 118
Bepflanzung 147, 169
Beregnung 55, 57, 123, 141 ff, 158
Beschilderung 172
Betriebsgröße 39
Betriebszweige 24, 25
Bewegung 7, 8, 61, 77, 97, 156, 157, 159
Bewegungsmelder 50, 58, 113
Bewegungsstall 61
Bewirtschaftung 159
Billard 150
Biogas, Biogasanlage 104
Blockheizkraftwerk 55, 104
Blockschaltung 113
Boden 38, 94, 95, 108, 111, 122, 134, 138, 157, 158
Bodenanalyse 102
Bodenbelag 96, 111, 122, 123, 138
Bodenführanlage 157
Boxen, -haltung, -stall 38, 40, 60, 61, 63, 74, 76, 87 ff, 95, 110
Boxenboden 94
Boxentür 90
Brandschutz 46
Brandschutzkonzept, -ordnung 47

Deckenführanlage 157
Deckenhöhe 86, 115 ff
deckenlastige Lagerung 42
Deckenwagen 123
Deckraum 111
Deckungsbeitrag 25
Desinfektion 66
Diebstahl, -sicherung 50, 164
Dränage 139
Drehrichtung Boxentür 91

Anhang

Dunglagerung 101
Düngung 102, 141, 159
Durchfressgitter 81
Durchlaufstation 84
Düsenrohr 123

Einbruch 50
Eingriff 31, 32, 38, 165
Einstreu 81, 86, 94, 97, 98 f, 101, 105, 106
Einstreulagerung 22, 43, 97, 99, 101
Einzäunung 79, 81, 96, 132, 156, 161
Einzelaufstallung, Einzelhaltung 7, 9, 60 ff, 76, 87
Elektrische Anlage, - Geräte 48 f, 58, 93, 113
Elektrodraht, -zaun, -anlagen 162 ff
Energiesparlampen 115
Entmistung, Entmistungsanlage, -kanal 99, 100
Entwässerung 139, 169
erdlastige Lagerung 42
Erdung, -sstäbe 163
erneuerbare Energien, - Gesetz 51 ff, 104, 105
Ersatzmaßnahme 31, 33
Erste-Hilfe 110, 128
Ertrag 24

Fahren 115, 129, 130, 154, 168
Fahrhindernis 154
Fehlerstrom-Schutzschalter 93, 113
Fermenter 104
Festkosten 25, 27, 28
Feuerwehrplan 47
FIPO 130
Flächenbedarf, -verbrauch 29 ff, 36 f, 39, 41 f, 46, 101, 128, 148, 154, 159, 168
Flächennutzungsplan 29, 30, 32 f
Flachsstroh 98
Fluchtweg 46, 48, 76,
Flutlicht 133
Freifläche 61, 79, 96, 158
Fotovoltaik 36, 52, 53, 54
Fressstand 76, 80, 82, 83
Frost, -gefahr, -schutz 51, 67, 69, 74, 79, 85, 93, 123, 137, 157, 161,
Fruktangehalt 160
FSC-Siegel 89
Führanlage 157, 158
Furt 171

Futter, -aufnahme, -automat, -eimer, -trog,
Fütterungseinrichtungen, -systeme 11, 60, 76, 79, 80 ff, 90, 91, 92, 93, 94, 59, 161
Futterkammer, -lagerung 42, 97 ff

Gangpferd 23, 39, 130 f
Gärrest, Gärung, Gärheu 97, 98, 104 f
Gebäudemanagement, -sicherheit 56, 58
Gefälle 43, 66, 79, 94, 101, 108, 112, 123, 130, 136, 138, 139, 158, 169, 171
Gehölze 38, 147 f, 162, 165
Generator 55, 104
geopathische Zone 42
Geschicklichkeitsaufgabe 125, 149, 150
geschlossener Stall, - Halle 63, 64, 67, 72, 87, 117
Gespannfahren 130, 115, 129, 130, 154, 164, 168
Gestaltung der Anlage 38, 114, 128, 146, 148 ff,
Giftpflanze 147, 161
Gitteraufsatz 87, 88 ff
Gleichdrucklüftung 70
Gleitschienenanlage 157
Globalstrahlung 52
Grünfutter 99
Gruppenauslaufstall, Gruppenhaltung 60, 61, 76 ff, 87
Güllebonus 105

Halbkreisregner 123, 142 f
Haltungsformen 60 ff
Handläufe 44
Hanfstroh 98
Hecke 147, 132, 162
Heu, Heulage, Heugewinnung, Heulagerung 83, 97 ff, 160
Hindernis, -fahren, -strecke 38, 115, 125, 128, 129, 149 ff, 172
Holz-, Hackschnitzel, Holzspäne 55, 97, 100, 103, 105 ff, 122, 138, 139
Hufschlag, Hufschlagmaß 114, 120, 121, 128, 130, 133
Hütespannung 163, 164

individuelle Tiererkennung 83
Innenbereich 29, 30, 33
Islandpferd 23, 41, 129, 130
Isolierbox 110

Jaucheableitung, -grube 100, 101

Kältemittel 54
Kaltluftsee, Kaltluftzone 35, 36
Keimgehalt 10, 64, 66, 99, 111
Kernkondensat 67, 68, 69, 75
Kleinklima 35
Klimaansprüche 9
Klimaschutz 56
Knotengitter 162
Kommunikationsfläche 155
Kompostierung 103
Konstruktion 114, 157
Koppel 7, 39, 60, 156, 159 ff
Korngrößenverteilung 138
Körnungslinien, -bereich 138
Kostenrechnung 24
Kraftfutter 84
Kraft-Wärme-Kopplung 55
Krankenstall 110
Kugeltränke 85, 93

Lagerräume 97
Landesbauordnung 165
Laufband 157, 158
Lauffläche 86
Laufstall 60
Leinstroh 98
Leuchtmittel 119
Leuchtstoffröhre 113
Licht 67
Lichtbedürfnis 67
Lichtpunkthöhe 133
Liegefläche 79
Longierhalle 116
Longierzirkel 130
Luft 11
Luftfeuchtigkeit 65
Luftführung 74
Luftgeschwindigkeit 67
Luftleistung 70
Lüftung 67, 117
Lumen 118
Lux 118

Materialstärke 89
Mindestmaße für Turnierprüfungen 115
Mist 99
Misthaufen 102
Mistmiete 103
Mistplatte, -platz, -stapel 100, 101
Mistverbrennung 106
Mistverwertung 103
Musterbauordnung 31, 101, 165

Nachsaat 160
Nährstoffgehalt 102
Naturhindernis 149, 151
NawaRo-Anlagen, -bonus 105
Nebenräume 107, 108, 126
Neuansaat 160
Nullanteile 138

Oberflächenkondensat 67, 69 ff
Offener Stall, Offenstall 9, 36, 62 ff, 67, 79, 87, 93
Ovalbahn 129, 130, 132

Passbahn 131
passive Energienutzung 51
Passive Lüftung 70, 71
Personalkosten 22, 25
Pferdebadestelle 168
Pflanzen, Pflanzstreifen, Pflanzzeit 147, 148
Photovoltaik 36, 52 ff
Planierschild 141
Planung 13, 14 ff, 22, 24, 28 ff, 38 ff, 43, 48, 58, 67, 77, 100, 125, 128, 134, 142, 149, 167
Privilegierung 30, 33
Probierstand 112
Putzplatz 108

Quarantäne 110

Rampe 43 ff, 100, 121
Rasenplatz 38, 140 f, 152, 155
Raufe 80 f, 83, 92
Raumbedarf 97, 98, 101, 107
Recyclingprodukte 122, 139
Regenwassernutzung 55, 57
Reithalle 114 ff
Reithallenspiegel 121

Anhang

Reitplatz 128 ff
Reitplatzabgrenzung 132
Reitroute 167 ff
Reitweg, -netz 34, 166 ff, 169 ff, 172
Reizzonen 42
Rettungsweg 46, 128
Richterkabine 128, 130, 132 f
Rohrbegleitheizung 93
Rollraufe 80, 81
Round Pen 130

Sägespäne 55, 97, 100, 103, 105 f, 122, 138, 139
Sand 79, 122, 137 ff, 140, 158, 169
Sanitärräume 43, 44, 47, 110, 128
Sattelkammer 107
Saugtrinker 92
Schachtlüftung 70 ff
Schadgaskonzentration 10, 64, 65
Schalentränke 85, 93
Scherfestigkeit 137 f
Scheuerpfosten 162
Schichten, -folge 122, 124, 134 ff, 141, 144, 158, 169
Schleuse 79, 158, 163
Schlüsselschaltung 119
Schmiede 109
Schneelast 59
Schutzhütte 164, 165
Schwerkraftlüftung 70 ff, 117
Selbsttränke 11, 76, 85, 91 ff, 96, 161
Service-Bereich 107
Solarenergie, -strom, -thermie, -zellen 52 ff, 163
Solarium 109
Sonnenenergie, -kollektor 52 ff
Sozialkontakte 8, 76, 158
Sozialraum 110
Spiegel 121
Stacheldraht 162
Stall 7 ff, 38, 40, 42, 60 ff
Stallgasse 90, 95, 99
Stallklima 35, 63 ff, 75, 94
Standortwahl 34 ff
statistische Eckdaten 14 ff, 49
Staub 10, 64 ff, 97, 99, 117, 122 ff, 138, 142
Stellteile 152
Steuerung 73, 82 ff, 119, 123 ff, 143, 158
Störzone 42

Stroh 42, 80 ff, 94, 97 ff, 105
Strohmist 101, 105
Strom, -erzeugung, -verbrauch 53, 54 ff, 56 ff, 93, 104, 113, 118, 133, 163 ff

Temperatur 9, 34 f, 63 ff, 75
Thermoregulation 9, 64, 66, 75
Tiererkennung 80, 83
Toiletten 43, 44, 47, 110, 128
Töltbahn 130 ff
Tor 79, 86, 95, 96, 117, 120 ff, 150, 158, 163
Torpfosten 162
Tragschicht 122, 136, 169
Tränke 76, 79, 85, 90 ff, 158, 161
Tränkebeckenheizung 93
Transponder 80, 83
Trauf-First-Lüftung 70 ff, 117
Trenngitter, -wand 82, 87, 89 ff, 157 f
Trennschicht 122, 134 ff, 141 f, 156
Treppe 44, 151
Tretschicht 122, 124, 134 ff, 141 f, 144, 157 f, 169
Tribüne 43, 126 f, 132 ff
Trinkwasser 10, 76, 92 ff, 161
Trog 81 f, 91 f
Tür 70, 74, 79, 87 ff, 90, 94, 96
Turnierplatz 128 f, 134, 152 f

Überdrucklüftung 70 ff
Überwachung 42, 46, 50 ff, 158, 164
Umkleideraum 13, 110, 126
Unterdrucklüftung 70 ff
Unterflurbewässerung 123
Untergrund 122, 136

Variable Kosten 25 ff
Ventilatorenlüftung 70 ff
Verbrennung, Verbrennungsmotor 55, 101, 104, 106
Vergärung 104
Vergütung 54, 104 f
Verkehrslage 34
Versammlungsstätte 127
Vollkostenrechnung 28
Vollkreisregner 142
Vorratsbehälter, -fütterung, -lager, -raum 42, 80 ff, 94, 97
Vorschaltgerät 113, 118

Wall 13, 38, 132, 147 ff
Wälzplatz 79, 109, 156
Wärmedämmung 51, 57, 63, 67 ff, 71, 74, 93, 117, 164
Wärmedurchgangskoeffizient 68 f, 75, 94
Wärmehaushalt 35, 67
Wärmeleitfähigkeit 68, 75
Wärmenutzung, -rückgewinnung 52, 55, 103
Wärmepumpe 54
Wärmeschutz 51, 57, 59, 63, 67 ff, 75, 117
Wärmetauscher 52, 103 f
Warteraum 125
Waschplatz 107, 108, 109
Wasserbedarf 161
Wasserdampf, -abgabe, -gehalt 65, 68 f, 70, 75, 117
Wasserhaushaltsgesetz 101
Wasserhindernis, -stelle 150 ff, 154, 161
Wassertank 55
Wasserwagen 124, 163

Wasserverbrauch 161
Weide 60, 159 ff
Weidepumpe 93, 161
Weidetor 163 f
Weidezaun, -gerät 161 ff
Western, -reiten 23, 39, 115, 129 f
Windschutz, Windschutznetz 96, 118
Wirtschaftlich, Wirtschaftlichkeit 25, 40, 56, 97, 118
Wirtschaftsdünger 97, 102
Witterungsschutz 164
Wohnungen 42

Zaun 79, 81, 96, 132, 156, 161
Zaunpfahl 161
Zirkulationssystem 93
Zuluftöffnung 71
Zuschauer 126, 132
Zwischenwand 87 ff
Zwischenzähler 56 f

Haftungsausschluss

Für Entscheidungen, die auf Basis der Angaben in diesem Buch gemacht werden, schließen die Autoren und Herausgeber ihre Haftung aus.

Auf eine durchgehende Benennung der männlichen und weiblichen Form wurde zugunsten einer besseren Lesbarkeit verzichtet – gemeint sind immer beide Formen, also Mädchen und Jungen sowie Damen und Herren. Soweit nicht ausdrücklich betont, sind Ponys umfasst, wenn von Pferden die Rede ist.

BUCHTIPPS

www.fnverlag.de

Gelassenheit – davon profitieren Pferd und Mensch!

Viele tägliche Probleme im Umgang mit Pferden beruhen auf mangelnder Gelassenheit. So passieren Unfälle, weil Pferd und/oder Reiter nicht souverän auf Ausnahmesituationen reagieren. Im Leistungssport sind mangelnde Gelassenheit und Losgelassenheit oft die Gründe für sportliche Misserfolge.

Georg W. Fink, Dipl. Ing. Agr. ist Reitanlagenplaner, Amateurreitlehrer, Richter, Parcourschef bis S, freier Sachverständiger für Pferdehaltung und Pferdenarr. Er berät und plant Pferdebetriebe im In- und Ausland und arbeitet in mehreren Arbeitskreisen rund um das Thema Pferd. Zahlreiche Vorträge und Veröffentlichungen in Zeitschriften und Fachbüchern und Vorlesungen an mehreren Hochschulen prägen sein Berufsleben. Als Kadertrainer und Leiter von Seminaren im Springsport und der Vielseitigkeit befasst sich der Autor seit Jahrzehnten mit gelassenem Umgang und Ausbildung von Pferd und Reiter. Mit seinen eigenen Pferden, die er bis ins hohe Pferdealter im Sport reitet, stellt er seine Philosophie in Umgang, Haltung und Ausbildung unter Beweis.

1. Auflage 2007 • 168 Seiten • zahlreiche Fotos und Zeichnungen
Format 190 x 250 mm, gb. • ISBN: 978-3-88542-432-1

Weit mehr als nur ein Haltungsbuch ...

Das Geheimnis dauerhafter Leistungsfähigkeit

Hochmotivierte, kerngesunde Pferde nur durch Verbesserung der Haltungsbedingungen? Natürliche Hormonsteuerung ohne Pillen, Pülverchen und Spritzen? Warum ist Dauerstress so gefährlich, und wie lässt sich der vierbeinige Partner vor unnötigen, vorzeitigem Verschleiß schützen?
In diesem Buch wird das Geheimnis dauerhafter Leistungsfähigkeit gelüftet. Und: Pferde lange gesund zu halten muss nicht teuer sein! Dieses Buch ist ein hippologisches Schätzchen, das sich vom Durchschnitt abhebt, weil es veterinärmedizinische Zusammenhänge erklärt, die normalerweise unbeachtet bleiben.

1. Auflage 2005 • 248 Seiten, 31 Grafiken und 230 farbige Fotos
Format 190 x 250 mm, gb. • ISBN 978-3-88542-392-8

BUCHTIPPS

www.fnverlag.de

Richtlinien für Reiten und Fahren – Band 4

Haltung, Fütterung, Gesundheit und Zucht

Die Richtlinien für Reiten und Fahren sind mit ihren verschiedenen Bänden das Standardwerk für das Grundwissen um das Pferd und den Reit-, Fahr- und Voltigiersport. Für den internationalen Gebrauch sind sie in englische Sprache übersetzt worden.

Das Pferd ist ein wertvolles Kulturgut, das es zu pflegen und zu bewahren gilt. Wer das Glück hat, ein Pferd zu besitzen, es halten und pflegen zu dürfen, muss auch seinen artgemäßen und biologischen Lebensansprüchen gerecht werden.

Die Richtlinien Band 4 enthalten das „Rüstzeug" für einen artgerechten Umgang mit dem Pferd. Sie vermitteln Kenntnisse über die Verhaltensweisen der Pferde, über ihre richtige Haltung und Fütterung sowie über angemessene Pflege- und Hygienemaßnahmen.

Weiterhin werden in diesem Band die Grundlage der Anatomie und Physiologie des Pferdes sowie die wichtigsten Pferdekrankheiten abgehandelt. In dem Kapitel „Pferdezucht" sind Tipps und Informationen für Theorie und Praxis zu finden. Die Richtlinien Band 4 dienen der Vorbereitung auf Leistungsabzeichen- und Ausbildungsprüfungen und gehören zur Ausrüstung eines jeden verantwortungsvollen Pferdefreundes und -halters.

14. Auflage 2008
352 Seiten mit zahlreichen Abbildungen
Format 148 x 210 mm, kt.,
ISBN 978-3-88542-284-6